普通高等院校土建类专业"十四五"创新规划教材

城市地下空间概论

主　编　姚海波

副主编　李鹏飞　管晓明　孙明社

主　审　肖　剑　张成平

中国建材工业出版社

图书在版编目（CIP）数据

城市地下空间概论 / 姚海波主编 . --北京：中国
建材工业出版社，2022.7
普通高等院校土建类专业"十四五"创新规划教材
ISBN 978-7-5160-3497-2

Ⅰ.①城… Ⅱ.①姚… Ⅲ.①城市空间—地下建筑物
—空间规划—研究Ⅳ.①TU984.11

中国版本图书馆 CIP 数据核字（2022）第 067161 号

城市地下空间概论

Chengshi Dixia Kongjian Gailun

主　编　姚海波

副主编　李鹏飞　管晓明　孙明社

主　审　肖　剑　张成平

出版发行：中国建材工业出版社

地　　址：北京市海淀区三里河路 11 号

邮　　编：100831

经　　销：全国各地新华书店

印　　刷：北京印刷集团有限责任公司

开　　本：787mm×1092mm　　1/16

印　　张：14.25

字　　数：360 千字

版　　次：2022 年 7 月第 1 版

印　　次：2022 年 7 月第 1 次

定　　价：58.00 元

前　言

进入 21 世纪以来，随着我国国民经济的快速发展和城市化进程的不断加快，大量人口涌入城市，交通、污染、居住等一系列矛盾和问题日益凸显。面对这些问题，城市地下空间开发已成为解决这些问题的有效途径。一方面，经过二十几年的建设与快速发展，我国城市地下空间的开发无论是在技术上，还是在规模上，均已位居世界前列。另一方面，近年来随着物联网、大数据、5G 通信、人工智能等新基建的不断创新与发展，城市地下空间开发跃上新的台阶，也涌现出一大批新技术成果。

由于投资大、建设周期长、技术含量高，城市地下空间开发已成为我国基础设施建设中的一个重要板块，但其由于自身的特点，在发展过程中形成了相对独立的产业体系。与之相对应，目前全国有几十所高校开设了城市地下空间工程专业，客观上也需要编写新教材，反映行业的新技术与成果。

本书从城市地下空间工程的规划、设计、施工、运维，以及灾害控制等方面，介绍了城市地下空间开发建设全过程所涉及的技术与工艺。同时，体现信息化、智慧化在城市地下空间开发中的应用与发展。

本书作为概论类教材，既注重专业知识的广度，以覆盖本专业的知识面，也兼顾专业知识的深度，使初学者能够理解、接受相关知识及内容。

本书由北方工业大学、北京工业大学、青岛理工大学和鲁东大学城市地下空间工程相关专业教师共同编写：姚海波（北方工业大学）任主编；李鹏飞（北京工业大学）、管晓明（青岛理工大学）和孙明社（鲁东大学）任副主编。各章节分工如下：前言、第1 章、第 2 章、第 5 章和第 7 章由姚海波负责编写；第 3 章由李鹏飞负责编写；第 4 章由管晓明负责编写；第 6 章由孙明社负责编写。本书由姚海波教授负责修改和定稿，由中冶交通建设集团有限公司肖剑教授和北京交通大学张成平教授担任主审。在编写和出版过程中，本书得到了参编和主审院校、中冶交通建设集团有限公司的大力支持，在此一并表示感谢。

由于编者水平所限，书中难免有疏漏和不妥之处，恳请读者批评指正。

编　者

2022 年 2 月

目 录

1

绪 论

1.1 概 念

城市地下空间是指位于城市中地表以下的空间。这是一种自然空间，其开发利用受地质条件、经济实力及技术水平等因素的制约，随着城市发展的需要，地下空间资源会被逐渐开发利用。虽然随着经济实力的提高和技术水平的提升，其利用的范围和深度会不断发展扩大，但其天然储量毕竟是有限的，不可能取之不尽，用之不竭。随着城市的发展，可供开发利用的地下空间会逐渐减少。因此，若想充分有效地利用现有地下空间、实现城市的可持续发展，就应树立对城市地下空间资源进行合理规划、有序开发和保护的意识。地下空间作为城市发展的第二空间已经得到了国际上普遍的认同，我们所处的世纪必将成为开发利用地下空间的新世纪。

城市地下空间工程是指在城市地下空间的土体或岩体中修建各种类型的地下建筑物或者结构物的相关建设工程。它的涵盖范围较为广泛，比如地铁、地下购物商场、地下停车场、防空设施等建筑空间。在 20 世纪 40 年代的伦敦，马车是当时人们出行最主要的交通工具，但是当时有一名叫作查尔斯·皮尔逊的律师却因为拥挤的交通而感到焦头烂额，当他在家里打扫卫生的时候，看到了一个老鼠洞，而这个老鼠洞就给他带来了灵感，1863 年 1 月 10 日，世界建成了第一条地下铁路。从 19 世纪世界上第一条地铁，到现在所产生的城市地下空间工程，地下的空间带给了我们无穷的想象。如今，城镇化建设迅速发展，城市中建筑规模不断扩大，导致了建设用地紧张、生存空间狭窄、交通拥挤等一系列问题，这些问题在一定程度上制约了城市经济的进一步发展。随着土地资源的不断开发利用，城市中的地上空间变得越来越紧张，建设资源节约型、环境友好型城市，以及具有高防灾减灾水平的城市，已经成为现在城市建设所面临的重要问题。为了在能够保证城市安全与社会经济并存的前提下发展城市地下空间工程变得尤为重要。城市地下空间开发已经成为人们追求美好生活的一个发展方向。

相对其他工程来说，城市地下空间工程具有以下特征：

（1）具有良好的热稳定性和密闭性，适宜修建地下储库、地下实验室和人防指挥中心等。

（2）具有良好的抗灾性和防护性，由于受岩土介质的围限，地下工程能较有效地抵御地震、飓风、暴雪等自然灾害，同时可大幅降低或避免炸弹、核武器等各种武器的杀伤性破坏。

（3）地下空间是城市地面空间的有力补充和功能延续，可为城市规模化扩展提供十分丰富的地下空间资源，是城市可持续发展的必由之路。

（4）城市地下空间开发利用具有很大的局限性及不可逆性，应进行长期分析预测及审慎规划，进行分阶段、分地区、分层次、高效益的开发利用。

（5）城市地下空间施工难度大，建设周期长，投资巨大，必须进行精细设计与审慎施工。

（6）城市地下空间建筑的缺点是自然光线不足与室外环境隔绝，应采用通风空调系统及阳光引入技术等，以达到人类生活使用的环境标准。

1.2　城市地下空间的主要利用形式

1.2.1　历史上地下空间的主要利用形式

中国是世界上四大文明古国之一，开发和利用地下空间史实之丰富，被誉为全球之冠。从考古发掘得知，人类利用地下空间，最原始的方式是利用自然洞穴作为栖居场所。距今 50 万～60 万年，北京猿人利用洞穴藏身和保存火种。该遗址位于北京市房山区周口店村西龙骨山。在龙骨山上，还发现距今有一万多年的山顶洞人遗址，山顶洞人是一种新人的类型，他们已掌握人工取火及钻、磨二锯等技术，具有美的观念。另外，还有介于北京猿人和山顶洞人之间的新洞人，他们已懂得吃熟食。这两种古人类也是利用山洞穴居。在新石器时代，距今 6000 年左右，陕西西安半坡村原始社会母系氏族公社的遗址发掘表明，当时的人类已掌握了利用窖穴冬暖夏凉的特点，储存各种物资，居住的房屋不仅有地面建筑，而且有半地下室建筑，这些可说是人类利用地下空间的雏形。

1. 地下居住建筑——窑洞

中国古代在开发地下空间中，不仅规模大而且有很多独特的创造，构筑地下居住建筑窑洞，便是其中之一，这种窑洞用来作为城市和农村的第二种居住形式，延续了千百年之久，如图 1-1 所示。

窑洞分布在黄河中游的黄土高原，遍布在陕西、山西、甘肃、河南、青海、河北等省和宁夏回族自治区、内蒙古自治区的广大地区。据不完全统计，目前我国的窑洞总面积在 2 亿平方米以上，居住着约 4000 万人，是世界上面积最广的建筑类型。1986 年，陕西榆林地区新建的民房住宅有 158 万 m^2，其中窑洞就有 81 万 m^2，占新建住房的 51.27%。延安地区新建民房住宅 90 万 m^2，其中窑洞 49 万 m^2，占 54.44%。根据土壤性质的不同，黄土窑洞的断面型式有以下 7 种，即直墙圆拱、内（外）斜墙圆拱、二心圆拱、三心圆拱、抛物线拱、马蹄形结构和矩形结构（平拱）。平拱仅在土质极坚硬，或者洞顶有较厚的钙质结核层时采用。窑洞的平面呈矩形或梯形，长 5～10m。根据使用要求，组合成套窑、内外窑、拐窑、两层窑、天窑、带龛窑、侧向入口窑等数种。作为农村家庭住宅，窑洞还需要与地面空间有机结合，以创造良好的地下环境。有的建成"靠山窑"，有的建成"天井式"，有的建成"半敞窑"，有的建成混合式"窑里"。由于人口的发展和社会生活的需要，我国很多地区构筑了地下村和地下街的窑洞群。

图 1-1 窑洞

2. 地下采掘建筑——巷道

中国是世界采矿工业发展最早的国家。在几千年前，就已经能开采钢、铁、金、煤等矿藏，到了商后期，金属矿床的开采已具有相当规模，并已开始了地下采煤。据历史文献记载："首山之采，肇自轩辕，源流远关哉"。也就是说，在中国的原始社会时期，就在山西永济县南的首阳山，进行铜矿的开采。不言而喻，采矿必然要构筑巷道，其高度和宽度要容纳人员作业。中国古代采煤是："一井而下，炭纵横广有，则随其左右洞取，其上支板，以防压崩耳。"这里说的炭即煤炭。从这简短的记叙中，看出当时采矿的规模和支护形式。煤矿里有竖井和水平巷道，巷道有主巷和支巷，巷道用木板支护，防止崩塌伤人。公元前 403—前 221 年，湖北铜绿山古铜矿（公元前 403—前 201 年）为开采铜矿，就修建了竖井、斜井和平巷。模型如图 1-2 所示。

图 1-2　铜绿山采矿竖井模型

在浙江建德千岛湖西北的洪铜山，蕴藏着丰富的铜、锡、铁等矿藏资源，早在唐代就在这里开矿冶铜。一千多年前，古代人就已在四川自贡构筑垂井取盐。在元朝（1271—1368 年），我国有了深达数百米的采盐竖井。开掘盐井的工具叫"铁锥""如碓咀形，其尖使极刚利，向石山春凿成孔"。铁锥是顿钻的雏形，相当于冲击式钻井工具，不过它的动力是人工。

此外，在水利工程方面，也有开发地下空间的事例，如陕西褒城的石门隧洞，陕西大荔县修建洛水渠时，曾发现有给水隧洞，规模都非常大。以上说明，我国古代在生产建设中曾致力于地下空间的开发，尤其是施工技术方面，当时处于世界领先地位。同时也说明，我国对人类古代文明的贡献。

3. 地下空间的特有形式——陵墓

我国古代除生产领域和生活领域，进行了地下空间的开发和利用外，还有一种特有的形式，即奴隶主和封建主在死后埋葬的陵墓，达官显贵的陵寝，以及百姓的墓冢。陵墓的建设是经过缜密筹划的，历史上有很多帝王在生前就着手这项建设。如图 1-3 所示。

图 1-3 古代地宫

陕西西安临渔骊山北麓的秦始皇陵，是我国历史上最大的皇陵。据《汉阳仪》记载，这项巨大的地下工程是一座岩层中的隧道工程，《水经注》记载，该陵"斩山凿石，旁行周围，三十余里"。整个陵墓的隧道总长度超过 15km。从春秋战国和汉代的陵墓推测，隧道的高度当在 6～7m，跨度不会小于 6.0m。位于河北满城的西汉中山靖王刘胜及其妻窦绾的陵墓，陵墓的地下建筑由墓道、南耳室（车马房）、北耳室（库房）、中室（前堂）和后室组成。墓全长 51.7m，最宽处 37.5m，高 6.8m，前堂是一座修建在岩洞里的瓦顶木结构，宽宏富丽，象征着墓主人生前宴饮作乐的大厅，墓内有完整的排水系统。陵墓隧洞的衬砌，是先用石块填满，后在墓外砌两道土坯墙，其间浇灌铁水加以严封，最后挖去块石即构成衬砌。窦绾的墓规模较小，构筑方法相同，不过是在两道砖墙之间，灌以铁水封闭。实际上衬砌是复合式的夹层结构，由于这种结构成整体故受力性能良好，防水较为可靠，虽经千年之久，墓中的金缕玉衣葬服，仍保存完好。由此可见，我国古代构筑地下工程高超的技艺。

4. 宗教艺术宝库——石窟

佛教自东汉明帝十年（67 年）传入中国，历经三国两晋到南北朝的四五百年间，地下空间的开发就和佛教活动结下了姻缘，遍布中国各地的石窟，反映了这一特征，是中国开发地下空间的另一种形式。中外驰名的敦煌莫高窟，创建为公元前秦建元二年（公元 366 年），到唐武则天时，已有窟室千余龛。现保存有北魏、西魏、北周、隋、唐、五代、宋、西夏、元各代壁画和塑像的洞窟 492 个，其中最大的石窟长宽均为 30m、高 40m，小的只有 30～40cm。山西大同市西武周山麓的云冈石窟，依山开凿，东西绵延 1km，是世界闻名的艺术宝库，始凿于北魏兴安二年（453 年）。据《水经注·藻水》记载，当时"凿山开石，因岩结构，真容巨伏，世法所希。山堂水殿，烟寺相望，林渊绵镜，缀目新眺。"大的洞窟高约 20m，跨度大于 10m，真是景象壮观，前所未有，如图 1-4 所示。

图 1-4　云冈石窟

河南洛阳市南伊河畔的龙门石窟，开创于北魏孝文帝迁都洛阳时（493 年），历经东西魏、北帝、北周、隋、唐 400 余年大规模营造，两山窟龛，密以蜂窝。其中龙门山北部的药方洞，保留有治疟疾、反胃、心痛、消渴、瘟疫等 140 余种疾病的药方，是研究我国古代医药学的重要资料。其中以唐高宗初年（650 年）开凿的奉先寺最为宏伟，佛龛南北宽 36m，东西长 41m，主佛卢舍那高 17.14m。另外，古阳洞、宾阳洞、莲花洞、药方洞均为未被复的洞窟，跨度和高度为 5～6m 不等。河北邯郸峰峰矿区鼓山之腰的北响堂寺石窟，最大的洞窟长 125m，跨度约 15m，高度 5～6m，为北齐文宣帝（551～555 年）时创造。陕西子长县境内的石宫寺，石窟洞高 5.5m，深 10m，跨度 16m，内有八根方形石柱承托穹顶，为北宋治平四年（1067 年）建造。我国古代的石窟类型有直墙圆拱和穹窖式，特别是后者受力更为均匀。在公元 5 世纪时就已开凿出 15m 跨度的洞室，有的洞窟开凿历经数百年，耗工不计其数，工程的艰巨，技术的高超，令人惊讶。

5. 特殊的攻防手段——坑道战

在古代战争中，把构筑坑道地道作为一种特殊的攻防手段，通常是进攻部队用以隐蔽接近敌人而采取的出奇制胜的办法，是劣势装备的部队利用地形隐蔽自己，抗击优势之敌的有效战术。同时，我国人民在长期的革命斗争中，对地下空间的开发极其重视，1931—1934 年，在中央苏区瑞金构筑了大型坑道式隐蔽部，特别要提出的是采用了圆木密集配框和相间配框的结构型式；14 年抗战中，在冀中平原创造了能打、能防、能疏散、能隐蔽的地道战；解放战争中，中国人民军队由战略防卫转入战略进攻，广泛采用坑道爆破，攻克国民党军盘踞的军事要地；抗美援朝战争中，创造了以坑道为骨干的环形防击阵地，在朝鲜上甘岭抗击联合国军数百万发炮、炸弹的攻击，昼夜浴血奋战，为板门店和谈提供了有利的军事形势。随着现代军事科学技术的发展，核武器等新式武器的运用，战场瞬息万变，攻防双方必然大力开发地下空间，采用坑道战术仍不失为一种克敌制胜的有效战法。

1.2.2　现代城市地下空间的主要利用形式

城市地下空间的利用形式多种多样。现代城市中的地下街、地下车库、地下综合管廊、地铁、地下变电站及城市防灾设施（如人防工程等）都是地下空间开发利用的具体形式。一般来说，按照使用功能可以划分为以下几类：

1. 地下交通设施

地下交通设施包括地铁、地下汽车道及连接的人行通道。城市交通拥挤的状况要求提高交通运输系统的效率，只有大力发展城市地下公共交通系统才是城市生存和可持续发展的基础。实践证明，以地铁为骨干的大容量快速交通系统是现代化城市立体交通体系的最佳选择，是解决城市客运交通问题最根本的途径。目前，世界上已经有 43 个国家和地区 118 座城市拥有地铁，地下铁道的运营线路已达 5500km。我国的地铁建设始于 20 世纪 60 年代，随着我国经济的发展，北京、上海等城市的地铁相继投入运营，广州、南京、青岛、哈尔滨等城市开始局部建设地下铁道。据有关资料，"十五五"规划期间，我国城市交通投资将达 8000 亿元人民币，其中至少有 2000 亿元用于地铁建设。在我国已形成建设地铁和轻轨的热潮。

2. 城市地下公共建筑

城市地下公共建筑主要包括城市地下商业街、城市地下文教与展览建筑、城市地下文娱与体育建筑等。

（1）城市地下商业街

国内外经验表明，地下商业街可有效改善周围的交通环境，提高交通效率，同时有效发挥土地的级差效益和城市的聚集效益。日本是世界上地下街建设最多的国家，在近 30 个城市修建了 150 条总面积约 $20m^2$ 的地下街，有效缓解了日本国土狭小与人口增加的矛盾。近年来，我国的不少城市也建设城市地下街，如上海的人民广场地下街、大连的"不夜城"、北京中关村的"地下城"、青岛龙山地下商场和中山路地下商场等都取得了很好的效果。

（2）城市地下文教与展览建筑

地下建筑具有温度变化小、环境安静、防尘防毒性能好的优势，利于科研。美国在全国修建了 100 多所地下学校，如哈佛大学的普塞图书馆、明尼苏达大学的学生中心楼、旧金山市莫斯康尼会议中心等，大部分位于地下，内部功能比较完善。

（3）城市地下文娱与体育建筑

主要包括地下影剧院、地下俱乐部、地下文化宫及地下体育场馆等。这些公共建筑建在地下节约了大量地面空间，既满足了城市的文化娱乐需求，又能够使其与地面城市景观相协调，如瑞典斯德哥尔摩贝瓦尔德音乐厅（Berwaldhallen）、挪威的格约维克（Gjovik）奥林匹克冰球馆、美国乔治城大学雅斯特体育馆及青岛的海底世界地下游览工程。

3. 地下库

（1）城市地下车库

随着经济的发展，城市车辆不断增加，停车难日益成为突出问题。发达国家的经验表明，修建地下车库是解决这一问题的有效途径。欧美国家大都建有地下停车库，日本几乎各百货公司、企业大楼都有地下车库。我国目前很多高层建筑也都建有地下车库。如青岛千禧龙花园建有大型地下车库，每户一个地下车位，可有效解决停车问题。

（2）城市地下贮库

瑞典和挪威等国是最先发展地下贮库的国家，利用有利的地质条件，大量修建大容量的地下油库、天然气库、食品库、核废料库等。我国自 20 世纪 60 年代开始修建地下贮库，已建成相当数量的地下粮库、冷库、燃油库等。1977 年，我国建成第一座地下水封贮油库。实践证明，地下贮库与地上贮库相比安全性更高。如黄岛油库在 1989 年火灾中，地面油库爆炸殆尽，而地下油库却安然无恙。

4. 地下工业设施

地下工业设施是指将一些城市污水处理厂、废物处理厂、电站、供热站、垃圾焚烧炉等置于地下，对于节约城市用地、保护城市环境、节约能源均具有重要作用。如美国的芝加哥和波士顿、挪威的奥斯陆、瑞典的斯德哥尔摩及日本的不少城市都建立了污水收集处理系统和垃圾的分类、收集、处理统一设施。日本先后在雨龙、水上、须田贝、大平、玉原等地建造了20多座地下发电站和十几座地下变电站。青岛市建有观象山地下供热站，且已投入使用，取得了较好的社会效益和经济效益。

5. 地下防护工程

城市地下防护工程是一个城市抗灾防毁的必不可少的生命线工程，对于保护城市在遇到灾害时的生存能力、反击能力，减少灾害造成的损失具有重要的战略意义。中华人民共和国成立初期，针对美军和台湾地区国民党军队对大陆实施的空中威胁，1950年政务院要求在一切可能遭受空袭的地区和城市，建立人防组织，加紧人防工程建设。在伊拉克战争、阿富汗战争中更显示了地下空间在现代战争中的重要作用。世界各国都建有大量地下防护工程，其中具有代表性的如瑞典的"克拉拉教堂地下民防洞"和"伊艾特包里控制中心"。我国自20世纪60年代以来，也修建了大量的地下防护工程，特别是近年来修建了大量平战结合的地下工程，取得了较好的防护效益、社会效益和经济效益。

6. 地下综合管廊

地下综合管廊又称共同沟或综合管沟，是一种新型的管线布设方式，它是建于城市地下用于容纳两类及以上工程管线的构筑物及附属设施的统称。地下综合管廊将多种管线集约化布设，而且预留了检修人员通道，具有科学利用地下空间、日常检修不需要开挖路面、保护管线免受腐蚀或外力损坏和增强管线的抗震能力等优点，并能美化城市景观和提高城市综合防灾能力。修建城市地下综合管廊已成为世界各国的共识。日本是建设综合管廊较多的国家，并于21世纪初在80个城市的干线公路下建成约1100km的综合管廊。而国内的综合管廊建设可追溯到1958年，北京天安门广场修建了一条长约1076m的综合管廊。1993年，台北建设了台湾地区第一条综合管廊。1990年以后，国内很多城市陆续开展了综合管廊建设，近年来，很多城市出台政策支持综合管廊建设，尤其是新区建设方面，例如，天津、沈阳、大连、青岛、宁波、哈尔滨等。2015年8月国务院办公厅印发《关于推进城市地下综合管廊建设的指导意见》，必将促成新一轮的综合管廊建设热潮。

7. 地下综合体

城市地下综合体是在城市立体化开发，建设中沿三维空间发展的、地面、地下连通的、结合交通、商业、贮存、娱乐、市政等多用途的大型地下公共建筑。城市地下综合体功能齐全、布局紧凑、交通便利、商业发达，具有很大的优越性。加拿大的蒙特利尔市有六个大型地下综合体，总面积达80万 m^2，通过地下步行街和地铁将城市中心的高层建筑、商店、餐厅、旅馆、影剧院、银行等公共活动中心及交通枢纽连接起来。日本札幌市的大通地下街包括商店街、停车场、公共通道等共3.3万 m^2。我国杭州市通过的地下空间开发规划中的"地下钱江新城"共四层，总建筑面积为15万～200万 m^2，作为杭州城市新中心的地下城和地上城计划于2010年同步构建成功。新城地下空间功能主要包括地下交通、商业、文化、休闲、停车、防灾等，通过两条地铁线、两个地铁站将把地下城和其他城区紧密地联系在一起。

1.3 城市地下空间开发的现状与前景

1.3.1 国外城市地下空间开发现状

从 1863 年英国伦敦建成世界上第一条地铁开始，国外地下空间的发展已经历了相当长的一段时间，国外地下空间的开发利用从大型建筑物向地下的自然延伸发展到复杂的地下综合体（地下街）再到地下城（与地下快速轨道交通系统相结合的地下街系统），地下建筑在旧城的改造再开发中发挥了重要作用。同时地下市政设施也从地下供、排水管网发展到地下大型供水系统，地下大型能源供应系统，地下大型排水及污水处理系统，地下生活垃圾的清除、处理和回收系统，以及地下综合管廊。与旧城改造及历史文化建筑扩建相随，在北美、欧洲、新加坡和日本等国家出现了相当数量的大型地下公共建筑：有公共图书馆和大学图书馆、会议中心、展览中心以及体育馆、音乐厅、大型实验室等地下文化体育教育设施。地下建筑的内部空间环境质量、防灾措施以及运营管理都达到了较高的水平。地下空间利用规划从专项规划入手，逐步形成系统的规划，其中以地铁规划和市政基础设施规划最为突出。一些地下空间利用较早和较为充分的国家，如芬兰、瑞典、挪威和日本、加拿大等，正从城市中某个区域的综合规划走向整个城市和某些系统的综合规划。各个国家的地下空间开发利用在其发展过程中形成了各自的特色。

1. 新加坡

新加坡国土资源有限，人口密度高，气候湿热多雨，限制私家车与优先发展以地铁为主的公共交通等基本国情国策决定了新加坡城市地下空间开发有其独有的特征。其中最根本的是在开发理念上，新加坡城市地下空间开发突破了传统城市地下空间仅仅作为地面建筑配套的停车、设备等配套服务功能，从有效提升城市空间容量的角度出发，对区域地下空间进行整体考虑、系统组织。理念的突破直接决定了地下空间开发从布局到空间营造，再到投资运营管理等各个层面的特征。区域地下空间整体统筹考虑，系统化、网络化的地下空间开发模式，是新加坡在有限的建设用地下拓展城市活动基面形成地下城市的关键。

新加坡城市地下空间开发布局与城市规划紧密结合，高密度、高强度、多功能的复合开发的城市核心区域，通常也进行大规模的地下空间开发，并且大规模的地下空间开发往往与地铁甚至地面公交站点等城市公共交通系统连接，从而形成一个不受地面交通干扰、免受风雨天气影响的通行便捷的地下城，将城市活动基面由单纯地面层拓展至地下层，在城市核心区有限的城市用地内提升了城市空间容量。如新加坡乌节路商业区，购物人流可以不出地面通达商圈内每个商业体，在市政厅区域可以通过地下空间达到区域内市政厅、写字楼、酒店和购物中心等不同城市空间，在金沙会展区，地下空间将地铁与会展、酒店、赌场等功能空间联系起来。地下空间内的共享人行空间系统，一方面将区域内私属地块的地下空间串联起来，另一方面与城市地铁，甚至地面公交站点衔接，从而实现人流在地下空间的有序引导与无障碍流通，进而将区域地下空间衔接为一个整体——地下城市。公共人行空间系统由政府主导，统一设计、开发建设，在空间尺度上、装修标准上采用统一风格，统一管理，运营时间不受地块限制，社会效益更佳，是新加坡城市地下空间发展的趋势。

新加坡地下人行空间系统，除了与地铁站点直接联系的大人流通勤接口部分为单纯交通空间外，其余部分大都辅以大众化的便利、服务型商业开发，形成地下街市。商业、服务功能的植入，一方面丰富了地下人行空间的界面，有效消除了单纯地下通道的单调乏味感，另一方面为通行人流提供便利商业服务，同时商业功能的盈利也平衡了地下人行系统的运营成本。如市政厅区域的 Citylink 地下人行系统结合地面功能需求，分区段设置了餐饮、零售、服务等功能，提升了地下空间的吸引力，也有效平衡了地下人行系统日常的运营支出。

新加坡充分利用国土面积中的各种资源进行基础设施建设，这包括对独特的地下岩洞资源进行利用。从 1989 年开始，在南洋理工大学对花岗岩的利用可行性研究和新加坡国防部等部门的实践下，迄今已经实施了两处岩洞仓库的建设。UAF 岩洞项目始建于 2008 年，由新加坡国防部进行建设，是新加坡第一次成功利用岩洞作为仓储空间，该岩洞提供了巨大的储藏空间用于地下弹药库。JRC 岩洞项目始建于 2014 年，它位于海床下方 130m 深的岩洞中，一期工程可提供 $147×10^6 m^3$ 的存储空间，用于储藏油气等物资，二期工程也正在规划中。此外，建成于 2015 年的新加坡 DTSS 深隧道污水系统一期工程将全岛的污水隧道网络连接到位于岛东和岛西的两个污水处理厂。

经典案例：裕廊岛地下储油库。该储油库位于裕廊岛邦岩海湾的海床下面，距离地面 150m，是东南亚第一个地下储油库，是新加坡迄今为止建造最深的地下公共设施工程。裕廊岛地下储油库可以储存 $147×10^6 m^3$ 的液态碳氢化合物，容量相当于 600 个奥林匹克游泳池，由此节省了近 $60hm^2$ 的土地，而腾出的空间可用作更高增值的经济活动，足以建设 6 个石化工厂。

2. 日本

日本国土狭小，城市用地紧张。1930 年，日本东京上野火车站地下步行通道两侧开设商业柜台形成了"地下街之端"。至今，地下街已从单纯的商业性质演变为包括交通、商业及其他设施共同组成的相互依存的地下综合体。从日本地下空间开发利用的主要形态来看，疏解交通是地下空间的主要功能，当前，日本地下空间开发利用总规模约为 31600 万 m^2，地下交通设施占比超过一半。其次为商业文娱设施，占比近 40%，市政设施不到 10%。另外，根据地下空间开发利用深度分类，分为浅层地下空间和深层地下空间，深度地下空间约在地下 50～100m 处，浅层地下空间大都在 10～30m 处，如公路隧道、地下商业街、停车场等。1973 年之后，由于火灾，日本一度对地下街建设规定了若干限制措施，使得新开发的城市地下街数量有所减少，但单个地下街规模却越来越大，设计质量越来越高，抗灾能力越来越强，同时在立法、规划、设计、经营管理等方面已形成一套较健全的地下街开发利用体系。

据统计，日本已至少在 26 个城市中建造地下街 146 处，日进出地下街的人数达到1200 万人，占国民总数的 1/9。日本为解决道路交通拥堵问题，东京首都圈制定了《地下道路规划》，并形成了"3 环 9 射"道路交通网。尽管这些地下道路仅限于部分区间，但其成果已经表明，发展城市地下空间是完全可以实现的。目前，东京地铁东西线、日比谷线茅场町站、都营浅草线日本桥站、东京地铁东西线银座线都实现了地下道路的连通。同时，日本地下轨道交通特别发达，多为公私合营，东京大都市圈是世界上轨道交通网络最为密集的城市之一，地下轨道交通总长292.2km，由郊区铁路、市内铁路和35条地铁组成，日客流量达3000万人次之多，客流分担率近90%。东京私营地下轨道交通主要分布在换线外围，以及连接市中心和外围居住区，是对有轨电车的补充，在日常交通运输中发挥着重要作用。

另外，日本地铁站建设颇具特色，出入口多，方便乘客并满足疏散的要求，列车编组大，发车间隔短，进一步提高了运输能力。日本地下停车场包括汽车停车场和自行车停车场，建设相对比较滞后，早期停车场为民间投资，后来因停车问题严重，政府才利用公路或公园等地下空间建设停车场。近几十年来，东京、大阪、名古屋等陆续建设地下停车场，并延伸到地下河川空间、公园地下、公路地下等城市地下空间建设停车场。日本的地下综合管廊在世界上是兴建数量居于前列的国家之一。日本在新建地区如横滨的港湾21世纪地区及旧城区的更新改造如名古屋大曾根地区、札幌的城市中心区都规划并实施了地下空间的开发利用。

日本比较重视地下空间的环境设计，无论是商业街，还是步行道在空气质量、照明乃至建筑小品的设计上均达到了地面空间的环境质量。在地下高速道路、停车场、综合管廊、排洪与蓄水的地下河川、地下热电站、蓄水的融雪槽和防灾设施等市政设施方面，日本充分发挥了地下空间的作用。

经典案例：东京圈排水系统。东京圈排水系统位于日本埼玉县境内的国道16号地下50m处，是一条全长6.4km、直径10.6m的巨型隧道，连接着东京市内长达15700km的城市下水道。通过5个高65m、直径32m的竖井，连通附近的江户川、仓松川、中川、古利川等河流，作为分洪入口。单个竖井容积约为4.2万m³，工程总储水量67万m³。如图1-5所示。

图1-5 蓄水池内部

出现暴雨时，城市下水道系统将雨水排入中小河流，中小河流水位上涨后溢出进入排水系统的巨大立坑牙口管道。前4个竖井里导入的洪水通过下水道流入最后一个竖井，集中到长 177m、宽 78m 的巨大蓄水池调压水槽，缓冲水势。

蓄水池由 59 根长 7m、宽 2m、高 18m、质量 500t 的混凝土巨型柱支撑，以防止蓄水池在地下水的浮力作用下发生上浮。4 台由航空发动机改装而成的燃气轮机驱动的大型水泵（单台功率达 10297kW），将水以 200m³/s 的速度排入江户川，最终汇入东京湾。蓄水池除了储备重油燃料外，还设置了自主发电机。即使发生停电，四台发动机也可以满负荷运转 3 天。

3. 北美

北美的美国和加拿大虽然国土辽阔，但因城市高度集中，城市矛盾仍十分尖锐。美国纽约市地铁运营线路总长 443km，车站数量 504 个，每天接待 510 万人次，每年接近 20 亿人次。纽约中心商业区有 4/5 的上班族都采用公共交通。这是因为纽约地铁突出了经济方便和高效率等特点。纽约市大部分地铁站比较朴素，站内一般只铺水泥地面，很少有建筑以外的装饰。市中心的曼哈顿地区，常住人口 10 万人，但白天进入该地区人口近 300 万人，多数是乘地铁到达的。

四通八达不受气候影响的地下步行道系统，很好地解决了人、车分流的问题，缩短了地铁与公共汽车的换乘距离，同时把地铁车站与大型公共活动中心从地下道连接起来。典型的洛克菲勒中心地下步行道系统，在 10 个街区范围内，将主要的大型公共建筑在地下连接起来。除此之外，美国地下建筑单体设计在学校、图书馆、办公楼、实验中心、工业建筑中也成效显著。一方面较好地利用地下特性满足了功能要求，同时又合理地解决了新老建筑结合的问题，并为地面创造了开敞空间。如美国明尼阿波利斯市南部商业中心的地下公共图书馆、哈佛大学、加州大学伯克利分校、伊利诺伊大学等处的地下、半地下图书馆，较好地解决了与原馆的联系和保存了校园的原有面貌。旧金山市中心叶巴布固那地区的莫斯康尼地下会议展览中心的地面上保留了城市仅存的开敞空间，建设了一座公园。美国纽约市的大型供水系统，完全布置在地下岩层中，石方量 130 万 m³，混凝土 $5.4 \times 10^5 m^3$。除一条长 22km，直径 7.5m 的输水隧道外，还有几组控制和分配用的大型地下洞室，每一级都是一项空间布置上复杂的大型岩石工程。

加拿大的多伦多和蒙特利尔市，也有很发达的地下步行道系统，以其庞大的规模，方便的交通，综合的服务设施和优美的环境享有盛名，保证了那里在漫长的严冬气候下各种商业、文化及其他事务交流活动的进行。多伦多地下步行道系统在 20 世纪 70 年代已有 4 个街区宽，9 个街区长，在地下连接了 20 座停车库、很多旅馆、电影院、购物中心和约 1000 家各类商店，此外，还连接着市政厅、联邦火车站、证券交易所、5 个地铁车站和 30 座高层建筑的地下室。这个系统中布置了几处花园和喷泉，共有 100 多个地面出入口。

经典案例：波士顿地下高速改造。波士顿的中央交通干线经过市中心路段是一条 6 车道高架公路，1959 年开通时，每天很通畅地通过 7.5 万辆车。20 世纪 90 年代初期，日车流量达到 20 余万辆，使其成为美国最拥挤的公路之一。每天人们在路上的通行时间超过 10h。高速公路重大事故率是全州平均水平的 4 倍。同样的问题也困扰了波士顿港至波士顿市区和东波士顿至洛根机场之间的两条连接隧道。如果不对中央动脉和港口过境进行重大改善，按当时的预计，2010 年之前波士顿每天可能会有 16h 的堵车时间。

通过改造，用既有道路正下方的 8～10 车道地下高速公路替换 6 车道高架公路，最终直达查尔斯河十字路的北端。地下高速公路开通后，高架公路被拆除改造成为开放空间和绿地，美化了环境，同时大幅改善了交通状况，交通延误大幅度减少。相比改造之前的高速公路总体旅行时间下降了 62%，如图 1-6 所示。

图 1-6　项目改造前（左）后（右）对比图

4. 欧洲

北欧地质条件良好，是地下空间开发利用的先进地区，特别是在市政设施和公共建筑方面。负担瑞典南部地区供水的大型系统全部在地下，埋深 30～90m，隧道长 80km，靠重力自流。芬兰赫尔辛基的大型供水系统，隧道长 120km，过滤等处理设施全在地下。挪威的大型地下供水系统，其水源也实现地下化，在岩层中建造大型贮水库，既节省土地，又减少水的蒸发损失。瑞典的大型地下排水系统，无论在数量上还是处理率上，在世界上均处于领先地位，瑞典排水系统的污水处理厂全在地下，仅斯德哥尔摩市就有大型排水隧道 200km。拥有大型污水处理厂 6 座，处理率为 100%。在其他一些中小城市也都有地下污水处理厂，不但保护了城市水源，还使波罗的海免遭污染。

瑞典是首先试验用管道清运垃圾的国家，20 世纪 60 年代初就开始研制空气吹送系统。1983 年在一个有 1700 户居民的小区内建造一套空气吹送的管道清运垃圾系统，预计可以使用 60 年。由于与回收和处理系统配套建设，4～6 年就可收回投资。瑞典斯德哥尔摩地区有 120km 长的地下大型供热隧道，很多地区实现集中供热，并正在试验地下贮热库，为利用工业余热和太阳能节约能源创造有利条件。

瑞典斯德哥尔摩市地下有综合管廊 30km 长，建在岩石中，直径 8m，战时可作为民防工程。芬兰的地下空间利用除了众多的市政设施外，就是发达的文化体育娱乐设施。1987 年完成了精神病医院地下的游泳馆和健身中心。1988 年建成，可为 8000 名居民服务的 7000m² 的球赛馆也建于地下，内设标准的手球厅、网球厅，并有观众看台以及淋浴间、换衣间、存衣间、办公室。里特列梯艺术中心每年吸引约 20 万名参观者，内设 3000m² 的展览馆，2000m² 的画廊，以及有 1000 个座位的高质量音响效果的音乐厅。1993 年完成的临近赫尔辛基市购物中心的地下游泳馆，其面积为 10210m²，于 1993 年完成。吉华斯柯拉运动中心，面积 8000m²，可服务 14000 人，为了保持库尼南小镇的低密度建筑和绿化的风貌，内设体育馆、草皮和沙质球赛馆、体育舞蹈厅、摔跤柔道厅、艺术体操厅和射击馆。

巴黎的地下建设主要是 83 座地下车库，可容纳 43000 多辆车，弗约大街建设有欧洲最大的地下车库，地下 4 层，可停放 3000 辆车。大量建设停车场是城市正常运转的重要条件，停车场建于地下，可节约大量土地。巴黎的地下空间利用为保护历史文化景观做出了突出的贡献。巴黎市中心的卢浮宫是世界著名的宫殿，在无扩建用地，原有的古典建筑必须保持，无法实现扩建要求的情况下，著名的美国华人建筑大师贝聿铭，在设计中利用宫殿建筑包围的拿破仑广场下的地下空间容纳了全部扩建内容，为了解决采光和出入口布置，在广场正中和两侧设置了 3 个大小不等的锥形玻璃天窗，成功地对古典建筑进行了现代化改造。巴黎的列·阿莱地区是旧城再开发充分利用地下空间的典范，它把一个交通拥挤的食品交易和批发中心改造成一个多功能以绿地为主的公共活动广场，同时将商业、文娱、交通、体育等多种功能安排在广场的地下空间中，形成一个大型地下综合体。该综合体共 4 层，总面积超过 20 万 m²。

经典案例：德国鲁尔矿区地下博物馆。该矿区曾是欧洲最大的工业区，为二战后联邦德国的"经济奇迹"做出了巨大贡献。20 世纪 60 年代，鲁尔区爆发了严重的能源危机，重工业经济结构日益暴露弊端，煤矿关闭，冶炼厂停产，大量工人失业，在带来前所未有的繁荣的同时，更造成了巨大的环境污染，当地大量居民出现眼睛发涩、喉咙疼痛、肺部疼痛、癌症等疾病。针对此次严重的逆工业化，德国科研人员并没有采取彻底毁灭、重新建设的处理模式，反而系统地制定了自称"工业文化之路"的区域性旅游规划，例如，针对工业区典型的埃森煤矿，政府并没有拆除占地广阔的厂房和煤矿设备，而是买下全部的工矿设备，使煤矿工业区的结构完整地保留下来，将原来的煤铁工厂变身为煤矿博物馆、展览馆、工业设计园等。2001 年埃森煤矿被联合国教科文组织列为世界文化遗产之一。

1.3.2 国内城市地下空间开发现状

我国地下空间开发利用整体经历了初始化阶段、规模化阶段和网络化阶段。各阶段的重点功能、发展特征、布局形态和开发深度等特征相继转变（表 1-1）。我国地下空间开发利用的远景目标是进入开发深度更深、各类地下设施高效融合的生态化阶段，未来必将构建功能齐全、生态良好的立体化城市。

表 1-1　我国地下空间开发发展历程

发展阶段	时间	重点功能	发展特征	布局形态	开发深度	代表城市
初始化阶段	20 世纪 90 年代以前	民防单建工程、"平战"结合的地下停车和地下商业街等	单体建设、功能单一、规模较小	散点分布	10m 以内	一般地级市

发展阶段	时间	重点功能	发展特征	布局形态	开发深度	代表城市
规模化阶段	1990—2010 年	轨道交通等	沿轨道交通呈线状开发	据点扩展	10～30m	北京、天津、上海、广州、深圳
网络化阶段	2010 年至今	轨道交通节点、综合管廊、地下综合体和深隧工程等	以地铁系统为网络，综合商业、交通和综合管廊等地下设施；管线全部入廊，统一管理，近年正高速发展	网络延伸	50m 以内	上海、北京、西安等
生态化阶段	2050 年以后	各类地下设施融合	功能齐全，生态良好的生态系统	立体城市	50～200m	远景目标

当前，我国城市地下空间继续延续"三心三轴"的发展结构。其中，"三心"指我国地下空间发展核心，即京津冀、长江三角洲和珠江三角洲；"三轴"指东部沿海发展轴、沿长江发展轴和京广线发展轴。就 2015—2020 年国家规划的地下空间开发规模来看，上海、广州、深圳和杭州等 7 个城市的开发规模增量均在 $2\times10^7\,m^2$ 以上，北京、天津、南京和厦门等 13 个城市的开发规模增量在 $1\times10^7\sim2\times10^7\,m^2$，西安、重庆、郑州、太原和珠海的开发规模增量在 $5\times10^6\sim1\times10^7\,m^2$，成都、苏州、济南和无锡等 23 个城市的开发规模增量小于 $5\times10^6\,m^2$。

1. 地下交通

我国首条地铁是建于 1965 年的北京地铁，而 1993 年开通的上海地铁是世界上现今规模最大、线路最长的地铁系统。进入 21 世纪，我国的地铁建设驶入快车道。据统计，截至 2020 年年底，我国共计有 38 个城市开通运营地铁线路 182 条，总长约 6280.8km；仅 2019—2020 年两年新增运营地铁隧道总长约 1927km，相比前两年同比增长约 62%。截至 2020 年年底，有 57 个城市在建城市轨道交通，线路总长 6797.5km，其中地铁隧道 5662.2km，占比 83.3%。其中，北京、上海、广州、深圳等一线城市已建成完善的地铁轨道交通网络，南京、重庆、武汉、成都等城市轨道交通网络建设基本完成，使我国地铁轨道交通的总体水平提升到一个全新高度。

我国轨道交通的快速发展也带动了大型地下交通枢纽的发展。北京西站地下交通集散枢纽中心集铁路站、地铁、公交、停车场、商业为一体，有效缓解了北京西站过去拥堵不堪的局面。2015 年年底完工的深圳福田地下综合交通枢纽是国内首座位于城市中心区的全地下火车站，集高速铁路、城际铁路、地铁交通、公交及出租等多种交通设施于一体的立体式换乘综合交通枢纽。其通过立体化分层布置，实现高铁、地铁快速换乘，总建筑面积为 $1.47\times10^5\,m^2$，是目前亚洲最大的地下交通集散枢纽工程。

部分大城市为了更好地保持城市格局中湖泊、江河、山丘的原始风貌，选择采用地下城市隧道形式穿越完成，也在为城市地下交通的开发利用提出新的思路。如武汉东湖隧道全长约 10.6km，其下穿东湖风景名胜区，也是目前国内最长的城中湖隧道。类似工程还包括杭州西湖隧道、南京玄武湖隧道、扬州瘦西湖隧道等。再如，山城重庆通过华岩隧道、两江隧道等将城市主城区有效连接，实现了城市功能的互联互通；杭州紫之隧道全长 13.9km，是迄今全国最长的城市隧道。

城市停车困难也正成为我国大城市发展的通病，地下停车库的建设在各大城市也正在如火如荼地进行，如长沙都正街地下智能停车库可提供 427 个停车位，并采用"智能泊车、App 预约付费"等模式，实现了方便、快捷停车。此外，该地下停车库深达 40m，也是目前世界上最深的地下智能车库；河南濮阳市中医院公共停车场工程采用井筒式地下立体机械停车方式，地下建筑面积达 472.70m²，积极探索地下静态交通空间利用。此外，国内近年兴起的"共享经济"模式也在城市驻车领域得到初步发展，通过"互联网＋驻车"模式实现地下停车位的高效利用，正成为改善停车困难的另一重要举措。

通过多年的迅速发展，我国建成轨道交通总里程居世界首位，成为建成和在建轨道交通城市最多的国家。粗犷发展的背后也暴露出许多问题：一方面，城市轨道交通是典型的资本密集型产业，具有投资规模大、投资回收期长以及运营成本高的特点。作为解决城市交通压力的重要方式，城市轨道交通公益性较强，社会效益往往大于经济效益，其运营及维护往往需要通过政府补贴，使地方政府财政背上了沉重包袱；另一方面，城市地下空间规划不够充分，引起城市轨道交通与城市空间、土地立体空间不协调，土地资源不能得到效能最大化利用，变相地造成浪费，严重制约城市发展。

2. 地下公共服务设施

伴随着我国国家战略的调整，经济的快速发展以及城市集约化程度的不断提高，20 世纪 80—90 年代我国开始单独建设或将原有人防设施改造为集文化、娱乐、教育、休闲等功能于一体的地下建筑。伴随着 21 世纪我国市场化经济的推广和城市立体再开发的进程，原有的地下商业文娱设施有的因为内部舒适性差或不适宜城市发展的需要而被废弃或改造，有的沿用至今。与此同时，我国各地也建造了不少新的、高质量、人性化、富有特色的地下文娱设施，很多成为当地的特色景点，大多数小规模且零星分布在城市中心区，成为实现地上功能的补充。地下空间特殊的环境和给人的心理体验，尤其适宜建设博物馆、图书馆等需要安静、保持恒定温湿度的设施。

（1）地下综合体

我国真正意义上的地下综合体建设，起始于 21 世纪。正式提出将地下空间开发列为重要的城市发展战略是在"十五"计划中。在北京、上海等一线城市，结合地铁建设地下综合体掀开大幕。现阶段的城市地下综合体，往往结合轨道交通的建设，在重要的地铁站点或换乘枢纽，统一开发整合地下空间；或是在城市中心地区以及新城建设区域，依靠所拥有的大量整体开发地下空间的条件和动力，形成地下、地上一体化的城市综合体。近年来，我国地下综合体的建成以及规划速度不断增长，全国已超过 200 个，并且规模不断增大。目前，我国地下综合体主要有以下开发特点。

① 集中在上海、北京、广州、深圳、杭州、天津、南京等东部的一线城市，依然呈现"东强西弱"的开发局面。

② 城市大型地下综合体正朝着巨型化、全覆盖的方向发展，已经出现了一批建筑面积超过 100 万 m² 的超大型地下空间，例如，广州金融城地下综合体、武汉王家墩地

区地下综合体、杭州滨江新区地下综合体等。

③ 与国外地下综合体渐进式、持续化的发展模式不同，我国的综合体建设速度快，从立项到建成可能只需几年的时间便可以完成，例如，广州珠江新城花城广场地下综合体项目从开工到运营仅仅用了 3 年时间。

④ 政府主导开发，我国通过政府手段对社会基础设施项目进行开发建设和运营是一直以来的常态，城市大型地下综合体开发亦是经由政府作为开发主体进行投资和建造的。

（2）地下文娱设施

建造在南京的五台山地下空间内的先锋书店，经营面积近 3680m²，经营品种有 7 万多种，并设立了 1000m² 的物流配送中心。其前身为地下停车场，目前已经是南京市的文化符号之一，并获得国内外诸多媒体的报道。汉阳陵地下博物馆位于今陕西省咸阳市，是目前中国第一座全地下的现代化遗址博物馆，建筑面积 8000m²，内部利用地热资源的水源热泵进行空调通风，先进光源照明和虚拟成像再现了汉景帝时期的历史事件及人物等，并为游客和文物分别创造了两个不同的小气候环境。除此之外，我国目前许多大型博物馆都结合了地上、地下共同开发，例如，中国国家博物馆的地下部分是重要的展厅；中国科举博物馆位于南京市秦淮区夫子庙秦淮风光带核心区地下，设计感十足又不乏历史味道；南京博物院民国馆整体位于地下，整体环境、建筑、装饰营造出穿越回民国时期的体验。我国把废弃矿井的生态重建、旅游、教育等多重目标相结合，建设成综合性的矿山公园、科普教育与教学实践基地。截至 2013 年，我国已建成开放或获批在建的国家矿山公园共有 70 多个，山西晋城凤凰山煤矿和河南平顶山工程技术学校利用废弃矿井巷道和生产设备建设的教学实践基地已投入使用。

3. 地下市政设施

（1）地下综合管廊

中华人民共和国成立后，城市地下综合管廊的建设开始起步。1958 年，北京天安门广场进行改造，在其地下铺设综合管廊 1km。1994 年，上海浦东新区建成国内第一条规模较大的城市地下市政综合管廊，总长度约 11km，被称为"中华第一沟"，包括给水、通信、电力、燃气四条管道和相应附属设施，其配套设施和管理系统也较为成熟。在这期间，我国对综合管廊的研究仅处于研究其意义和实施的可行性等初步探索阶段，对综合管廊的实际应用、技术问题、法律法规的支持等相关内容并没有进行深入的探讨和实践。2013 年开始，国家大力推进城市地下综合管廊的建设。2014 年 6 月，国家对推进城市地下综合管廊建设提出了指导性意见，同时选出包头、沈阳等 10 个城市作为试点。通过试点工程，总结不同经济水平、不同地下土体组成的城市建设地下综合管廊的经验，用以在全国范围内大面积推广。根据住房城乡建设部的 2016 年全国地下综合管廊开发建设项目统计数据，2016 年中国 167 个城市累计开工建设地下综合管廊 2548.47km，其中西部地区共开工建设 238 条地下综合管廊，共计 899.25km。但综合管廊项目的建设仍然以政府为投资主体，社会资本融入很少。

（2）城市蓄洪设施

由于我国东部主要发达城市大都处于太平洋季风影响范围，汛期的城市排水防涝是城市的重要问题，但城市管网建设滞后是国内城市的通病。我国地下雨水调蓄的实践以上海世博园为代表，2010 年上海世博浦东园区采用雨污分流的排水体制，建立了 4 座总存储量达 $1.98 \times 10^5 \mathrm{m}^3$ 的雨水调蓄池，调蓄池出水均排入黄浦江。国内中小型地下雨水调蓄池已广泛应用，其中，香港地下雨水调蓄系统尤为发达。三面环海的香港缺乏天然湖泊和河流，水资源尤其匮乏，故积极修建地下雨水调蓄系统。据统计，当前香港已建造各大小水库 17 座，总库容达 5.86 亿 m^3，调蓄了本地雨水和东江供水，增加本地原水供应能力。同时，制定了严格的"集雨区"保护措施，每年可为全港提供 $2.9 \times 10^8 \mathrm{m}^3$ 的优质饮用水。此外，香港还推行大规模更换及修复老化水管计划，以减少管网的渗漏。目前，我国大部分地区也积极推进大型深隧排水系统的建设。苏州河深隧工程是上海市深层调蓄管道系统工程的先行段，全长 15.3km，最大埋深超过 60m，直径 10m，蓄水容量将达超过 $7 \times 10^5 \mathrm{m}^3$。建成后可实现系统提标、排水防涝和初雨治理三大核心功能，能极大改善上海的排水防涝和面源污染控制能力，是构建海绵城市的重要一环。试验段土建工程已于 2017 年 6 月 28 日正式开工建设。2018 年 8 月大东湖深隧工程的首台盾构顺利始发，标志着全国首条深层污水传输隧道正式掘进。该工程包括 17.5km 主隧、1.7km 支隧，设 3 座污水预处理站和 1 座提升泵站。建成后，武汉 1/3 的污水将通过此隧道送入污水处理厂，服务人口达 300 万人，保护了长江生态环境。同时，隧道埋深 30～50m，为后期的地下空间开发预留了大量的空间，堪称深部地下空间利用的典范。

（3）地下污水处理厂

我国地下污水处理厂的建设起步较晚。自 20 世纪 90 年代起，随着我国经济的快速发展，一些经济较为发达的城市对土地集约利用和环境景观有了更高的要求，因此地下污水处理厂建设得到一定程度的发展。截至 2017 年，我国运行的地下污水处理厂有 27 座，在建的有数十座，且建设规模越来越大。全球十大污水处理厂中，中国占有 6 个。地下污水处理厂的造价是传统污水处理厂的 2.8 倍，但占用土地只有传统污水处理厂的 1/3，在土地紧张的地区有一定优势。另外，从管网造价、水回用来看，分散式的小型地下污水处理厂更有优势。

（4）地下垃圾转运处理设施

由于地下垃圾转运、压缩、处理设施相对于其他大型市政站场设施占地小、成本低、易推广，全国在 2007 年以后多个城市都开始尝试实践地下垃圾处理设施。我国的第一个应用于商业项目的地下垃圾收集系统 2008 年在北京建成；本溪市、铁岭市、南京市等都建了地下垃圾收集中转站；广州市建设了地下垃圾压缩站；2010 年上海世博会期间，世博园建起了一套国内最大的"智能化垃圾气力输送系统"。

4. 人防工程

中华人民共和国成立初期，针对美军和台湾地区国民党军队对大陆实施的空中威胁，1950 年，政务院要求在一切可能遭受空袭的地区和城市建立人防组织，加紧人防工程建设。20 世纪 50—60 年代，在美苏核军备竞赛及国际形势影响下，我国修建了许多掩蔽工事、地下工厂、储备仓库和军事设施。20 世纪 60 年代末，随着毛泽东主席"深挖洞、广积粮、不称霸"的号召，全国各地掀起一场群众性的人防建设高潮。20 世纪 70 年代，虽提出地下空间开发要体现战备效益、社会效益、经济效益三者相结合的概念，但人防专用工程面积仍占开发面积的一半以上。20 世纪 80 年代，我国人防建设指导思想开始战略性调整。进入 20 世纪 90 年代，随着经济、科技的快速发展，"平战"结合要求在我国城市人防工程建设中迅速推广实现，地下空间开发已初具规模。"十二五"期间，全国新增工程面积 $3.5 \times 10^8 \mathrm{m}^2$，北京、上海、长沙、厦门等 87 个重点城市的防护工程面积人均超过 $1\mathrm{m}^2$，共吸收社会投资 2700 多亿元，创产值 2300 多亿元，提供就业岗位 240 多万个，共向社会提供停车位 620 多万个。虽然与国外相比，我国在技术规模、经济效益上还存在一定差距，但在快速发展的今天，市场化、信息化正在不断提高。

5. 地下储藏设施

由于地下空间具有防空、防爆、隔热、保温、抗震和防辐射等诸多优点，因此，利用地下空间进行仓储和货物运输成为缓解城市空间紧张的不二选择，并兼具经济、环保等特点。根据贮品的不同，地下储藏设施可分为地下粮库、地下冷藏库、地下能源储库与核废物处置库以及地下军械弹药库等。国内首次利用废弃矿井实践恒温储库是在山东省峄城区底阁镇。该地是重要的石膏生产基地，将本地遗留的废弃石膏矿井进行加固，建成了地下恒温库。目前 $1 \times 10^5 \mathrm{t}$ 地下恒温库启用，现已储存生姜 $7.5 \times 10^5 \mathrm{kg}$、紫薯 $1 \times 10^5 \mathrm{kg}$，有效治理了地面塌陷，既维持了生态平衡，又节约了土地资源，有效促进了土地合理利用。20 世纪 60—70 年代，为了适应战备的需要，我国建造了大量地下粮仓，经过多年实践，地下粮仓的建设和储粮管理都有了长足的发展。目前，地下粮仓已遍布华北、东部等地区。地下粮仓建设成本低，占地少，储藏成本低，无须熏蒸，同时地下粮仓具有隐蔽、坚固、防火、避光、密闭、低温等优点。目前地下粮仓的主要仓型是喇叭型地下圆仓（散装）和山洞式地下仓（袋装为主）。

1.3.3 城市地下空间开发的前景

1. 城市环境保护和城市绿地建设与地下空间的复合开发是我国城市地下空间开发利用的新动向

由于我国大城市人均绿地面积普遍很低，城市更新改造过程中，"拆房建绿"是一种基本途径。为了提高绿地土地资源的利用效率，完善该地域的城市功能，充分发挥城市中心的社会、环境和经济效益，"绿地建设与地下空间"的复合开发是一种很好的综合开发模式，已经在北京、上海、大连、深圳等大城市得到很好验证。"复合开发"是我国城市地下空间开发利用的新动向。

2. 城市地下空间大规模的开发利用必将加快相关政策、法规建设的步伐

随着地铁、地下街、地下车库、地下综合管廊、"平战"结合人防工程等各类地下空间设施的大量兴建，相关政策和法规必将先行，其一方面起引导作用，另一方面也会更好地规范行为，提高效益，减少资源浪费。

3. 城市基础设施的更新必将推动地下综合管廊的建设与地下空间的开发利用

由于地下综合管廊为各类市政公益管线设施创造了一种"集约化、综合化、廊道化"的铺设环境条件，使道路下部的地层空间资源得到高效利用，使内部管线有一种坚固的结构物保护，使管线的运营与管理能在可靠的监控条件下安全高效地进行。随着城市的不断发展，共同沟内还可提供预留发展空间，确保沿线地域城市可持续发展的需要。尽管一次性投资大，工期较长，但是，在我国的一些特大城市，尤其是城市发展定

位为"国际化大都市"目标的一些城市将会优先发展地下综合管廊。

4. 城市地下空间开发利用与管理的相关科学技术将会得到飞速发展

在大型地铁换乘枢纽区域，随着地铁车站及相邻设施的大型化深层化综合化、复杂化趋势，势必促进地下空间技术的创新和进步。尤其在地下勘察技术规划设计技术工程建设技术（新工法、新机械、新材料）、环境保护技术安全防灾与管理技术等方面将会得到快速发展。引进消化吸收国外先进成熟科技，进行本土化改造和创新是一条多快好省的优选道路。

5. 城市地下空间开发利用是增强城市承载能力，有效化解城市病，实施可持续城镇化发展战略的必由之路

我国正在经历着人类历史上规模最大、速度最快的城镇化进程。如果城镇化不走高质量的发展道路，未来交通拥挤、环境恶化和城市内涝等"城市病"有可能集中凸显，城市生产、生活空间同生态空间之争、城乡用地之争将导致土地资源矛盾愈演愈烈。城市发展规律和国内外城市建设经验均表明，科学地开发利用城市地下空间，是解决城市病困扰实现可持续城镇化的必由之路。

6. 城市地下空间开发利用是提升城市发展品质、创造经济增长点、实现"城市让人民生活更美好"的有力抓手

我国城镇化已经转型进入速度与质量并重的发展阶段。实现以人为中心的发展战略是新时代赋予地下空间开发利用、提升城市发展品质的历史使命，使城市更宜居、更宜业是满足人民群众追求美好城市生活愿望的出发点和落脚点。

2

城市地下空间规划

2.1 概 述

2.1.1 城市地下空间规划的概念

城市地下空间规划是指根据城市的自然环境条件、人文要素、既有建设状况和经济社会发展需求等客观要件制定的地下空间开发战略性计划，对地下空间布局、功能匹配、土地利用和地下设施建设等进行综合部署与统筹安排，以协调城市各方面发展，满足城市居民多方面的需求。

城市地下空间规划具有综合性、系统性、时间性、强制性等特点。它是地下空间开发建设和管理的依据与基本前提，其规划范围和期限应与城市总体规划一致。

2.1.2 城市地下空间开发利用的意义

地下空间是城市发展的战略性空间，是一种新型的国土资源。国内外的城市发展实践表明，开发利用地下空间，是引导人车立体分流、减少环境污染、改进城市生态的有效途径。近百年来，在国际城市复兴和新城建设过程中，开发利用地下空间，通过空间形态纵向优化克服"城市病"，已成为城市发展的重要布局原则和成功模式。20世纪初以来，西方国家大力发展交通和市政公用设施地下化和集约化，并将一部分公共建筑布置在地下空间，这对有效扩大空间供给、提高城市效率、减少地面占用、保护地面景观和环境，均做出了重要贡献。

地下空间的发展具有十分显著的优越性及战略意义，它为解决人类的生存提供新的空间资源，并具有突出的社会、经济、环境、防灾等综合效益，开发地下空间将对人类下一阶段的发展，特别是对那些人口众多的地区具有极其重要的意义。

1. 增加城市空间供给，解决城市化带来的诸多问题

进入21世纪，我国经济快速发展，大量人口涌入城市。根据国家统计局数据，2011年年末，从城乡结构看，城市人口69079万人，乡村人口65656万人，城市人口占总人口比重达到51.27%，我国城市人口首次超过乡村人口。2019年，我国常住人口城镇化率达到60.60%，城镇常住人口84843万人，乡村常住人口55162万人，城镇化率以年均超过1%的速度增长。

随着城市人口及城市数量的增加，扩大城市空间容量的需求与城市土地资源紧缺之

间的矛盾日益突出，地下空间作为潜力巨大的自然资源，对于扩展人类的生存空间具有重要的意义。

地下空间的开发利用能有效地解决城市发展中的诸多问题，克服城市现代化过程中的诸多矛盾，如土地资源减少、交通拥堵、环境污染、能源紧缺等。

2. 提高城市生活质量，满足人类现代需求

现代科技与经济的不断进步，在更全面、更高质量满足人类需求的同时，也提高了人类对于美好生活的预期，城市地下工程具有绿色、环保、集约化、可持续的优势，地铁与城市地下综合体等基础设施已成为现代城市生活的标志，在提高城市居民的生活质量的同时，使城市经济、社会及生态环境和谐发展，达到高度的现代化。

3. 增强城市韧性，提高城市抗灾能力

随着城市的发展，其对各类灾害的防护要求也越来越高，地下空间具有优越的防灾性能，尤其是在抗风抗震等抗击自然灾害及战争等人为灾害方面优势显著，地下空间发展在城市综合防灾、减灾中具有十分重要的意义。

2.2 城市地下空间规划的体系划分

城市地下空间的开发规划是一个复杂的系统工程，横向上涉及城市自然资源、历史文化、人口分布、经济发展、交通等各种因素，纵向上需要容纳的时间发展跨度达几十年之久。这样一项繁杂的任务，必须进行体系划分，以便由宏观到微观，由整体到局部，由浅入深地完成计划目标。

城市地下空间规划分为总体规划和详细规划两个阶段，如图2-1所示。

总体规划阶段又分为"规划纲要"和"专项规划"两个层次。而详细规划阶段根据其具体功能又分为控制性详细规划和修建性详细规划。

图 2-1 城市地下空间规划体系图

2.2.1 地下空间总体规划

城市地下空间总体规划是城市规划体系中的重要组成部分，是对地下空间资源开发利用的总体部署，是在城市地下空间形态上的总体布局，是城市地上、地下建设的总体协调，为引导城市地下空间详细规划的后期编制而服务。

1. 地下空间总体规划纲要

在城市规划或城市新区规划的编制文件中，要就地下空间开发规划设专门章节，规

定地下空间开发利用的指导思想与基本原则；明确地下空间的资源潜力与管控区划；阐明地下空间开发利用的总体目标、发展策略及总体布局；确定近期重点区域地下空间开发的规划要求。

2. 地下空间专项规划

对应于地下空间总体规划纲要，地下空间专项规划是全面细化落实地下空间总体规划目标任务的专业规划，规划期限及范围应与城市总体规则的期限及范围相一致，为详细规划的编制提供法定依据。

地下空间专项规划的主要内容有以下几个方面。

（1）收集城市基础资料，研究城市总体发展方向和目标，分析地下空间在城市中的发展条件，建立城市地下空间资源适建性评价体系，从而对整个城市地下空间需求进行判断，合理预测地下空间规模，并为城市可持续发展留有余地。

（2）以预测的空间规模为基础，确定规划期限内地下空间的功能结构和空间形态的总体要求。同时，对地下交通、地下市政、地下公共设施等地下空间分项设施规划提出总体发展目标。

（3）通过对地下空间建设时序中的近期建设安排、管理措施等提出建议，注重与城市地面总体规划以及交通研究、防空防灾等专项规划的衔接。

2.2.2　地下空间详细规划

地下空间详细规划是进一步细化、深化地下空间专项规划的重要环节，是保障规划实施与管控的重要依据，可结合地面详细规划同步编制，也可单独编制。

1. 控制性详细规划

地下空间控制性详细规划（以下简称"地下空间控规"）是开发的直接依据，能根据上层规划的构想形成微观、具体的控制要求，直接引导地下空间修建性详细规划的编制或地下建筑的设计。

地下空间控规的主要任务是针对公共性和非公共性地下空间的开发利用，制定规定性和引导性管控指标体系及要求。通常以编制地下空间规划法定图则来细化管控技术要求。地下空间控规为地下空间的建设、管理提出科学的依据和标准。

地下空间控规的主要控制内容有如下几个方面。

（1）依据城市地下空间总体规划，确定控制范围内地下空间建设的总体规模、结构布局、使用功能、开发强度，对地下结构容量、出入口、连通口及预留口布局等提出控制要求。

（2）针对各类地下空间设施系统进行专项规划控制，包括地下交通设施规划、地下公共空间设施规划、地下市政设施规划、地下防灾规划、地下仓储与物流设施规划等。

（3）对重点片区各功能设施建设时序、分期连通措施等提出控制要求。

（4）协调地下空间开发与地质矿产开采、生态环境可持续发展、历史遗迹保护等事项的相互关系。

（5）对控制区域内地下空间的空间权属性进行划分，着重对权属地块地下空间与公共地下空间进行详细指标控制。

2. 修建性详细规划

依据地下空间总体规划及控制性详细规划所确定的各项控制指标和要求，编制综合开发利用方案，对规划区内地下空间的平面布局、空间整合、功能区划、公共活动、交通组织、空间连通、安全防灾等提出具体的要求，为进一步的城市设计和建设项目的设计提供指导和依据。其主要内容包括以下几个方面。

（1）结合开发建设目标，确定区域内地下空间规模，规划功能和设计布局。

（2）确定各项设施之间的相互关系，协调道路、广场、绿地等公共地下空间与各开发地块，地下空间在交通、市政、民防等方面的关系匹配，规定控制性指标。

（3）规定地下空间的纵向层次，考虑各功能区域相互间的连通方式，合理组织地下与地面交通。深化重要节点、交通系统、连通口及出入口设计方案。

（4）提出环境设计导则，明确建设时序、安全防灾、投资估算及规划实施保障措施等内容。

2.3 城市地下空间规划的方法与步骤

城市地下空间规划是对未来一段时期（远期规划一般为 20 年）一座城市整体地下空间如何开发、利用的系统的安排部署，其成果具有空间和时间的双重属性。

规划的前提是摸清城市地下资源的现状，关键是厘清规划期内城市发展对于地下空间赋予的需求，重点是在划分地下空间适建性的基础上，结合城市发展目标，最终整合确定地下空间在平面和纵向三度空间的功能布局、联结方式、开发强度、建设先后次序等要素。

综合而言，具体规划步骤应包括城市资源评价、地下空间需求预测、区域适建性划分、发展目标体系确立、空间布局规划、纵向开发规划。

2.3.1 城市资源评价

城市资源评价是从地下空间开发利用的视角对城市的资源条件、开发质量和价值的综合评估，其任务是对地下空间资源可合理开发利用的工程条件、有效理论容量、适建性用地规模与空间分布、适用功能及开发方式、合理规模和价值等方面做出质量评定。

评估依托的原始资料包括工程地质条件与水文地质条件资料、城市总体规划资料、地面空间现状资料、地下空间现状资料等。

评估的范围包括平面范围和深度范围两个方面。平面范围是规划区域划定边界范围的面积，深度范围一般指从地表至地下 100m。

综合地面空间状况的影响深度及资源的可能功能布置，地下空间资源的深度范围划分为 4 层：

（1）浅层。地表至地下 10m，一般为开敞空间和低层建筑基础影响深度。

（2）次浅层。地下 10～30m，中层建筑基础影响深度。

（3）次深层。地下 30～50m，特殊地块和高层建筑基础影响深度。

（4）深层。地下 50～100m。

主要评估要素包括以下几个方面。

（1）自然要素。地形地貌、工程地质与水文地质条件、不良地质与地质灾害区、地质敏感区、矿藏资源埋藏区等。

（2）环境要素。生态敏感区、风景名胜区、重要水体和水资源保护区等。

（3）人文要素。城市历史文化保护区，古建筑遗址遗迹、墓葬等文物保护建筑，文化遗产（文物）埋藏区等。

（4）建设要素。规划建设条件及现状、地面建筑物及基础与地面开敞空间对于地下空间的占用和限制、已开发地下空间设施情况等。

（5）社会要素。人口状况、社会经济发展水平、土地类型与价值、城市区位与交通条件、城市现代化程度等。

2.3.2 地下空间需求预测

规划期内城市地下空间的需求量及其分布的预测是城市地下空间规划的前提。同时，地下空间需求的影响因素众多，包括城市区位社会经济发展水平、自然地理条件、城市空间布局、土地利用性质限定、地面建设强度、轨道交通、人口密度与活动方式、土地价格、地下空间现状等。

地下空间需求预测是地下空间规划编制的依据与基础技术环节，需求预测可分为地下空间总体规划和详细规划两个层次，公共性地下空间为需求预测的重点。各城市应根据自身的情况，建立合理的需求预测模型。

现有的业内主要预测方法主要有三种，包括分指标预测法、分系统预测法和分区位预测法。

1. 分指标预测法

分指标预测法是基于生态城市指标体系提出的，将对城市空间起控制作用的生态指标值与土地类型划分相结合，便可得到在生态指标体系基础上的城市空间需求总量。

$$S_z = \left(C_L + \frac{C_A}{n} + R_A + G_L \right) \beta P \tag{2-1}$$

式中　S_z——城市空间需求总量（m²）；

　　　C_L——城市人均建设用地指标；

　　　C_A——城市人均建筑面积指标；

　　　n——容积率，指项目规划建设用地范围内全部建筑面积与规划建设用地面积之比；

　　　R_A——城市人均道路面积指标；

　　　G_L——人均公共绿地指标；

　　　β——开发强度系数；

　　　P——城市人口。

城市空间需求总量确定后，引入空间协调系数 l（下部空间容量与上部空间容量之比），根据空间协调系数，确定城市地下空间需求总量 S_x 为

$$S_x = \left(C_L + \frac{C_A}{n} + R_A + G_L\right)\beta P \frac{l}{l+1} \tag{2-2}$$

式中 l——空间协调系数。

2. 分系统预测法

分系统预测法，也可称为用地分类预测法，其基本思路是将地下空间依据其功能不同，分为各个子系统（单系统），如居住区地下空间、公共设施地下空间、道路广场绿地地下空间、工业及仓储用地地下空间、交通轨道地下空间、地下停车场地下空间等；然后根据各系统的特点，选取适当的系数和指标，采用单向指标标定法推算出各系统地下空间的需求量，再对各系统的需求量求和，便可得到城市地下空间总体需求量。

3. 分区位预测法

不同类型的城市用地对地下空间的需求强度不同，因而可以将城区按照用地主体类型的不同划分为不同等级的区位，即城市中心区、生活性片区、功能性片区等，各等级的区位又可进一步划分成不同需求等级的地块，这便是地下空间的需求分级。地下空间进行需求分级之后，可结合相似类型、规模城市的地下空间开发状况，确定各个需求级别的地下空间需求强度，根据地面建设强度和轨道交通的影响对其进行校正。用地块面积乘以相应的需求强度，就可以得出该地块的地下空间理论需求量；然后将城区内各地块的地下空间需求除去已有的地下空间总量，便可得出地下空间的实际需求总量。由于这种预测方法中进行了不同层次的需求等级划分，因此也被称为层次分析法。

用数学方法来表示，则地下空间的需求 Q 函数可表示为：

$$Q = \sum_{i=1}^{m}(\gamma_i \alpha_i \beta_i \delta_i d_i) - \sum_{i=1}^{m} e_i \tag{2-3}$$

式中 m——分析区域内地块的总量；

γ_i——仅考虑地面建设强度时，结合专家经验赋值系统初步确定的地块地下容积率；

α_i——考虑土地利用性质时的校正系数；

β_i——考虑区位时的校正系数；

δ_i——考虑轨道交通时的校正系数；

d_i——地块面积；

e_i——地块内现状地下空间面积。

2.3.3 空间适建性划分

以城市资源评价和需求预测为基础，对地下空间开发的适建性进行评价和划分。具体包括地下空间的禁止建设区、限制建设区、适宜建设区和已建设区。

1. 禁止建设区

禁止建设区是指为保护生态环境、自然和历史文化环境，满足基础设施和公共安全等方面的需要，原则上不进行开发的用地或区域。

2. 限制建设区

限制建设区是指满足特定条件，或限制特定功能开发利用的用地或区域。比如，生

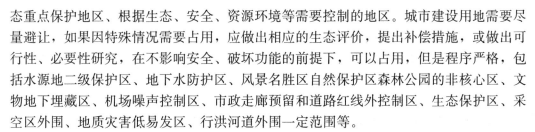

态重点保护地区、根据生态、安全、资源环境等需要控制的地区。城市建设用地需要尽量避让，如果因特殊情况需要占用，应做出相应的生态评价，提出补偿措施，或做出可行性、必要性研究，在不影响安全、破坏功能的前提下，可以占用，但是程序严格，包括水源地二级保护区、地下水防护区、风景名胜区自然保护区森林公园的非核心区、文物地下埋藏区、机场噪声控制区、市政走廊预留和道路红线外控制区、生态保护区、采空区外围、地质灾害低易发区、行洪河道外围一定范围等。

3. 适宜建设区

适宜建设区是指规划区内不受限制，适宜各类地下空间开发建设的用地或区域。适宜建设区进一步划分为城市地下空间重点建设区和一般建设区。

4. 已建设区

已建设区是指已经开发建设地下空间的用地或区域。

2.3.4 发展目标体系确立

通过前述城市资源的评价、规划期内城市发展对于地下空间需求的明确，以及规划区域内不同片区地下空间适建性的划分，就具备了制定各分区各阶段地下空间开发目标的基础。

规划目标体系的建立应秉持定性与定量相结合的方法，科学指导地下空间的开发。具体目标包括以下几个方面。

（1）总体发展目标体系。

（2）各分项设施发展目标体系。

（3）分区发展目标体系。

（4）分期发展目标体系等。

在确定地下空间规划目标体系的时候还应注意两个较为突出的问题。

（1）城市地上、地下空间整合考虑，二者要作为一个有机的整体，共同承担未来城市的发展，以达到功能上互补，并产生集聚效应。

（2）目标体系要留有余地，具备一定的弹性。这是因为规划工作中对于城市现状及未来主客观条件演化的分析和预测不可能做到百分之百的准确，所以必须使规划目标具有一定的应变能力。

2.3.5 空间布局规划

城市地下空间布局规划是将一个城市的地下空间结构按照其功能进行有机组合与空间布置的整体战略设计。在这一过程中，要综合考虑城市未来发展阶段对于地下空间的要求，结合城市地表功能现状与现有地下空间情况，对不同种类的地下结构做出三维部署，包括平面与纵向布局、重点区域与专项区域布局、近期与远期建设布局，合理匹配各种地下功能空间，将未来可置入或已置入地下的多种功能空间有机地组织起来，形成一个地下空间系统。

1. 地下空间布局要点

（1）战略层面上，城市地下空间的布局决定于如何更好地满足城市居民生产与生活需要，如何保障城市功能的供给与完善。所以，地下空间布局规划要有纵向思维和横向视角，立足点要高，眼界要宽。

（2）战术层面上，要结合城市地表功能现状，使地下空间布局设计服从于、服务于城市整体功能的拓展和完善，做到与地面结构相互对应、相互联系、相互统一，二者形成有机整体。

（3）布局控制的要素包括点、线、面、网等各种形态。

2. 地下空间布局形态

由于城市发展的继承性，城市地下空间布局形态通常是地表结构功能的拓展和映射。因而与地表功能区域具有协调性和一致性。

地下空间布局形态由平面形态和纵向形态构成，纵向形态是平面形态在垂直方向上的延伸，具有不连续性和可叠加性，即分层开发可形成不同层面和不同形态。

近些年，由于地铁的大规模建设，对城市地下空间形态的改变起到了革命性的作用。地铁不仅所占据的地下空间规模大，而且运力强，地铁所到之处，不仅带来了大量的客流，而且贯通了原本孤立的城市地下空间，真正实现了地下空间的有机联结。

根据地铁的有无，地下空间布局形态可划分为两种基本形式：一是有地下轨道交通设施的城市，即以轨道交通为骨架，点、线、面、网结合的网络形式；二是没有地下轨道交通设施的城市。即主要为散点形式，包括点状、线状地下空间设施和具有一定发展轴的相对面积较大的地下空间设施。

总体上讲，城市地下空间布局的特点可以用点、线、面三类基本形态和组合形态进行描述。组合形态即由点、线、面通过不同的组合，构成辐射状、脊状、复合或城市网络状形态。

（1）点状形态

点状地下空间是城市地下空间形态的基本组成要素，是城市功能由地面延至地下的物质载体，其规模可大可小，功能灵活多变。小到单体建筑的地下室、单个商场、地下停车库或市政公用设施的场站等，大到集交通、停车、购物、休闲、办公、会议、人防等诸多功能于一体的城市综合体。

（2）线状形态

地下空间呈线状形态展布是城市地下空间开发进一步发展的必然要求，在这一过程中，地铁的建设起了至关重要的推动作用。作为城市交通的主动脉，地铁将零散的地下空间点串联汇聚、互联互通，极大地提高了地下空间的积聚效益。

除地铁外，呈线状分布的地下空间还包括沿街道下方建设的地下设施，如市政管线、综合管廊、地下停车库、地下商业街等。线状形态是城市地下空间形态的基本骨架，是城市地下空间开发到一定阶段的显著标志。

（3）面状形态

多个较大规模的地下空间相互连通形成面域，主要包括地铁线与地铁线连接组成的交通枢纽站、地铁线与城市主干道连接的枢纽车站、城市中心区地面开发强度较大区域的大型建筑地下室、地下商业街及其他地下公共空间等。

（4）辐射状形态

以大型地下空间设施为核心，通过与周围其他地下空间的连通，形成辐射状，带动周围地块地下空间的开发利用，使局部地区地下空间设施形成相对完整的体系。这种形态多以地铁（换乘）车站、中心广场或大型公共空间为核心。

（5）脊状形态

以一定规模的线状地下空间为轴线，向两侧辐射，形成脊状地下空间形态。这种形态在没有地铁车站的城市比较常见，主要有沿街道下方建设的地下商业街或地下停车库，与两侧地块下的地下商业空间或停车库相连通。

（6）复合形态

由若干个地下空间主体，通过地下人行通道等线形空间连接而成的复合平面布局形态。

（7）城市网络状形态

以城市地下交通为骨架，将整个城市的地下空间采用多种形式进行连通，形成城市地下空间的网络系统。这种形态主要出现在城市中心区等地面开发强度相对较大的地区，由大型建筑地下室、地铁（换乘）站、地下商业街及其他地下公共空间组成。这种形态一般需要对城市地下空间进行合理规划、有序建设。因此一般出现在城市地下空间开发利用达到较高水平的地区，它有利于城市地下空间形成系统，提高城市地下空间的利用率。常见的有"中心联结式""轴向滚动式""整体网络式"和"次聚焦点式"四种类型，这是目前国际上比较通用的大规模开发利用城市地下空间的平面布局结构体系。

3. 地下空间布局方法

（1）以城市形态为发展方向

城市地下空间与地上空间功能形态具有对应性和协调性，城市重要地段的开发一般也是地下空间开发的密集区，轨道交通可以带动地下空间的发展。城市形态有单轴式、多轴环状、多轴放射式等。

（2）以地下空间功能为基础

城市地下空间与地上空间在功能和形态方面有着密不可分的相互影响、相互制约的关系，城市是一个有机的整体，上部空间与下部空间不能相互脱节，其对应的关系显示了城市空间不断演变的客观规律。

（3）以城市轨道交通网络为骨架

地铁是城市地下空间中规模最大、覆盖面最广的地下交通设施，地铁线路将城市主要的人流方向连成网络，某种程度上是城市结构的反映。城市轨道交通不仅对城市交通发挥作用，也是城市结构和形态演变的重要部分。

（4）以大型地下空间为发展源

在城市局部地区，特别是城市中心区，大型地下空间的形成分为两种情况，一种是有地铁经过的地区，另一种是没有地铁经过的地区。前者在城市地下空间规划布局时，应充分考虑地铁车站在城市地下空间体系中的重要作用，尽量以地铁车站为节点，将周围大型的公共建筑、商业建筑、办公建筑等通过地下空间相互联系，以地铁车站及周边的综合开发作为城市地下空间的局部形态。后者应将地下商业街、大型中心广场地下空间作为节点，将周围地下空间连接成体，形成脊状或辐射状的地下空间形态。

2.3.6 纵向开发规划

对地下空间资源开发在纵向上进行合理分层。根据各类地下空间设施适宜建设的深度范围进行有层次地开发，并统筹协调不同分层之间的限界关系。

纵向布局应根据地上、地下功能的相互关联程度，遵循人在上、物在下，人的长时间活动在上、人的短时间活动在下的原则统筹布局。

纵向分层应根据各地地质纵向分布特点和各类设施适宜建设深度统筹确定。

纵向功能布局应依据分层开发、分步实施、注重综合效益的原则，合理安排利用。

结合实践，地下空间纵向可以分为浅层（0～-10m）、次浅层（-10～-30m）、次深层（-30～-50m）及深层（-50～-100m）4个层次。

1. 浅层

浅层地下空间与地上空间联系较为紧密，应以地下公共活动、公共交通等人员活动相对频繁的空间为主。主要建设地下人行通道、地下停车库、地下商业街、市政管线综合管廊、地铁车站、地下公共建筑、人防工程等。

2. 次浅层

宜布置少人或无人的物用空间。主要建设地铁区间隧道、地下市政道路、地下停车库、地下市政场站、地下仓储、地下防灾设施等。

3. 次深层

地下次深层空间（地下30～50m）应优先保障地下水及持力层的安全，以生态保护及空间预留为主，主要建设地下物流、工业生产与防灾设施等。

4. 深层

随着地下盾构技术及地下工程建造技术的发展，地下50m以下的深层地下空间利用是未来地下空间发展的新领域，宜优先保障地下大型储水设施、地下数据中心、重要人防工程等大型战略性工程的建设空间预留，并拓展对地下可再生能源的有序利用。

地下空间纵向规划必须符合各项地下空间设施的性质和功能要求，考虑人员活动的密集度及适应程度。地下空间深度越大，人员活动的密度越低，浅层地下空间设置适合人员活动频繁的功能设施，对于不需要或需要较少人员管理的功能设施，应尽可能安排在较深的地下空间。

2.4 城市地下空间功能设施规划

2.4.1 城市地下空间功能分类

城市地下空间按照功能类型主要分为6类，分别为地下交通、商业服务、市政公用、公共服务、仓储及综合防灾。如图2-2所示。

城市地下空间功能设施系统规划就是对各种功能类型的城市地下空间进行合理布局与统筹安排。

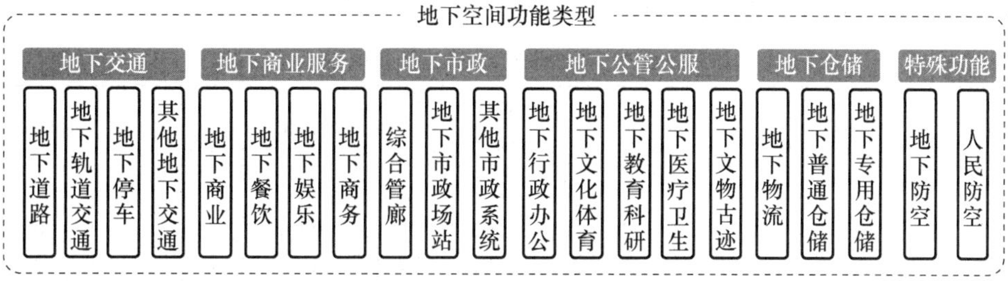

图 2-2　地下空间功能分类

2.4.2　地下空间功能的确定应遵循的原则

1. 以人为本原则

城市地下空间开发应遵循"人在地上，物在地下""人的长时间活动在地上，短时间活动在地下""人在地上，车在地下"等原则。目的是建设以人为本的现代化城市，与自然相协调发展的"山水城市"，将尽可能多的城市空间留给人休憩、享受自然。

2. 适应性原则

应根据地下空间的特性，对适宜进入地下的城市功能应尽可能地引入地下，而不应对不适应的城市功能盲目引进。技术的进步拓展了城市地下空间的范围，原来不适应的，可以通过技术改造变成适应的，地下空间的内部环境与地面建筑室内环境的差别不断缩小，即证明了这一点。因此，对于这一原则，应根据这一特点进行分段分析，并具有一定的前瞻性，同时对阶段性的功能给予一定的明确说明。

3. 对应性原则

城市地下空间的功能分布与地面空间的功能分布具有对应性关系，这是因为城市用地规划决定了城市地面空间的总体布局，也在相当大程度上影响地下空间的总体布局，因为除了地下市政设施系统相对独立外，多数地下空间的功能及其布局，都带有从属性质，即基本上与相对应的地面空间功能和布局一致。也就是说，地下空间的功能配置与总体规划不能是孤立的、随意的，只能与地面空间布局相协调或作为补充，也只有这样才能真正做到城市地面、上部、下部空间的协调发展。

4. 协调性原则

城市的发展不仅要求扩大空间容量，同时应对城市环境进行改造，地下空间开发利用成为改造城市环境的必由之路。单纯地扩大空间容量不能解决城市综合环境的问题，单一地解决问题对全局并不一定有益。交通问题、基础设施问题、环境问题是相互作用、相互促进的，因此必须做到发展一盘棋，即协调发展。城市地下空间规划必须与地面空间规划相协调，只有做到城市地上、地下空间资源统一规划，才能实现城市地下空间对城市发展的重要促进作用。

2.4.3　地下空间功能设施适宜的开发区域

城市各项功能设施的适宜开发区域有所不同，根据各项设施的特性、开发要求及目前国内外开发实例进行总结整理，提出道路、广场、绿地、河道水系、山体、建（构）

筑物及其他区域七类用地，作为地下空间适宜开发区域及可开发区域（表2-1）。

表2-1　功能设施适宜的开发区域

城市功能	地下交通								地下商业服务				公共管理与公共服务						市政公用设施						防灾减灾功能			仓储物流功能						
设施系统分类	地铁		地下道路		地下人行通道	地下停车库		地下交通场站	地下商务		地下娱乐		地下行政办公	地下公共服务					地下市政管线	地下综合管廊	地下市政场站				地下防空防火	地下防灾减灾		地下专用仓储			地下普通仓储			地下物流
具体设施	区间隧道	地铁车站	过境交通	地下联络道	地下人行通道	机动车停车库	非机动车停车库	地下交通场站	地下商业	地下商务	地下餐饮	地下娱乐	地下办公	地下文化	地下体育	地下教育科研	地下文物古迹	地下医疗卫生	地下市政管线	地下综合管廊	地下变电站	地下燃气调压站	地下污水处理场	地下垃圾中转站	人防工程	地下防洪排水	地下调节池	地下石油库	天然气库	地下核废料库	地下冷库	地下仓库	地下热能储库	地下物流
道路	●	●	●	●	○	○	○	○	○										●	●					●	●	●							●
广场		●							●	●	●	●	●	●	●				●	●					●									
绿地					●	●					●	●				●				●	●	●	●	●	●	●	●				●	●	●	
河道水系			○		○																		○			●								
山体																○	●	●							●			●		○				
建（构）筑物				●	●				●	●	●	●	●					●							●		○							
其他区域																		●						●	●			●	●	●	●	●	●	●

注：●适宜开发区域；○可开发区域

2.4.4　功能设施分类规划

本节主要从城市地铁、地下商业街、城市综合管廊与地下仓储四个方面介绍城市地下空间规划的相关内容。

1. 地铁系统

地铁系统是城市地下交通系统的核心组成部分，对于城市客流运输居于主导地位。地下交通系统包括城市地铁、地下道路、地下停车场和地下交通枢纽。

地下交通系统以疏通地面交通为首要任务，以缓解城市交通拥堵和停车难为导向，因此，应优先发展公共交通，加大运力，拉近城市空间距离，充分发挥土地的聚集效应。地下交通设施规划建设应充分考虑动、静态交通的衔接以及个体交通工具与公共交通工具的换乘。城市主干道的规划建设应为未来开发利用不同层次的地下空间资源预留相应的空间。城市地下交通规划基于发展的角度，以城市总体规划为依据，结合城市中长期发展目标，适度超前地对地下交通设施进行规划布置，为城市的不断扩展作出前瞻性规划，以满足持续增长的交通需求。

地下交通系统规划的主要编制内容包括规划区交通发展现状调研分析、交通设施地下化可行性及需求性分析、地下交通设施系统发展目标与策略、地下交通设施系统规划布局、地下交通设施指标要求及重大地下交通设施建设控制范围等。

在开发布局上，逐步形成以地下轨道交通线网为骨架，以地铁车站和枢纽为重要节点，注重地铁和周边项目地下空间的联合开发，形成有机的交通网络服务体系。

在空间层次上，避免地铁与建筑和市政浅埋设施的相互影响，地铁应尽量利用次浅层和次深层地下空间。在城市中心城区范围内，以地铁为依托，结合轨道交通线网的建设，形成地下和地面相互联系的、便捷的立体交通体系，利用地铁客流合理开发商业，提高地下空间的使用效率。

地铁系统因运量大、运输快速、准点而成为解决大城市交通矛盾的主要手段，同时也是联结城市生活的纽带，地铁一旦建成，将对城市人口分布和城市功能布局起到强有力的引导作用。所以在进行整体路网规划时，必须综合考虑城市功能结构特点、交通现状与发展前景等因素。然后分阶段对路网进行各条线路的选线、车站定位及具体的设计工作。

（1）地铁路网规划的要点

① 规划线路要沟通主要客流集散地，同时尽量沿城市干道布设，以最大限度地吸引客流。

客流集散地包括商务中心、行政中心、教育中心、居住密集区、文化娱乐中心、市内与城际交通枢纽（如火车站、飞机场、码头和长途汽车站）等。这样规划的轨道交通线，可以满足城市居民由于工作、学习或购物等原因外出换乘需要，最大程度地吸引客流，社会效益和经济效益显著。沿城市主干道布置的轨道交通线，可以减少对城市居民生活的干扰。

② 线网中线路布置要均匀，线网密度要适量，以均衡客流，增加交通的可达性，方便乘客换乘。

这就要求在选定规划线路时，除充分考虑工程技术因素外，更要考虑线路吸引、服务客流的能力，穿越商业中心、文化政治中心、旅游点、居民集中区次数要均衡，避免个别线路负荷过大或过小的现象。居民出行可达性要好，乘客平均乘距与线路长度的比值要大，且越大越好。

③ 线网规划要综合考虑既有的城市公共交通运力，整合布局，以充分发挥整体优势，提高城市交通的整体质量和能力。

衡量一个现代化城市的交通好坏，主要是看居民出行交通是否方便，而衡量交通方便的主要尺度是出行时间的长短。出行时间是由步行时间、候车时间、换乘时间和乘车时间四部分组成。地铁是城市大运输量的交通体系，因投资巨大，施工周期长，短时间无法形成密度适中的网络。为了减少乘客出行换乘轨道交通不便，大城市的交通规划一定要发展以快速交通为骨干，常规的公共交通为主体，辅之以其他交通方式，构成多层次、多方位的立体交通体系，即地铁应做好与城市其他交通形式，如公共汽车、小汽车和自行车等的衔接，如与主干道上的地铁的车站换乘联系甚至联运，这样可减少居民出行步行时间。

④ 线网规划要与城市发展规划紧密结合，充分利用地铁规划对于城市布局的巨大推动作用。

地铁建设具有巨大的人口吸纳效应，地铁线网规划是大城市总体发展战略的重要组成部分，要根据城市总体规划和城市交通规划做好轨道交通规划。其目的是根据城市规模、城市用地性质与功能、城市对内与对外交通情况，经详细的交通调查和综合研究，编制科学的线网规划，力求使乘客以最短的行程和最少的时间到达目的地，并且，在工程实施时，使建设资金最经济、投资效益最佳。在编制线网规划时，若与城市规划相互脱节或配合不好，就很难达到上述目的，甚至会造成技术上不合理或不可能实现的问题。此外，规划要着眼于城市发展布局，为城市新区的规划留有余地。

（2）地铁系统路网的形式

路网的基本形式包含三种：放射式、棋盘格式和组合式，三种形式各有优缺点，可以针对城市交通的不同特点选用。

① 放射式。放射式路网有效地沟通了城市中心和郊区的客流，郊区乘客可直达市中心，并且由一条线路到任何一条线路，只要一次换乘就可以到达目的地，是换乘次数最少的一种形式，如图 2-3 所示。

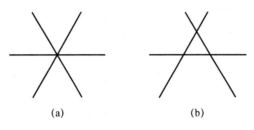

图 2-3　放射形路网

其缺点是路网密度不均，交通的可达性差别巨大。在城市中心区，客流拥挤，组织易混乱，同时，城市外围乘客到相邻区域必须绕行市中心区，从而增加了绕行距离和乘车时间，同时增加了市中心的无效客流量。

放射形结构引导城市向单一中心结构发展。由于路网密集，可达性强，中心城区吸纳了各种功能设施和人口。其最终结果便是在城市中心形成一个强大的、单一的市中心区，造成城市在市中心区高密度的土地利用，导致地价上涨，反过来抑制了城中心的进一步开发。

地铁线路造成的人口和城市功能集聚效应势必导致放射网状结构在市中心区引导城市呈高密度面状开发，在市郊区引导城市呈高密度带状开发，从而促使城市形成手掌状向外延伸的整体态势。

为了弥补单纯放射式路网的不足，可以增加环形线路，从而构成"蛛网式"路网，如图 2-4 所示。

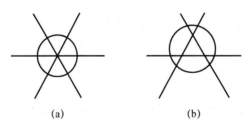

图 2-4　放射形加环形组合路网

通过环线将各条放射线有机地联系在一起，这种线形既具备放射形路网的优点，又解决了线路间换乘的问题，从而提高了整个路网的连通性，方便了环线上的直达乘客和相邻区间需要换乘的乘客，而且能有效地缩短市郊间乘客利用轨道交通出行的里程和时间，缓解了中心区客流密度，起到快速疏散市中心客流的作用。目前，该形式已成为很多大城市地铁建造的主要形式。

② 棋盘格式。棋盘格式路网多对应于我国北方古都城市地表路网布局，如北京、西安，如图 2-5 所示。

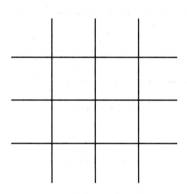

图 2-5　棋盘格形路网

这种路网是由若干纵横线路在市区相互平行布置而形成的，形成的网络多为四边形结构。

棋盘格式结构路网密度均匀，在线网的覆盖区域内各点的到达性相差不大。由于线路间连通性好，存在多个回路，这种结构乘客换乘的选择较多，所以线路和换乘站上的客流分布比较均匀，不会造成市中心区过大的集聚效应，因而会有效地降低既有市中心的土地利用强度，引导城市向多个中心拓展。这一方面是由于市中心地价较高，另一方面在同样的交通环境下，人们更喜欢开阔的居住生活空间。因为线路能纵横两个方向分布延伸，为了方便地利用轨道交通，从市中心迁出的人口也会沿这两个方向分布。线网分布范围内可达性差异不大，线网覆盖范围以外郊区交通条件相差很大，使郊区居民向轨道交通网附近迁移。这些引导城市较均匀地向外扩展，整个城市不易形成土地利用强度特别高的市中心。但是，这种路网的最大缺点是两次换乘多，由于没有直达市中心的径向线路，郊区到市中心出行不便。如果在城市轨道交通干道网规划中必须采用此种结构形式时，应尽量将交叉点布置在大的客流集散点上，以减少乘客换乘次数，方便其出行。

为了弥补棋盘格式路网的不足，可以增加环形线路，如图 2-6 所示。

环线应放在客流密度较大的地方，并尽量多贯穿大的客流集散点，如对内、对外交通枢纽等。这种路网最大的特点是提高了环线上乘客的直达性，减少其换乘次数，同时能改善平行线间乘客的换乘条件，进而缩短乘客出行时间并减轻城市中心区的线路负荷，起到疏散乘客的作用。

③ 组合式。由于放射式和棋盘格式路网各有利弊，可以根据城市布局特点，结合环形线路组合使用。这种组合式路网能够吸收各种类型路网的优点，将路网布局与城市特点紧密结合，进而使得路网布置与城市特征协调统一，有效解决了城市交通问题。

（3）车站的规划

地铁车站是客流集散地，也是不同交通线路的连接点，所以，其位置的选择直接决定了能否吸引地面客流以发挥地铁应有的作用。

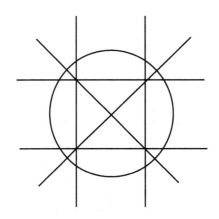

图 2-6 棋盘形、放射形与环形组合路网

车站站位的设计是线路规划乃至线网规划的主要内容，在规划车站站位时，要综合考虑城市规划和城市现状、大的客流集散点、既有线网分布、土地使用情况以及站间距等要素来确定。使得新建地铁线路与既有线网整合一体，最大限度地方便群众换乘和出行，发挥地铁交通大动脉的效应。

由于站点的选定涉及线路的走向，所以此项工作要与地铁选线同时进行，以便确定最优线路，防止车站位置的变动导致线位的改变。我国的车站设计通常市区站距离为1km，郊区站距离不大于2km。

车站一般设置在下述位置。

① 城市交通枢纽中心，如火车站、汽车站码头、空港立交中心等。

② 城市文化娱乐中心，如体育馆、展览馆、影视娱乐中心等。

③ 城市中心广场，如游乐休息广场、交通分流广场、文化广场、公园广场商业广场等。

④ 城市商业中心，如大的百货商场集中地、购物市场批发市场等。

⑤ 城市工业区、居住区中心，如住宅小区、厂区等。

⑥ 同地面立交及地下商业街相结合出入口常设在地面街道交叉口、立交点、地下商业街中心或地下广场等处。

⑦ 车站最好设置在隧道纵向变坡点的顶部，这样有利于车辆的起动与制动等。

2. 地下商业街

（1）地下商业街的定义

根据日本建设省对地下街的定义："地下街是供公共使用的地下步行通道（包括地下车站检票口以外的通道、广场等）和沿这一步行通道设置的商店、事务所及其他设施所形成的一体化地下设施（包括地下停车库等），一般建在公共道路或站前广场之下。"

改革开放以来，经济的飞速发展和城市化进程的加快，推动了对于城市地下商业的需求。现今的地下商业街已由传统概念的地下商业空间开发，逐渐演变为一个处于地下的公共活动平台，也使得地下商业街需要在空间组成上有所突破，最终产生有别于传统地下商业街的新形态地下商业空间。

地下商业街根据其平面形态和所处的位置，可以分为道路型、广场型和复合型地下商业街。

（2）地下商业街的功能

以下进行地下商业街的规划，首先要了解其城市功能。地下商业街的功能主要体现在四个方面。

① 城市商业的补充与拓展。早期的地下商业街源自简单的地下通道，仅是在地下通道两处布置商业广告和橱窗，然而，随着城市规模的不断扩大和城市中心区开发强度的提高，地下商业街得到快速发展。由普通的商业街发展为地下商场，由商场进一步演化为地下商业综合体。已然由初期对于城市商业的补充而拓展为具有鲜明时代特色的地下商业。今后地下商业街的类型或功能还会增加，由"街"相连而成的"城"会日益增多。目前，我国上海、日本东京等地的地下商业街已经具备了"地下城"的雏形。

② 城市交通功能。城市交通一直是地下商业街的主要功能之一。这个功能随着地下空间开发规模的不断扩大而不断升级。地下商业街需要大的商业客流，这就要求其必须具有很强的人流集散功能，城市地铁、地下停车场和地下人行道的作用，恰恰迎合了这一需求。现代的地下商业街通常将以上三种功能整合为一体，在城市交通繁忙的地带实现了人车分流和快速换乘，所以，地下商业街在城市交通中发挥着重要的作用。

③ 城市环境的改善。大型地下商业街在改善城市环境方面作用显著。由于地下商业街将区域的车辆和人流的活动置于地下，可以将置换出的大面积地表空间进行绿化、改造，有效改善城市地表的空气、光照、绿地、水体、地面交通的质量，降低地表建筑物的密度，从而大幅提高城市生活的质量。

④ 城市防灾功能。从地下空间的防灾特性看，与地面空间相比，对多种城市灾害具有较强的防护能力：相连通的地下空间，人流机动性较强，有利于长时间的抗灾救灾。地下空间在城市综合防灾中的主要作用是抗御在地面上难以防护的灾害（例如，核武器的袭击等），在地面上受到严重破坏后保存部分城市功能和灾后恢复能力，同时与地面上的防灾空间（例如，广场、空地等）相配合，为居民提供安全的避难场所。

（3）地下商业街规划的要点

① 地下商业街规划应与城市上位规划、人防规划相对应，与城市不同层次的商业中心、公共服务中心相衔接，充分考虑建设需求、现状因素以及与其他城市系统间的协调关系等，并考虑未来发展成地下综合体的可能性，积极引导与其他地下空间设施的联系，为水平和纵向上的规模扩展做好预留空间准备。

② 与地铁车站、地下停车场、地下人行道等公共交通设施相结合，以利于大规模吸引商业客流和提高地下公共人行通道的通行率，同时有利于地下空间商业价值的提升，加快回收建设成本。

③ 地下商业街应建在城市人流、商业、行政等中心区域，这些区域交通流量大，商业环境成熟，大型建筑配建地下空间多，因此，对地下商业空间开发的需求也较大。地下商业街的建设可以将人流引入地下，缓解地面交通压力，同时又可以扩充城市公共空间。形成地上、地下多功能、多层次的有机组合。

④ 地下商业街的规划应与既有公共设施和周边建筑物功能相互协调、互为补充，与其他地下空间设施相连通，发挥其在城市功能中的作用，最大限度地方便居民购物和出行。

当地下商业街与其他建筑物的地下室连接时应满足下列条件。

a. 该建筑物的地下室，每 200m² 面积内设有耐火墙结构。

b. 该建筑物有直接通向地面的台阶和排烟设施，地下商业街也有直接通向地面的台阶及排烟设施等。

c. 连接时应满足使用方便、便于避难、形状简明的要求。

d. 满足防灾与舒适性的要求。

地下商业街既是大型的商业活动场所，也是城市重要的民防空间，所以要强调城市防灾的规划和设计，同时，作为大型商业场所，要突出设计的舒适性。

地下商业街是一个人们购物、通行和休息的场所，这就要求建成为一个舒适的空间。地下商业街的结构布局、装修、橱窗等的设计都要从人的感官（视、嗅、味、听、触）舒适性考虑。在地下商业街规划中，为保证安全必须做好电气、空调通风、排烟、警报、排水等各项设施的规划，其中防灾设施尤为重要。

3. 城市综合管廊

城市综合管廊隶属于城市地下市政，是目前城市生命线的主流开发形式。城市地下市政包括市政管线、城市综合管廊和地下市政站场。在城市建设初期，市政管网主要以直埋式敷设，市政站场也以地面建设为主。随着城市的不断发展，主城区土地开发强度加大，建筑物密集度增加，客观上要求将占地面积大且影响环境、妨碍城市景观的市政设施纳入地下。下面以城市综合管廊为例，阐述其规划相关内容。

以城市综合管廊为代表的新一代市政工程，将城市供电、供水、燃气、热力、通信、排水等统一入廊，进行集约化管理，结束了管线维修造成的反复开挖道路的"马路拉链"和架空电线蛛网的历史，且极大地提高了城市生命线的韧性，目前已然成为我国市政建设的主流。

（1）管廊规划编制的原则

① 需求导向原则。优先建设管廊的有：重要市政管线下地需求的道路、新建及待改造交通干道、重要地块、地下空间集中开发区都要优先建设管廊。

② 效率化原则。地下综合管廊应与轨道交通、城市道路、人防设施等规划相结合，综合开发城市地下空间，提高城市地下空间开发利用的综合效率，以促进地下空间的集约化利用。

在管廊规划中，以不破坏各类市政管线的整体系统为前提，最大可能地纳入所有市政管线，以保障管网系统的完整有效。

已建成的道路，特别是地下管线已建设完善的道路，在无改造计划时，尽量不布置管廊，保障道路交通系统的完整性，以减少管廊施工对交通系统的破坏以及不必要的资金浪费。

③ 前瞻性原则。地下管廊规划必须充分考虑城市未来发展对市政管线的要求，需要对管廊经过区域的需求规模进行分析预测，并预留相应的空间，为将来管线扩容及收纳其他功能的管线做好准备。管廊的设计年限和建造标准要求应按照同类高标准要求设计。

④ 协调原则。管廊规划应充分考虑管廊自身的特点，形成点、线、面相结合的由干线、支线和缆线组成的多层次的地下综合管廊体系，在管廊规划过程中应考虑多方面的协调，形成系统、完整的地下管线系统。为此，要处理好不同管线间的协调、管廊与

管廊、管线之间的协调和管廊与地上、地下空间之间的协调。

（2）综合管廊规划编制的层次（表2-2）

表2-2　综合管廊规划编制层次与内容表

编制层次		各层次规划编制内容
总体规划	城市管廊系统总体布局	结合城市用地功能布局及发展时序，确定城市管廊系统总体布局
	干线管廊总体布局	结合城市交通主干线、市政管线主干线，明确干线管廊布局，形成管廊系统的总体框架
详细规划	确定入廊管道	与相关市政管线专业规划相衔接，确定入廊管道
	细化管廊布局	在城市总体规划的指导下，依据城市管线综合规划、城市地下空间利用规划，按用地单元细化管廊布局
专项规划	城市管廊系统总体布局	以城市总体规划为依据，与道路交通及相关市政管线专业规划相衔接，确定城市管廊系统总体布局
	确定入廊管道	合理确定入廊管道，形成以干线管廊、支线管廊、缆线管廊、支线混合管廊为不同层次主体，点、线、面相结合的完善的管廊综合体系

① 总体规划阶段。结合城市用地功能布局及发展时序，确定城市管廊系统总体布局；结合城市交通主干线、市政管线主干线，明确干线管廊布局，形成管廊系统的总体框架；对干线、支线、缆线、干支线混合管廊的设置原则和区域提出要求。

② 详细规划阶段。在城市总体规划的指导下，依据城市管线综合规划、城市地下空间利用规划，按用地单元细化管廊布局。与相关市政管线专业规划相衔接，确定入沟管道。明确管廊断面形式、道路下位置、纵向控制，并提出规划层次的避让原则和预留控制原则。

③ 市政管廊专项规划阶段。以城市总体规划为依据，与道路交通及相关市政管线专业规划相衔接，确定城市管廊系统总体布局。合理确定入廊管道，形成以干线管廊、支线管廊、缆线管廊、支线混合管廊为不同层次主体，点、线、面相结合的完善的管廊综合体系。明确管廊断面形式、道路下位置、纵向控制，并提出规划层次的避让原则和预留控制原则。

（3）管廊规划的内容

① 专题研究工作内容

a. 综合管廊发展战略。结合城市发展战略、城镇布局与土地利用总体规划、城市地下空间等相关规划提出综合管廊发展战略。

b. 综合管廊适建性分析。结合城市职能、片区主导功能、各项经济指标、市政管线密度、片区人口密度、地质条件等经济、社会、技术指标，建立综合管廊适建性评价体系。通过对城市行政区域进行综合管廊适建性评价，提供技术经济的预评估，提出综合管廊禁建区、适建区范围，初步划定综合管廊的建设区域，为决策部门提供参考依据。

c. 入廊管线的论证分析。结合城市经济发展水平与城市发展需求，综合论证给水管线（生活给水、消防给水、再生水等）、排水管线（雨水、污水等）、电力管线（高压输电、高低压配电等）、电信管线（电话、电报、有线电视、有线广播、网络光电缆等）、热力管线（蒸汽、热水、冷水等）、燃气管线（煤气、天然气等）、液体燃料管线（石油、酒精等）、垃圾管线等市政管线入廊的可行性与综合效益，合理确定入廊管线种类。

d. 经济效益分析。通过对比分析综合管廊与传统管线直埋方式的工程造价、运营费用、社会效益等核算综合管廊建设的经济性。

② 规划方案的工作内容

a. 解读规划。通过对城市总体的规划、各市政专项的规划、城市地下空间总体的规划、城市综合交通体系的规划、城市轨道交通的规划等相关规划进行依次解读，同时深度分析综合管廊规划与各类规划布局的相互关系（表2-3），并且结合综合管廊的适建性分析与发展战略，最终确定综合管廊总体布局的各种设置原则与控制条件。

表2-3　规划解读引导框架

规划类型	解读内容	与管廊规划布局的关系
城市总体规划	发展规模、规划层次、开发强度 市域城镇体系规划、中心城区规划	指导综合管廊规划布局 管廊等级划分
城市综合交通体系规划	对外交通、城市道路系统、 综合交通枢纽	指导综合管廊规划布局 指导综合管廊线位规划 指导管廊等级划分
市政专项规划	给水、排水、再生水、电力、 电信、燃气、供热工程规划	指导管廊布局、线位选择、等级划分 指导入廊管线种类选择、横断面设计
地下空间总体规划	空间结构、功能布局	指导综合管廊规划布局 指导管廊等级划分 指导综合管廊建设时序
历史文化名城保护规划	保护控制体系、历史地段、文物古迹	指导综合管廊规划布局 指导综合管廊线位规划
城市轨道交通规划	城市轨道交通规划的原则与定位 城市轨道交通规划布局与时序	指导综合管廊规划布局、线位规划 指导综合管廊建设时序
抗震防灾规划	城市抗震等级、防灾标准 城市生命线布局	确定抗震等级、防灾标准 指导综合管廊线位规划 引导综合管廊建设顺序安排

b. 确定综合管廊的总体布局。根据综合管廊的适建性分析以及发展战略，从而提出关于干线、支线、干支线混合、缆线管廊的设计要求与原则，结合各市政的专项规划、城市的总体规划，最终编制出综合管廊的总体布局方案。

c. 确定综合管廊的分区布局。根据综合管廊的总体布局方案，同时结合地下空间规划、市政专项规划、区域控制性详细规划等相关规划，进一步对设计方案进行深化，最终提出管线预留、避让的相关原则；对综合管廊的平面位置、纵向深度、断面形式进

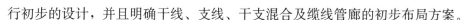

行初步的设计，并且明确干线、支线、干支混合及缆线管廊的初步布局方案。

d. 确定管廊的建设时序。根据综合管廊的总体布局和分区布局等一系列方案，同时结合地下空间规划、市政专项规划、区域控制性详细规划、旧城更新计划、轨道交通规划等相关规划，最终合理安排综合管廊的建设规模与建设时序。

e. 确定入廊管线的规模及种类。根据综合管廊的类型与所处城的市分区，同时结合入廊管线相关的论证分析，最终明确综合管廊入廊管线的规模以及种类。

f. 确定综合管廊的空间位置与断面形式。根据综合管廊的总体布局，同时结合建设用地规划并且根据地铁站点、过街通道、道路断面分配等相关设计方案，从而明确综合管廊的空间位置；其次要根据入廊管线的规模和种类间存在的互斥性，最终确定综合管廊的规模（尺寸、断面形式）等。

③ 实施保障工作内容

a. 近期建设规划。地下空间开发成本较高，整合地下空间资源和统筹安排项目建设时序有利于集约化利用地下空间资源和节约工程投资，综合管廊应结合大型地下工程建设时序及城市分期建设计划，合理安排近、中、远期建设规划。

b. 投资估算。通过调查城市管廊建设的投资，结合国内其他城市的经验数据，分别对近、中、远期综合管廊的建设内容进行投资估算。

c. 规划实施保障措施。为保障规划顺利实施，提出切实可行的政策保障和操作策略，同时制定相应的管理制度。

4. 城市地下仓储

地下仓储是指用于存储城市生产资料和居民消费品的地下建筑物，存储的物资包括粮食、蔬果、肉类、地下水、石油、天然气、工业废料、武器弹药等。

（1）地下仓储的优势

地下仓储因处于岩土体的包围之中，而具有自然恒温性、湿度可控性和密闭性，因而储品（粮食、蔬菜）不易变质、能耗小、维修和运营费用低；由于建在地下，不占用地表面积、节省建材，所以存储成本低、质量高、经济效益显著。此外，由于地下洞库具有防空、防爆、抗震、抗渗、防辐射等防护性能，因而特别适合石油、天然气等战略物资以及工业废料、废渣、废气（比如 CO_2）的储藏。

由于受岩土覆盖和地热的综合影响，使得地下仓库具有冬暖夏凉的天然优势，见表 2-4。这种自然恒温性能所达到的空调效果远比地面库房节省能源，所以具有很好的运行经济性。

表 2-4 某地下仓库内外温度月度变化（℃）

时间（月）	2	3	4	5	6	7	8	9	10	11	12
外界气象资料	4.5	9	15	19.8	21.1	28.4	27.8	23	17.2	11.5	5.6
大气实测	1.8	9	16.8	22	27	32	26	22	20	11.6	7
库内	13.3	14.5	13.2	16	18	18	17.5	17.5	17.5	17.5	17

在地下开挖硐室作为仓库，与地面建库相比，可以节省大量的建筑材料，从而大大降低碳排放，属可持续利用的绿色建筑，降低物资储藏的成本。比如，利用枯竭的油气田建设地下储气库，与各类地面天然气存储方式相比具有极大的成本优势，见表 2-5。

表 2-5　各种储气方式投资对比表

储气方式	每 1m³ 储量投资比率%
高压球罐（0.8MPa）	145.7
低压罐	100.0
高压管束（11MPa）	32.5
液化天然气	8.5
含水层地下储气库	3.6～7.7
枯竭气田地下储气库	3.3～3.2

注：表中以低压罐投资为基准（100%），其他均为相对数

由于其天然的密闭属性，在地下油库中，挥发损失仅为地面钢罐油库的 5%，此外，作为易燃易爆的石油和天然气，地下储库在安全性能方面完胜地面库，可以有效避免自然灾害和战争等。

（2）地下仓储的类型

根据地下仓储存放货品的类型和性质，地下储库可以分为如下五种类型。

① 地下食品库。地下食品库是城市最常见的地下储库，包括存放粮食的粮食库，食用油库，储藏肉、禽、海产品的冷冻库，存储蔬菜、水果、蛋、奶和酒类等商品的冷藏库。

② 地下水库。随着城市的不断扩大，人口不断聚集，城市用水不足的问题凸显。同样，对于一些地狭人稠的岛国，如日本、新加坡等国家，城市用水是亟待解决的问题。在这种情况下，城市地下水库的概念被提出并实施。

地下蓄水就是把水蓄在土壤或岩石的孔隙、裂隙或溶洞里，用水时再把水顺利地取出来。目前，我国大力提倡的海绵城市就是地下水库工程的一部分。

由于地下水库工程简单，其投资相对地面水库要小得多，且不占农田，水的蒸发量小，因此，地下水库的研究已引起国内外的重视。欧美发达国家现在已经基本放弃了修建地表水库来储备水资源的传统做法，而是越来越多地利用地下含水层广阔的空间，建立"水银行"来调节和缓解供水。

③ 地下能源库。主要是储存石油及其制品的地下储油库和天然气的地下天然气库。由于国家战略储备的需要，一个国家需要存储大量的战备石油。而地下储库因其防空、防爆、防灾、抗震性能优良，特别适合战备石油的储存。比如，新加坡在裕廊岛海床下 100m 深处的裕廊组沉积岩地层中修建了 5 个地下储油库，其总储油量高达 4 亿 m³，可供全国使用一个月。如图 2-7 所示。

近些年，由于推广清洁能源，城市使用天然气的量越来越大，为了调蓄高峰用气和平时用气的矛盾以及战略储备，需要在城市周边修建天然气储库。天然气储库含枯竭油气藏型、含水岩层型、盐穴型和废弃矿坑型 4 种类型。

④ 地下物资库。地下物资库用来储存武器、弹药、装备以及各类城市生产生活用物资。此类物资由于具有一定的危险性和储藏的保密性，客观上要求存放于远离人口聚集的市中心，地下储库因为不占用地表空间，同时兼具防空、防爆、抗震、隐蔽和储藏条件优良等特点，特别适合用来存储以上物资。

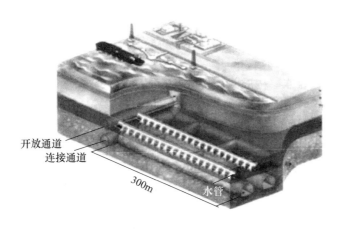

开放通道
连接通道
300m
水管

图 2-7 新加坡海底地下石油储库示意图

新加坡利用花岗岩优越的抗爆性能,在万礼花岗岩地层中建设地下军火弹药储存库。万礼地区的花岗岩地层属于三叠纪地质期,有 2 亿年历史,其硬度是水泥的 6 倍,还有天然冷却作用。万礼军火库由多个储藏仓库组成,每个仓库长 100m,宽 26m,高13m,由双车道宽的隧道连接。两隧道间至少间隔 20m,满足"当其中一隧道爆炸时,不会对另一隧道产生破坏性影响"的要求。同时每个仓库门口都设置电动钢铸防爆闸,以防爆炸碎片、火势和气浪冲入。此外,每个仓库门口对面都凿有存留爆炸碎片用的空间——留碎室,可存留 90% 向外冲出的爆炸碎片,也能减缓爆炸火势。万礼军火库还是一个省地、省电、省水、省力的高效军火库。该库建造在地下数十米,与地面军火库相比,所需安全地区面积可以减少 90%,相当于 400 个足球场。同时,由于花岗岩的隔热作用,电力消耗只有地面军火库的一半;雨水收集和地面排水系统每年省水约 60000m³。

⑤ 地下废料库。废料包括工业废料、生活废料(垃圾、污水等)和核废料。

废渣/废料储库是利用地下的溶洞来储存无害油田废物或处置天然放射性物质。相对于填埋、蒸发及热处理等油田无害废物处理方法,盐穴封存具有成本最低、不污染地表地下水和有利于环境保护等优点。美国、加拿大、德国和荷兰等国家已授权在盐穴中储存无害油田废物。1998 年,美国能源部委托 Argonne National Laboratory 研究油田废料盐穴存储技术,认为该处理方式在法律、技术和经济层面均是一种有效的废物处理方式,具有较好的应用前景。

此外,为了应对全球气候变化,碳达峰碳综合期限越来越临近。核电在人类可选择能源中所占的比例将越来越大。原子能电站的数量正在不断增加,但如何处理和储存高放射性的核废料达数千年不泄漏是亟待解决的问题。由于地下空间有良好的密封性和防护性,便成为理想的存储地点。

由于这种储存要求高,必须在库的周围进行特殊的构造处理,以防对外部环境和地下水造成污染。地下核废料储存库大致可分为以下两类:

a. 储存高放射性废物,一般构筑在地面 1000m 以下的均质地层中;

b. 储存低放射性废物,大都构筑在地面 300~600m 以下的地层中。

下面以地下水库为例,详细介绍其定义、特点、应用情况和规划要点。

（3）地下水库及其规划

据调查，全球大陆地下岩土层中储存的水量约为 $8.14 \times 10^6 km^3$，是所有陆地地表水的 35 倍。这说明地下含水域是一个超大型地下水库系统。这个大系统是由一系列次级系统、含水单元或含水层构成的，其特点是：

1）含水单元数量众多；

2）库容与水资源量巨大；

3）与地表水联系密切，但不具直观性；

4）水质优良，温度稳定，不易浑浊，但流动缓慢；

5）没有淤积和蒸发，不需建坝，不需维修，不需占空地，就地取材、使用方便，但污染后难以处理；

6）过滤层对水中有害物质有自净、吸附、分解作用。

一些发达国家已经认识到，有计划地建立地下水库，实施地下储水是包括地下水资源在内的水资源可持续发展的重要战略环节。

① 地下水库的定义。利用天然的或者人工的地下储水空间，通过入渗补给、筑坝拦截、径流排泄、开采利用、监测控制等人工干预形成的可供生产和生活用水的基础设施。

② 地下水库的优势。鉴于地表水库遇到的一些无法避免的环境问题，部分发达国家正在放弃修建地表水库来调蓄水资源的传统做法，甚至考虑拆除一些已建水库，转而利用地下含水层——地下水库调蓄水资源。地下水库得到了越来越多国家的广泛重视，这是因为其本身的确具有地表水库无法比拟的许多独特优势。

a. 建设投资少。一些地下水库因其本身的储水构造边界就比较完整，完全可以不建立地下水坝，即使需要建立地下水坝，由于其建立在地层中，在有围限的双向受力条件下，对其强度要求也很低，因此坝体不仅厚度很薄，且其变化与坝高关系不大，其建造工艺远比地表水库的大坝简单，节省材料，工程造价自然也低，有关专家估算与同等规模的地表水库比较，其工程投资可节省80%左右。

b. 基本不占地。地下水库建设一则可以不动迁居民，大量减少补偿费用，而地表水库淹没补偿费用常常占到工程总造价的40%；二则其建成后地面仍然可以用来耕种作物，在耕地逐年减少，土地弥足珍贵的今天，其意义是非常重大的。

c. 安全性高。地下水库对下游没有洪水威胁，没有溃坝的危险，不承担防洪任务，水库本身也能安全度汛。地下水库不怕地震和战争等的威胁，而地表水库必须考虑地震灾害，和国防安全等问题（特别是大型水库），需要提高工程标准，建设防范措施。

d. 蒸发损耗小。地表水库由于地表水体的直接蒸发，蒸发损耗较大，而地下水库使水深藏地下，大大减少了蒸发损失，这对于干旱地区来说尤为重要。

e. 泥沙淤积的问题较小。地表水库的泥沙淤积一直是困扰水利专家的一个难题，特别是在径流含沙量大的地区更为突出，蓄水库容很快减少，甚至完全淤满。而引渗修建地下水库可以消除在修建地表水库时一直困扰人们的淤积问题。如果引渗得当，淤积在地面的泥沙还可以"肥我禾田"。

f. 水量、水温稳定。库水因处于地下，所以其水量、水温相对稳定，因而具有许多调节功能，有储冷储热、防洪防涝和扩大水资源利用量等综合效益。

g. 水质好。地表水经地表植被、土壤、岩层裂隙深入地下，因这些介质具有洁净水体的功能，因而渗滤后，水体更为洁净。

目前，全国的很多大中城市，一方面由于过量地采集地下水，形成了大量的地下水漏斗，从而引发了地面沉降，地裂缝等一系列环境地质问题；另一方面城市暴雨导致内涝，也成为愈来愈令人头疼的现代城市灾害问题。这样，城市一方面要花大量的人力和物力将雨水排走，大量的淡水资源被白白浪费掉；另一方面却又面临水资源短缺的问题。如果能够把城市地下水超采腾出的"地下库容"当作一个大的地下水库，想方设法地让城市雨水渗入地下，那么既可减轻城市内涝灾害，同时又缓解了城市水资源短缺的矛盾。所以，建立地下水库，对于满足城市供水和保护生态与环境都极为必要。

③ 地下水库的类型。根据目前我国地下水库发展的特点和现状，可以依照蓄水介质的不同将地下水库分为 3 类：含水层地下水库、岩溶地下水库和煤矿地下水库：

a. 含水层地下水库。这是一类在国际上广为采用的地下水库类型，又称为含水层储存与恢复工程，以 20 世纪 80 年代美国的 ASR 系统（aquifer storage and recovery）以及荷兰的人工回补汲水系统（artificial recharge-pumping systems，ARPS）为代表。

这一类地下水库就是利用天然地下储水空间［包含第四系岩土体空隙、各类基岩裂隙、岩层原生空隙（比如砂岩、砾岩层）等］作为储水主体而修建的便于储存、回采和调蓄水资源的一类地下水库。

地下水库按地下水埋藏条件不同可分为潜水、承压水和混合型；按地下储水空间介质的不同，可分为松散孔隙介质、基岩裂隙介质以及混合介质；按工程规模可分为大（1）型、大（2）型、中型、小（1）型、小（2）型。

b. 岩溶地下水库。根据地下水库出露形式可以分为：全地下式地下水库和地表-地下式地下水库。全地下式地下水库是指地表未有水面分布的水库，该类型地下水库根据水坝类型又可以分为全封闭地下坝水库、半封闭地下坝水库以及埋藏型地下坝水库 3 个亚类（见表 2-6）。

地表-地下式地下水库则是由于全地下式水库库容较小，通过地表或地表建坝使地表水库集洞穴蓄水形成相连的水库，该类型水库可以分为 6 个亚类。不同种类的地下水库具有其相应的特征以及适宜的修建地貌分区。

表 2-6 岩溶地下水库的分类与特征

类型	亚类	小类	简要说明	类型图
全地下式	全封闭地下坝水库	高层洞口自流型	适宜狭窄暗河主管道上全部封闭建坝，使岩溶水高达洞口，自流	
		竖井（天窗）自流型	封闭暗河主河道，太高地下水位，地下水从竖井或天窗自流	

类型	亚类	小类	简要说明	类型图
全地下式	全封闭地下坝水库	隧道引水型	暗河主管道上全部封闭建坝，抬高水位，开挖隧道引水自流	
		高落差型	封闭暗河主河道，抬高水位落差；发电、引水等	
	半封闭地下坝水库	—	地下坝半封闭岩溶管道或溶洞	
	埋藏型地下坝水库	—	地下修建大型水坝，拦截地下水流	
	地下单坝地表-地下水库	暗河出口堵坝型	在溶蚀洼地下发育的暗河出口处堵坝，使暗河本身及相同的洼地都蓄水成库	
		伏流出口堵坝型	流经谷地的地表河成为伏流，在出口处建坝，使伏流管道及谷地都蓄水成库	
		消水洞堵坝型	对洼地底部消水洞进行堵坝，使地下洞穴及洼地蓄水成库	
		伏流进口堵坝型	伏流进口处修建堤坝，使谷地及上游的暗河及伏流都能蓄水成库	
		伏流中部堵坝	伏流中部狭窄段修坝，使上游洼地、洞穴等蓄水成库	

类型	亚类	小类	简要说明	类型图
全地下式	地下单坝地表-地下水库	洞穴咽喉堵坝型	复杂的网状洞穴系统，在主洞穴的狭窄咽喉部位堵坝，使以上洞穴及相同的洼地都可形成水库	
全地下式	地表单坝地表-地下水库	—	在暗河出口或泉水的谷地中，修建围坝，构成地表-地下水库	
	地下-地表联坝地表-地下水库	—	暗河堵坝形成地下水库，地表建坝形成地表水库，通过人工隧道，使地表及地下两水库相连	

资料来源：根据文献［7］修改。

c. 煤矿地下水库。据统计，我国每年因煤炭开采破坏地下水约 8×10^9 t，而利用率仅 25％左右，损失的矿井水资源相当于我国每年工业和生活缺水量（1×10^{10} t）的 60％。

以顾大钊院士为首的团队在研究和掌握西部矿区煤炭采前、采中和采后地下水系统变化规律的基础上，在国内外创新提出了以"导储用"为特征的煤矿地下水库储用矿井水理念，开发了煤矿地下水库设计、建设、运行和安全监控等关键技术，并在神东矿区成功建设运行了示范工程，构建了西部矿区煤矿地下水库水资源保护与利用理论框架与技术体系。

该技术突破了原有"堵截法"保水理念，采用"导储用"思路，将矿井水疏导至井下采空区进行储存和利用，避免了外排蒸发损失、地面水处理厂建设和运行成本高等问题（图 2-8），开辟了煤炭开采与水资源保护利用协调的技术途径。

煤矿地下水库技术在神东矿区推广应用，累计建成 32 座煤矿地下水库，储水量达 3.1×10^7 m³，是目前世界上唯一的煤矿地下水库群；煤矿地下水库供应了矿区 95％以上的用水，保障了矿区的可持续开发。

④ 地下水库的规划设计。总结以上 3 类地下水库的特点，虽然储水介质不同、建库机理各异、人工干预程度有别，但是作为一个地下水补给、径流、储存、排泄、开采利用完整的供水工程，其运作机制和功能是极为相近的。基于此，根据已建成、投入运营的 3 类地下水库的经验，结合最新的研究进展，将地下水库的规划设计要点归纳如下：

a. 地下水库库区选址。库区应选择边界条件清楚的地区，储水空间的四周及底部应保持相对封闭性，选址尽量避免渗漏严重的断裂带地区。

对于岩溶地下水库，应在系统研究区域地貌规律的基础上，查明拟建库区各种岩溶构造类型、规模、产状、性质以及连同情况，为库区选址提供必要的数据。

对于煤矿地下水库的选址，在平面上，应在广泛勘察基础上，研究煤炭开采区域地下水汇聚流场，得出在井田范围内地下水向开采区域汇集规律，为地下水库平面选址提供依据。在垂直高度上，不仅要研究上下煤层构造发育情况、煤层底板岩层渗透性、矿井水补给是否稳定，还要研究掌握下层煤建库时覆岩应力场和裂隙场变化规律，据此确定下层煤水库与上层煤水库之间的安全距离。

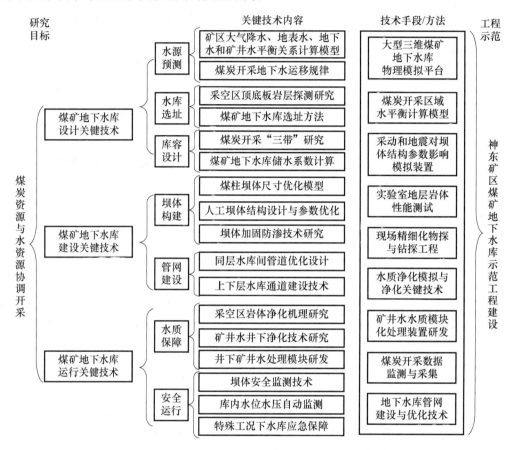

图2-8 煤矿地下水库理论框架与技术体系

b. 地下坝的设计。地下坝是人为修建的隔水边界，并与原有的天然边界结合，形成相对封闭地区。如果天然条件下存在边界完整的储水地区，或者地势比较平坦，也可不修筑地下坝。

就目前已建成的地下水库来看，比较成熟的施工方法有：一是明挖施工法；二是灌浆施工法（地下帷幕施工法）；三是预制防渗材料填入施工法；四是地下连续墙施工法和SMW施工法（当前位置搅拌法）；五是钢板桩法；六是排列桩法。

c. 地下水库的补给工程。补给工程有两个方面的任务：其一要保证地下水库有稳定的水源；其二要对水源地及库区范围内污水排放实施有效管理，以避免污水污染地下水源。

此部分包含地表拦水引渗工程和地表排污工程。地表拦水引渗工程就是为了加强地表水向地下水的入渗而建，比如，为增强河流入渗而在河流上建的梯级橡胶坝，以及为了加大地下水入渗而修建的渗坑、渗井、渗渠等。

在海绵城市工程中地表拦蓄系统、陆域雨水收集系统和补源系统也属于地表拦蓄工程的一种类型。

污水排放工程是将地下水库库区内的废水、污水收集起来送到污水处理厂或者排出库外，以免进入库区污染地下水和含水层。

d. 地下水开采工程。在缺水季节时，利用井、集水廊道等方式将储存在地下的水取出。其与地表拦水引渗工程的有效结合可实现地表地下水的采补协调，但需要保证回灌水的水质。

e. 地下水排泄工程。正如地表水库为了自身的防洪安全建有泄水工程一样，地下水库同样也要建有地下水泄水工程。

为了防止地下水库蓄水过多，引起土壤盐碱化、沼泽化等灾害，必须建设地下水泄水工程，将多余的水排掉，以保障水库的生态安全。在建设过程中可将地下水坝的高度建设低于地面（至于低多少，应根据保证地表生态安全的水位来确定），以便排泄多余的库水。地下泄水工程便是建在坝后面的积水廊道，用于将过多的蓄水安全引出的工程。

在煤矿地下水库中，为了防止矿震、地震等动力灾害中岩体突然垮落对水库造成的安全威胁，也要设计相应的泄水装置。

f. 地下水库安全监测设计。地下水位的过高和过低，都将导致一系列的环境水文地质问题、生态问题和水库安全问题，如土地沼泽化、盐渍化，含水层过度疏干，地下水质变异和恶化等，因此地下水库建成后必须在人为控制下运行。

为实现地下水的动态监测，可在库区合理地布置一定数量的观测井，并构建地下水库信息采集系统，实现地下水位和水质动态变化信息的自动采集，以便随时掌握这些信息，为开采决策、地下水库保护决策提供科学依据。因此，在地下水库建成的同时，它的管理机构和监测系统就必须立即建立起来，使地下水库的运转处在受控状态，真正达到管理的目的。

在煤矿地下水库中，为保障煤矿地下水库井下储水安全，采用了三重防控的技术理念：

① 控制水库水位，保障水库安全；

② 监控坝体薄弱环节的应力和变形，保障坝体安全；

③ 在人工坝体上安装应急泄水系统，在发生矿震和冲击地压等突发情况时，泄水降压，保障地下水库安全。

2.5 城市地下空间的智能规划

城市规划是一项复杂的系统工程，规划者要利用相关理论，详细了解城市资源评价、城市远景需求及城市功能等要素的基础上，对城市未来发展做出整体部署。

智能化的关键技术是在数字技术和信息技术的基础上发展起来的智能技术。数字技术是指将大量信息转变为可度量的数字、数据，通过这些数字、数据描述对象并在计算机内部统一处理的技术。信息技术是指用于管理和处理信息所采用的各种技术的总称，以计算机和互联网技术为主要载体，实现信息的收集、计算、处理、传递等功能。相比数字技术与信息技术，智能技术是一种更高级别的人工系统，该系统与人的指令及外部环境处于动态的反应过程中，具有感知、记忆、思维、学习和自适应、行为决策能力。

2.5.1 城市的智能规划

城市的智能规划得益于智慧城市的提出和发展。

2008 年 IBM 公司提出智慧地球的概念，从而衍生出了智慧城市的概念。2010 年 IBM 公司发布智慧城市愿景报告，提出智慧城市是通过信息通信技术（ICT）来分析和整合城市系统中的关键信息，从静态的处理或表现城市转变为动态的采集、分析和反馈城市信息，这对于推动各行各业的智能化产生了深远影响，将逐步实现对市民生活、环境、公共安全、服务产业等各方面需求的智能应对。

1. 城市智能规划的含义

一般来说，城市智能规划可以理解为通过多种智能技术辅助城市规划的理性分析和科学决策的过程，其本质在于应用智能技术完成一部分过去城市规划过程中必须由人脑完成的工作，主要体现在分析、判断及推理等智能行为方面，进而能够更加高效、精准地实现规划目标。

2. 智能规划发展的 3 个阶段

概括来讲，城市智能规划大体经历了 3 个阶段。

（1）初级城市模型阶段

20 世纪 50—70 年代，对于城市模型的研究推动了城市智能规划的技术发展。这一阶段主要是利用城市理论，借助计算机建立数学模型，预测城市形态、研究土地性质与交通的关系、模拟城市空间发展动态。早期，受计算能力的限制，模型多采用自上而下的方式建立，重点是以关键参数（如土地价值—距离衰减系数）来反映城市空间与其他要素的关联。如 1964 年的劳瑞模型（Lowry）、阿隆索地租模型（Alonso）。20 世纪 70 年代以后，出现了空间交互模型，完成了从单边到复合的突破，如 MEPLAN 模型和 TRANUS 模型。

（2）高级城市模型阶段

进入 20 世纪 80 年代，由于计算机硬件技术的突破，计算速度显著提升，为复杂城市模型的开发创造了条件，进而为综合应用多种智能规划技术解决复杂的城市问题提供了技术支撑。

这一时期直到 2010 年，城市智能规划技术得到了快速发展。根据其技术特征，可以分为 4 个类型：计算机辅助设计技术、城市定量评价技术、城市动态模拟技术以及城市智能交互技术，见表 2-7。

表 2-7　4 类城市智能规划技术特征

技术类型	兴起时间	典型的城市模型	技术特征	应用情景	技术工具
计算机辅助设计技术	1980 年代	数据转化模型：矢量、栅格模型	静态模型：数字化	2D/3D 建模测量、统计	AutoCAD；SketchUp；3DMax；等
城市定量评价技术	1990 年代	生态影响模型；城市综合评价模型；规划支持系统	静态模型；专业化；综合性	对城市产业，交通，生态，空间等方面的定量分析	Econecr；ArcGis Aralysis Toolbox；Envimet；CASAnova；Auto CAD Plugins；等

技术类型	兴起时间	典型的城市模型	技术特征	应用情景	技术工具
城市动态模拟技术	2000年代	交通-土地利用模型；空间均衡模型；系统动力模型；元胞自动机模型；基于主体建模；Logistic回归模型	动态模型；复杂要素关系；自动化；生长性	模拟城市要素的互动关系；模拟微观行为对城市空间的影响	Vensim；Matlab；Nerlogo；Pro/Engineer；GNX；CATLA；等
城市智能交互技术	2010年代	反馈模型	动态模型；交互性；自动化；生长性	模拟决策影响；人机交互匹配最优方案	Modelur for SketchUp；Grasshopper for Rhino；CityEngine；等

① 计算机辅助设计技术（2D/3D Computer AideDesign）

计算机辅助技术（CAD）的出现，使城市规划行业完成了从传统的徒手绘图到应用计算机软件来辅助制图的历史性转变。早期的城市建模软件以二维模型为主，代表性的软件是1982年诞生的通用平台软件AutoCAD。它能够完成二维空间的各种复杂图形的绘制工作。1990年以后，三维建模工具逐渐成为城市规划与设计的重要技术手段。普遍使用的三维建模工具包括SketchUp、3Ds MAX、Rhinoceros、Revit等。

CAD技术基于计算科学与计算机图形建构城市虚拟模型，实现了城市复杂空间形态的智能仿真。然而，这些专业化的CAD工具只能作为图形处理工具，用于绘制并展示设计方案和推敲空间形态，却无法对空间及属性数据进行处理、分析和判断，具有一定的局限性。

② 城市定量评价技术

城市定量评价技术应用静态分析模型，可以对数字化的城市空间进行科学、有效的验证，从而在仅仅是以建模为功能的CAD工具基础上展现出针对特定城市问题提出更加智能的解决方案的能力。

比如，米兰理工大学的莫雷罗（Morello）提出了一个综合的城市环境定量评价方法，采用人、可达性、环境、能源使用和城市形态5个方面的指标来建构一个城市设计方案的评价模型，判断其是否符合可持续发展的需求。他在研究中对于每项指标的计算方法和意义作出了解释，并且在设计项目中通过比较规划前后的核心指标值的变化来评价方案的优劣。

此类模型将城市规划从定性的描述转变为定量的评价，从单一的城市形态视角转变为考虑经济、社会、环境、形态和功能等多元素的评价系统。

③ 城市动态模拟技术

城市动态模拟技术通过建立反映城市发展过程中各系统要素之间互动关系的数学模型实现模拟推演的动态过程。

采用该方法，斯塔维克和马里纳（Stavric & Marina）在一项试验性的研究中对未来城市的空间形态进行模拟预测。该研究通过一个简化的居住区案例来阐述如何基于生长推演算法生成居住区的空间形态。在该案例试验的过程中，不仅考虑了各地块规划约束条件的复杂性，同时兼顾了系统整体状况的平衡。设计结果不仅在整体层面满足城市规划的密度、高度、建设强度等要求，而且在单体层面也遵循生成逻辑产生了多样的建筑方案。

④ 城市智能交互技术

该类技术的特点是在定量评价、模拟的基础上加入了人的因素。通过引入反馈模型来建立"人—机""干预—后果"的交互机制，进而研究城市空间形态与人类社会活动的关联关系。其本质是建构城市模型的输入参数与输出结果的联动，将城市信息的改变反映在城市模型算法的调整中，从而为城市模型从静态模型转向动态模型创造了新的方向。

凡加斯等（Vanegas et al.）试验过一种智能交互模型的设计方法——用4项输入参数来定义一个初始的城市模型，包括：

a. 目标地块面积范围；

b. 公园比例；

c. 道路节点的目标距离以及插入角参数；

d. 建筑高度和建筑后退导则。

根据这些规则，系统自动生成城市模型并且计算出3种城市评价指标，包括：每个建筑立面的阳光暴露比例；地块到达公园的距离；地块容积率。这些指标值通过不同色彩反映在三维可视化的模型中，用于比较不同的生成方案的优劣，甚至设计师不用去决定如何调整参数，系统就可以根据评价指标的预期值自动反推输入参数的合理区间，来计算最优结果。

（3）城市生命体规划阶段

① 城市生命体。进入21世纪，由于大数据、云计算、物联网和人工智能的快速发展，推动城市规划迈上新的台阶。尤其是"城市生命体"概念的提出和发展，开启城市规划进入了一个全新的时代。

1967年，建筑师埃罗·萨里宁（Eero Saarinen）提出"城市是个有机体"的理念，认为城市和生命都具有复杂、自组织及主体性等基本特性，城市内部的组织运转、对外的应激反应等，在不断拉近城市与生命两个概念的距离，也促进了人们对于城市认识的根本性变化。

进入21世纪，随着城市的发展及城市规划学科的成熟，"城市生命体"理念逐渐被越来越多的学者认同。

2005年，同济大学吴志强院士提出"城市是一个生命体（citybeing），智慧的城市应当是可感知、可判断、可反应、可学习的"的观点。他认为，认识到城市是一个生命体，是在城市规划领域应用前沿技术的一项前提，包括大数据、云计算、移动互联网及人工智能等在内的技术研究和研发工作，必须顺应城市生命演化的趋势，才能充分提升城市规划的价值。吴志强院士在2010年上海世博园的规划设计中，正式提出将整个园区作为一个微缩的城市生命体来看待，在规划、建设、运营及后续利用的全生命周期中，集成生态技术支撑园区内部要素与外部环境的新陈代谢，来实现园区的可持续发展，这成为上海世博会的基本理念。

② 城市智能模型（CIM）。吴志强院士团队基于上海世博会场馆方案的审批和检验

以及参观人流管理的需求，于2006年完成了第一个CIM平台的研制，历经四代演进，逐步集成城市多要素动态感知、全生命周期联动、多系统智能更新、规划设计自主迭代等关键技术，形成集聚智慧支撑科学决策的城市中枢（表2-8）。

从总体上看，CIM技术以模型驱动城市生命规律的大规模感知、判断、反应、学习，体现了规划工具变革的发展路径。

表2-8 CIM技术的迭代

	CIM1.0	CIM2.0	CIM3.0	CIM4.0
代表成果	上海世博会园区中枢系统	市长决策桌	北京城市副中心CIM平台	青岛中德未来城CIM中枢
设计理念	指挥中枢总系统	大脑（决策＋运营管理）	大脑＋小脑	大脑＋小脑＋迷走神经系统
核心特征	园区全局管理平台；大规模人流预测的集成应用	面向市长管理和多部门协同的城市多维信息平台	城市规划设计重大决策的辅助分析；城市多系统信息集成	软硬件结合，实现中枢建设落地；与物联网系统联动；面向管理者决策治理
关键技术	园区3D虚拟现实技术；大规模人流分布模拟预测技术；便携式设备集成	城市运行综合评价技术；城市管理信息协同技术	大规模数据导入；城市规划的智能分析算法；决策支撑	规划、建设、管理全生命周期管理；CIM实体要素架构；城市智能诊断技术集成；城市智能推演技术集成

a. CIM1.0：指挥中枢总系统。该系统是一种支持三维仿真可视化的园区决策与管理平台，即初代CIM。在2010年上海世博会的规划实践中，基于CIM平台完成了对上海世博会人流分布的预测，以及对园区重大场馆规划布局方案的优化。当时的CIM设计目标，是建构一个针对园区大规模参观人流分布的模拟、评价与优化平台。针对超大人流的安全压力，这种全信息智能模型开创了大规模人流分布预测应用于城市规划的先河，提前避免了事故风险，是城市规划领域成功应用智能规划技术的一项重要实践。该系统主要功能如下。

• 可以建立5.28km²园区规划范围内的所有自然要素的底板，包括河流、地质、表土质量、风流、风向、气候等。

• 可以承载历史遗留下来的工程设施信息，包括水管、污染源、高压和低压电网、微波通廊等城市基础设施的现有遗留物。

• 可以承载所有上海世博园区的老建筑的相关信息，包括建造年代、结构、污染状态、修复记录等。

• 可以承载所有单体建筑设计方案BIM的插入，并进行方案的视觉美学、天际线、江景等在城市设计方面的检验。

• 可以加载所有基础设施的规划信息，包括供水系统、饮用水系统、排水系统、垃圾收集系统、真空垃圾地下管道系统、江水源热泵系统、降温系统、电网系统、无线网系统、安防系统、地面公交设施系统、地铁车站系统、加氢站系统等新规划的城区基础设施。

- 可以进行园区参观人流的动态模拟，并将整个园区划分为 20m×20m 的基本单元进行人流的空间和时段模拟。
- 可以进行紧急事件的预案布置，包括对消防人员分布的即时检验和调度，以及不同紧急事件发生时各类安全保障力量的应急部署。
- 可以生成包括自然要素、建成要素、流动要素以及运营管理总指挥平台的上海世博园区的虚拟空间，并进行信息的轻量化处理，以作为上海世博园区的移动指挥中心。

b.CIM2.0：城市大脑（城市决策＋运营管理）。第二代 CIM 系统于 2012 年完成研制。在前文提及的"城市中枢"概念中，以其构成要素"大脑"的决策与运营两大功能作为主要架构理念，开发了"智慧城镇数据平台系统 CIM2.0"，或称"市长决策桌"。相比于初代 CIM，CIM2.0 版本承担了城市大脑的职能，即以面向市长决策指挥为目标，通过更加人性化的交互形式，在一张"桌子"上实现了发展业绩、资源统筹、向上联络、意见汇聚、城市安全、日常管理、重大项目、案例剖析八大功能的统筹，完成了针对城市发展关键信息的监控预警和辅助决策。

c.CIM3.0：城市大脑＋小脑（大规模城市感知与模拟）。2015 年以来，智能模型（intelligent model）的大规模导入推进了 CIM 的快速发展。其价值在于决策者和规划师可以通过对复杂城市数据的计算来预判城市未来发展的情景，相比于在传统决策过程中依靠经验的方法，CIM 更能够发挥科学辅助的作用，这一特征是城市规划、建设、运行、管理智能化转型的一个重要体现。

在 CIM3.0 系统（北京城市副中心总体城市设计）中，首次覆盖 155km² 规划范围的大规模城市三维场景，不仅可以在三维仿真模型中记录真实的城市时空数据，还可以针对设计方案即时获取任意区域的天气、人口成分、人流汇聚规模和速度、建筑高度、建筑材料等详细数据，实现对大规模多维度数据的精准预测，辅助设计师对设计方案的评估与优化，为设计方案的审核与城市发展决策提供平台支撑。

d.CIM4.0：城市大脑＋小脑＋迷走神经系统。CIM4.0 研制目标定位在完善城市局部空间二级感知和决策。相比于前代 CIM，CIM4.0 以城市大数据库为资源，以关联 IoT（物联网）设备构建能够快速感知和反馈的信息传感网络，以在空间平台上集成大数据与人工智能分析技术，支撑城市发展全生命周期的智能化。

CIM4.0 在青岛中德未来城建设落地，以架构城市的"迷走神经系统"为理念，针对特定地区的分级管理进一步开发计算模型，包括城市与外部环境关联（如日照、风环境）、城市内部要素配置（如公共服务设施）、城市安全问题的自动处理（如灾害、突发事件）等领域，实现城市关键问题决策与自组织运行的并行处理。

该系统经升级、优化后，支持与园区物联网设备、后台系统的实时联动，通过应用系统为园区管理决策提供信息服务。以软件、硬件环境、网络联动的模式建设 CIM 系统，破解了规划方案的因地制宜、实效模拟、安全评价等技术难题，初步实现了城市各系统的智能化。

2.5.2　城市地下空间智能规划

1. 技术现状

由于我国城市地下空间开发起步晚，直到 21 世纪才进入快速增长期，而且，初期仅以地下工程的施工、设计为主要研究内容，导致了我国在地下空间规划领域研究的滞后。

近些年，伴随着大数据、云计算、物联网和人工智能等技术的快速发展，城市地下空间规划领域的数字化、信息化甚至一些计算机辅助规划系统也得到了长足的进步。GIS 与 BIM 的集成应用也开始受到越来越多的关注。基于 GIS 的辅助系统在城市地下开发中已经得到广泛应用，并由 2D 向 3D 发展；数字化技术的应用优化了城市地下空间开发的方式、提高了开发效率和质量。

总体而言，城市地下空间规划已迈入智能规划的门槛，其必备的数字化和信息化基础已经被夯实，智能化所需的城市智能模型已在城市规划中成功开发和运用，所有这一切都为地下空间的智能规划准备了必要的条件，城市地下空间的智能规划指日可待。

2. 地下空间智能规划的技术内核（含潜在的技术储备）

借鉴同济大学甘惟研究员的观点："城市智能规划是基于数据驱动（Data-driven）、平台驱动（Platform-driven）与模型驱动（Model-driven）的综合技术"，如图 2-9 所示。

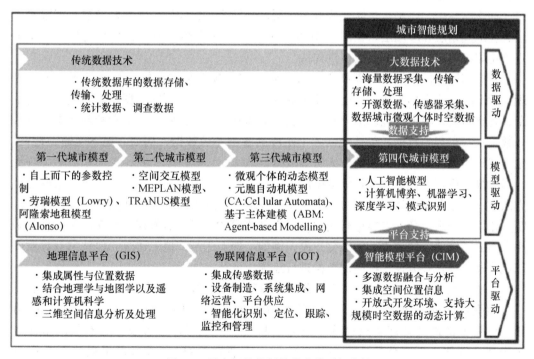

图 2-9　城市智能规划的技术体系与内核

这个观点在城市地下空间智能规划领域依然适用。即大数据技术、信息平台技术和智能模型技术是实现地下空间规划的三要素。三者之间，平台技术既是物理载体，又为整体功能搭建技术框架，模型技术是实现智能化的技术核心，大数据是物理基础。

　　数字技术是指将大量信息转变为可度量的数字、数据，通过这些数字、数据描述对象并在计算机内部统一处理的技术。大数据技术的发展为城市智能规划提供了良好的数据环境，使得城市规划具备了以城市微观个体要素为研究对象进行研究的数据条件。

　　信息技术是指用于管理和处理信息所采用的各种技术的总称，以计算机和互联网技术为主要载体，实现信息的收集、计算、处理、传递等功能。

　　基于地理信息系统（GIS）和物联网技术（IOT）发展而来的城市信息平台技术可以融合多源数据，为城市智能规划提供开发环境和智能化的支持。

　　在信息平台建设方面，根据其技术特点，可以分为两类：一类是 3D GIS 辅助规划系统，此类平台技术在地下空间规划领域已建有多个实例，是较为成熟的辅助规划技术；另一类是城市智能模型系统，以吴志强院士团队研发的 CIM 为代表，是典型的智能城市规划平台。

　　（1）3D GIS 辅助规划系统

　　娄书荣、李伟等（2018）利用 3D GIS 技术，提出了地下空间辅助规划方法的体系架构，实现了地下空间规划与设计的相关影响因素及各专项规划内容的集中统一管理。在此基础上，综合利用多种建模方法实现了各类数据的三维可视化展示，直观地展示各个阶段规划方案中各类数据的相互关系，提供了规划与设计方案的合理性综合分析与评估方法，为规划与设计提供科学的决策依据。

　　在该体系中，将平台整体架构分为 5 层，分别为数据库层、三维模型层、三维平台层、辅助规划层、应用层，如图 2-10 所示。各个层次既相互独立又相互支持，每层独立负责相应内容，下层为上层提供支持。

　　数据库层采用空间数据库技术实现现状数据、规划数据和模型数据的集中统一管理，为上层提供数据支持。该层主要包括两大类数据：一是现状数据，主要包括基础地形、现状道路、城市用地、地上建筑现状、地质环境、地下室、地下水和现状综合管线等数据；二是规划数据，包括规划各个阶段的各类专项数据，例如，地下交通、地铁、地下建筑、地下综合管线和地下人防等数据。

　　三维建模层实现现状及规划数据的三维建模，除地形建模以外，主要包括两种建模方法：一种是采用自动建模的方法，例如，综合管线、地质环境、地下室等内容较多、精细化程度要求不高的内容进行建模，以提高建模的效率，节省建模开支；另一种是采用专用的三维建模软件进行精细化建模，例如，地上建筑、地下建筑、地铁站点等对内部结构及精细化程度要求较高的数据进行建模。

　　三维平台层是在数据库、三维建模层的基础上，实现现状及规划数据的提取及三维数据的展示。在兼容普通商业软件（例如，ArcGIS，SuperMap）所支持的通用三维模型的同时，能够通过程序自动控制渲染和绘制自己所需要的不同风格的三维模型（例如，不同色彩、大小和形状的地下管线模型），并可以根据地下空间管理与辅助分析的需要，自主开发三维浏览和空间分析模块，为上层辅助规划分析提供基础支持。

　　辅助规划层是在数据库管理、三维模型和三维平台的基础上，实现各个规划阶段的各类规划与设计方案的综合分析，主要包括方案的对比分析、不同专项的碰撞分析、规划方案的评估分析、截面分析和规划方案的综合分析等内容，为上层规划决策、规划成果的输出提供科学依据。

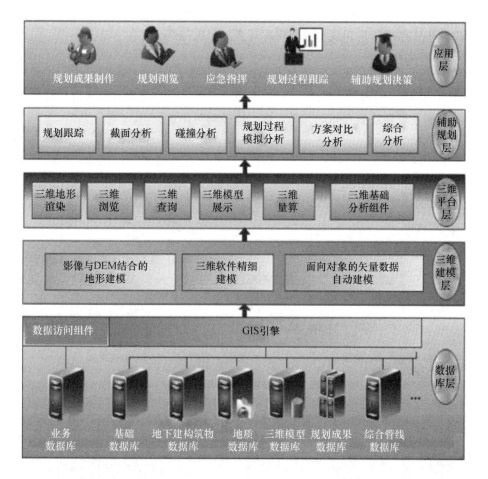

图 2-10 体系结构图

应用层以下层为基础，是对外输出的窗口，可对规划与设计成果及分析过程进行查询与输出，跟踪规划过程，并辅助领导分析决策，为成果的应用提供支持服务。

该系统针对地物的具体特征以及规划应用的实际需要，综合运用多类建模方法。根据地物选择较为适合的建模方法，然后采用三维平台综合展示与分析。

具体三维建模方法包括以下 5 种。

① 利用 DEM 与遥感影像结合建立地表模型，该方法可以有效表达地表模型，却难以实现地物建模。

② 基于二维 GIS 数据的自动建模，可以提高建模的效率，降低建模的费用，然而精细程度不高。

③ 利用航空立体相对实现地面、建筑物可见表面纹理的恢复与重建，可以实现不同分辨率的数据建模，但难以表达实体内部特征。

④ 利用 3DsMAX、Sketchup 等专业软件进行三维实体建模，既能表达外部特征，又能展示内部形态，但建模效率低，费用较高。

⑤ 利用激光扫描仪构建地物精细三维模型，精确真实程度较高，但建模成本较大。

该系统基于三维 GIS 对立体空间的分析功能，综合地下建构筑物、地下综合管线、地铁、地质环境等多类数据，建立辅助规划决策支持系统，可以实现规划方案对比分析、截面分析、碰撞分析和规划进程跟踪等多种分析功能。

① 方案对比分析

规划方案对比分析是将两种或者多种规划与设计方案添加到系统中，如图 2-11 所示为地铁站的两种方案的对比分析，通过双窗口或者多窗口的方式对比分析设计方案与周围现状数据及规划数据之间的关系，给出指标的对比情况。

② 截面分析

图 2-12 所示的截面分析是对某一截面的相关信息进行展示，例如，道路截面相关的道路、地下综合管线、地下通道、地下建构筑物、地铁、地下人防等的空间分布情况等，直观地展示每块地物的位置、用地性质、高度、长度、埋深等。

(a) 方案一　　　　　　　　　　　　　　(b) 方案二

图 2-11　规划方案对比分析图

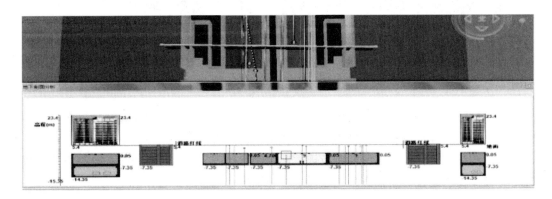

图 2-12　界面分析图

③ 碰撞分析

碰撞分析是将各专项的规划方案添加至系统，分析各个方案是否发生空间上的碰撞、各个专项之间的连通关系，以及互相矛盾信息。如图 2-13 所示，可以直观地看出地下管线与地下建构筑物之间存在空间的交叉关系，因此，存在规划方案与管线之间的矛盾问题。

规划进程跟踪可以对现状、规划和建设各个阶段的发展情景进行三维模拟展示，直观地表达城市区域的发展变化过程。

图 2-13 碰撞分析图

（2）一种可能的地下空间智慧规划技术——CIM平台系统

城市智能规划需要一个大数据平台作为母版来运行各类城市模型。一种名为城市信息模型（CIM：City Information Model）的平台近年开始发展起来。CIM 的概念最早由吉尔于 2011 年提出，是一种由建筑信息模型（BIM：Building Information Model）向城市级转变，并结合 GIS 技术的综合平台，可以用于存储、定位、处理两者（BIM&GIS）的数据信息。在此基础上，同济大学吴志强教授于 2015 年进一步提出城市"智能"信息模型（City Intelligent Model）的概念，在城市信息模型的基础上提出了智能的目标，这意味着其内涵将不仅仅是指城市模型中海量数据的收集、储存和处理，更多的是强调基于多维模型解决发展过程中的问题。系统从单元化的信息积累处理转变为多元化的计算响应分析，不再简单地停留在数据的技术应用层面，而是以智能的方式将信息与人互动，体现出人为的主观选择和城市智能体。

该系统的四个版本具体情况已在上一节中进行了详细的介绍，该系统在北京城市副中心和青岛中德未来城规划中得以成功应用，体现出城市智能规划的优势和特点。

城市地下空间规划是城市规划的一部分，地下空间是地上空间的映射和延伸，因而具有与城市生命体完全一致的特点，所以，城市智能规划平台的相关理论、技术和方法同样适用于城市地下空间的规划。

① CIM 系统的功能结构

CIM 系统功能整体上包含三部分，即大数据库、通用计算模块和用户应用端（图 2-14）。

a. 实时联动的大数据库。包括：反映真实现状的数据，如遥感影像、行政区划、城市功能、基础设施、建设项目等；反映未来发展愿景的数据，如概念规划、国土空间规划、详细规划、专项规划等；反映发展动态过程的数据，如规划建设项目审批、实时监测数据等。

b. 通用计算模块。该部分为 CIM 系统的技术核心。通过调用数据库中的数据，对园区日照、资源消耗、公共服务覆盖、交通可达、灾害风险等进行计算，及时发现并处理发展过程中的潜在问题，并通过大数据的智能模拟、迭代，优化城市规划设计方案。

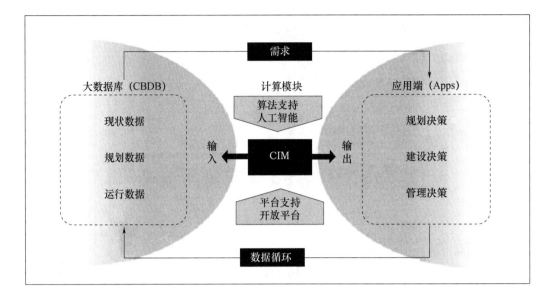

图 2-14　CIM 系统的基础框架示意图

c. 用户应用端。将城市发展的痛点以及用户关切的问题与计算模块匹配，并将数据及计算结果直接呈现给用户，以精准服务用户需求，满足不同主体在城市规划、建设和管理中的实际需要。

CIM 是一项系统工程，在软件平台的研发之外，还包括硬件设备、物理环境的建设，以及网络与外部感知系统三个重要组成部分（图 2-15）。

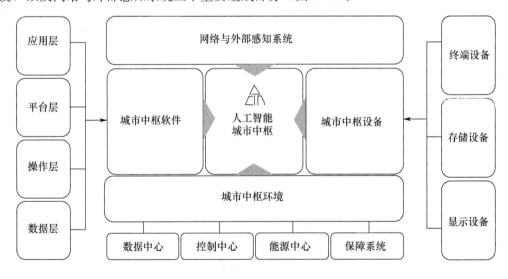

图 2-15　CIM 系统的构成要素示意图

例如，目前已建设完成的青岛中德未来城 CIM 中枢，部署了包括控制中心、数据中心、能源中心和后台保障系统在内的一体化系统，共同支撑 CIM 服务于园区主管领导的统筹指挥和资源调度，以及不同管理部门的协同工作。即便在断电情况下，CIM 中枢仍可持续保障一个月的运行。

② CIM 系统的特点

a. 以预见未来为目标。CIM 系统通过应用智能模型能够前瞻性地创造出未来场景，以帮助使用者看到明天的城市问题并据此进行科学规划，实现"以呈现明天来带动今天"的技术效果。

b. 以智能模型辅助决策。CIM 通过对城市数据的积累、处理提升，实现对复杂信息的智能响应，以适应现代城市综合治理的需要。

在 CIM3.0 版的北京城市副中心原型平台中，通过对水文地理、气候环境、建设项目、市政工程等城市数据的集成计算，实现针对城市发展、市政、交通、公共服务等关键决策领域资源的智能动态配置，以优化城市设计的效果，辅助城市规划、建设、管理的科学决策。

c. 以人与系统互动获取智慧最优方案。CIM 不仅是针对城市数据的技术平台，还能以智慧的方式实现城市信息与用户之间的互动。在用户的干预和反馈过程中，CIM 系统也得以持续迭代增强，体现出人的主观意志和城市智能生命的互动协调。以对城市大数据的智能分析、模拟、推演为基础，人机协同决策制订更优的解决方案，维护城市全生命周期的健康发展。

③ CIM 系统的技术路径

CIM 系统是由大数据技术、信息平台技术和智能模型技术的有机组合而成，其中 BIM（建筑信息模型）、GIS（地理信息系统）与 IoT（物联网）技术在数据化、信息化建设中发挥了重要的作用，而智能模型作为技术核心，则是智能规划功能的集中体现。

a. 以 BIM 为 CIM 的细胞。通过 BIM 技术可以有效地实现建筑信息的集成，在建筑的设计协同、施工管理、运营维护乃至建筑全生命周期的各个阶段都能发挥作用。如果说城市是一个生命体，那么建筑就是构成生命组织的细胞，因此，从 BIM 到 CIM 是从单个细胞到复杂生命体之间的转变。相比于过去的城市规划管理重点关注单体 BIM 应用，未来则必然会更加强调单体之外的系统，在 CIM 中提供：能够大量嵌入 BIM 模型的母板；城市能源、环境、交通、基础设施等支撑系统；连接真实世界的传感网络以及社会管理与服务的价值。

b. 三维 GIS 与 IoT 的结合为 CIM 提供了底板。GIS 技术经过长期发展实现了两个关键提升，即三维化和轻量化。其中，三维 GIS 的发展，将过去基于平面坐标系的工程体系转变为可以更加直观传达信息的服务体系，因而可以面向更广泛的用户群体；而模型的轻量化，使其可以在网页端实现快速加载千万构件级别的城市环境，因而支持远程访问 CIM 应用，提升了 CIM 应用的便捷性。

IoT 技术的导入，增强了 GIS 与真实世界互动的能力，随着 5G 甚至 6G 通信技术日趋成熟，IoT 将有助于更加高效地建立物理空间与虚拟空间的联系。以三维 GIS 和 IoT 技术为底板，CIM 能够将真实、动态的城市数据精准落位在空间坐标中，为智能模型提供可靠的运行环境。

c. 城市智能模型是 CIM 技术的核心。CIM 系统运用各种智能模型完成其各项功能，因此智能模型是其技术核心。自 21 世纪以来，城市模型得到新的提升，以机器学习、深度学习为代表的人工智能技术为人们在城市模型中大规模学习数据样本创造了技术条件，进而从根本上改变了过去城市模型必须依赖手工设置参数（Parameter）及规则（Rule）的方式。城市模型计算的结果还可以作为新的数据样本进行循环迭代，这就实现了城市模型的自我学习。

城市模型的提升，有力地推动了 CIM 系统的发展。比如，在 CIM 系统升级改造中，通过大规模导入智能模型，使决策者和规划师可以通过对复杂城市数据的计算来预判城市未来发展的情景，相比于在传统决策过程中依靠经验的方法，CIM 更能够发挥科学辅助的作用，这一特征是城市规划、建设、运行、管理智能化转型的一个重要体现。

2.5.3 地下空间规划的发展方向

1. 城市生命体将成为未来规划的核心理念

城市和生命都具有复杂、自组织及主体性等基本特性，城市内部的组织运转、对外的应急反应等，都与生命有机体有着极高的相似性。这一点是人们对于城市认识的根本性变化，是对城市进行智能规划的理论前提。

只有当城市作为独立生命体、作为城市规划的职业对象而被尊重时，城市规划才能尊重城市复杂的生命规律，寻求其复杂生命的生态理性。而在这个过程中，随着人工智能的不断导入，人工智能自身的快速发展和提升，以及人工智能不断被导入城市规律学习和城市规划决策的过程中，城市规划将变得更加强大。

城市地下空间是城市的空间的有机组成部分，同样遵循着生命体的规律，所以在未来的规划工作中，也必须以生命体的理念加以应对。

2. 群体智能技术将占有主体地位

人工智能的下一代群体智能技术，可大规模地应用于城市发展管理。因为城市规划师的工作模式从来就不是单机运作，规划成果几乎都是群体智慧。一项规划的编制，需要团队的智慧和协同运作，下一代群体智能很好地契合这一特征，将对规划及时产生强有力的群体运作模式支持。

3. 人机共智技术将成为主要模式

城市智能规划不是由一项单独技术完成的，而是由多项技术共同突破完成的，从总体上看仍处于探索阶段。在城市规划领域，尚不具备由机器独立完成决策行为的技术条件，其所缺失的部分必须由人脑来弥补，因此在较长的时期内，两者将会同时存在，只有人机共智才能更好地完成城市规划工作。人机共智已经逐渐成为城市规划和设计领域的共识。

人机共智技术，可以将城市规划的技术感知、理性学习的机器学习技术和机器人工智能与人的决策系统结合，达到决策意志和机器理性的优化组合。随着人工智能的发展，城市规划师将从过去"调研—分析—判断—设计—制图"一体化的繁重工作中解放出来，进而将精力聚焦于更具创造性和决定性的工作，在与机器互动的过程中完成科学、准确的城市规划决策。

4. 规划的实质将由城市功能分区转变为城市要素的精细化配置

城市功能的配置是城市规划的核心问题。由于无法充分认识到"城市作为生命体，其内部系统之间具有复杂而严密的联系"，传统的空间规划方法更倾向于以一种相对简单且易于理解的方式（即城市功能分区）来为不同地块定义一些功能。这种方法仅仅完成了土地使用规划图纸的绘制，无法适应城市中间细微的功能变化对周边乃至整个城市系统产生的影响，因而在项目建成以后才暴露出大量由于功能配置不符合发展规律而缺乏活力的地区。城市智能规划在该方面具有显著潜力，其建立在数量巨大、种类繁多及不断产生的城市数据基础上，以大数据与人工智能作为支撑技术能够以远超人脑计算速度的方式处理城市微观功能、流动要素的海量数据及复杂关联，并且可以自我调节，使得过去根本无法想象、耗费大量人力也无法有效完成的城市功能精细化配置得以实现，有效弥补了传统方法的技术理性缺憾。

3

城市地下空间结构设计

3.1 概　　述

城市地下空间结构所处的环境条件同上部建筑结构有本质区别，但长期以来，大多沿用于地面建筑结构的理论和方法去解决地下空间结构的问题，因而常常不能准确地描述地下空间结构中出现的各种力学行为，使地下空间结构的设计更多地依赖经验，这与快速发展的城市地下空间开发极不相称。本章为满足上述要求，结合目前地下空间的建设现状，着重从基本原理、设计方法、结构计算、智慧设计等方面介绍城市地下空间结构设计的观点和成果。

3.2 城市地下空间设计基本原理

3.2.1 地下结构体系的组成与结构形式

地下结构体系一般都是由上部结构和地基组成，地基只在上部结构底部起到约束或支承作用，除了自重外，荷载都是来自结构外部。

地下结构上承受的荷载来自于洞室开挖后引起周围地层的变形和坍塌面产生的力，同时结构在荷载作用下发生的变形又受到地层给予的约束。在地层稳固的情况下，开挖出的洞室中甚至可以不设支护结构而只留下地层。地层在洞室开挖后，具有一定程度的自稳能力，地层自稳能力较强时，地下结构将不受或少受地层压力的荷载作用，否则地下结构将承受较大的荷载直至必须独立承受全部荷载作用，因此，周围地层可以和地下结构一起承担荷载，共同组成地下结构体系。

地下结构的形式主要分为以下几种。

1. 防护型支护

这种支护一般采用喷浆、喷混凝土或局部锚杆来完成。虽然不能够阻止围岩变形以及承受岩体压力，但它可以封闭岩面，防止开挖处周围岩体进一步变形。

2. 构造型支护

该支护通常采用喷混凝土、锚杆和金属网、模筑混凝土等类型的支护方式，并要注意其支护构造的构造参数应满足施工和构造要求。

3. 承载型支护

承载型支护是坑道支护的主要类型，可以分为轻型、中型、重型等。

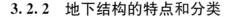

3.2.2 地下结构的特点和分类

地下结构是指在地面以下保留、回填或不回填上部地层，在地下空间内修筑能够提供某种用途的结构物。

1. 地下建筑的特点主要体现在以下几个方面。

（1）地下空间内的建筑结构替代了原来的地层，相较于地上结构有较强的隐蔽性。

（2）由于地下环境的复杂性，以及地下结构所受影响的多样性，使得地下结构受力具有不确定性。

（3）在地面以下施工，施工条件受到了极大的制约，同时对于施工工艺、结构的可靠性和耐久性的要求也有所提升。

（4）地下结构在修建完成后，后期的检修也比较困难。

（5）在岩体中的地下结构，其周围岩体既是荷载的来源，又和结构共同构成承载体系。

（6）若在建造地下结构处存在地下水，设计前应掌握地下水的分布和变化情况，如地下水的静水压力、动水压力、地下水的流向以及地下水质对结构的腐蚀。

2. 根据地下空间的特点，地下结构可按用途、几何形状以及埋深进行分类，见表 3-1。

表 3-1 地下结构按用途分类

用途	功能
工业民用	住宅、工业厂房等
商业娱乐	地下商业城、图书馆等
交通运输	隧道、地铁等
水利水电	电站输水隧道、农业给排水隧道等
市政工程	给水、污水、管路、线路等
地下仓储	食物、石油以及核废料等
人防军事	人防工事、军事指挥所、地下医院等
采矿巷道	矿山运输巷道和开采巷道等
其他	其他地下特殊建筑

表 3-2 地下结构按埋深分类

名称	埋深范围/m			
	小型结构	中型结构	大型运输结构	采矿结构
浅埋	0～2	0～10	0～10	0～100
中深	2～4	10～30	10～50	100～1000
深埋	>4	>30	>50	>100

3. 2. 3 地下结构支护理论的发展历史及现状

地下结构设计中最主要的设计是使土或岩石在开挖之后能够保持稳定，或在支护结构下保持稳定，从而是否需要支护以及需要什么样的支护是地下结构理论的一个重要问题。从该方面来讲，支护结构计算理论的发展大概可以由以下三个阶段组成。

1. 刚性结构阶段

早在 19 世纪时，地下结构大多都采用以砖石材料砌筑，但这类建筑材料的抗拉强度比较低，不能够承受过大的拉力，并且存在大量的缝隙，故容易发生断裂。由于这种原因，地下结构的截面都拟定得很大，在受力后弹性变形较小，这样能够维护结构的基本稳定。从而首先出现的计算理论是将地下结构视为刚性结构的压力线理论。

压力线理论认为，地下结构所受的主动荷载是地层压力，当地下结构处于极限平衡时，将其视为由绝对刚体组成的三铰拱静定体系进行计算。该计算理论认为，作用在支护结构上的压力为上覆岩层的重力，朗肯根据松散体理论认为侧压系数按下式计算：

$$\lambda = \tan^2\left(45° - \frac{\varphi}{2}\right) \tag{3-1}$$

式中　φ——岩体的内摩擦角。

由于压力线假设的计算方法缺乏理论依据，一般计算结果偏于保守，且所设计的衬砌厚度偏大。

2. 弹性结构阶段

在刚性结构阶段之后，建筑地下结构的材料发生了变化，开始使用混凝土、钢筋混凝土，地下结构的整体性得到了极大的提高。自此，地下结构开始按弹性连续拱形框架使用超静定结构力学方法进行内力计算。主动地层压力认为是作用在结构上的荷载，同时考虑了地层对结构产生的弹性反力约束作用。

该计算理论认为，在埋深较大时，作用在结构上的压力为围岩坍落体积内松动岩体的重力，即松动压力。作为代表的有太沙基理论和普氏理论，共同点是都认为塌落体积的高度与地下工程跨度和围岩性质有关，不同点是太沙基认为坍落体为矩形，后者认为是抛物线形。由于普氏理论较为简单，因此直到现在还在使用。

基于当时的支护技术，松动压力理论逐渐发展。但在当时无论是掘进还是支护所需的时间都很长，使得支护和围岩不能及时地贴紧，导致有部分围岩发生破坏、坍落从而形成松动围岩压力，而且在当时并未认识到通过稳定围岩，可以发挥围岩的自身承载能力。因此，对围岩自身承载能力的认识又有下面两个阶段。

（1）假定弹性反力阶段

由于地下结构衬砌与周围围岩相互接触，故衬砌在承受围岩所给的主动压力作用下产生弹性变形时也受到了地层对该变形的制约。地层对衬砌变形的约束力称为弹性反力，其分布与衬砌的变形相对应。

（2）弹性地基梁阶段

因为假定弹性反力法对其分布图形的假定有较大的任意性，所以开始研究将边墙视为弹性地基梁的结构计算理论，将隧道边墙视为支承在侧面和基底地层上的双向弹性地基梁，即可计算在主动荷载作用下拱圈和边墙的内力。

刚开始所使用的弹性地基梁理论是局部变形理论，后又出现共同变形弹性地基梁理论，其优点为以地层的物理力学特征为依据，并考虑各部分地层沉陷的相互影响，相较于局部变形理论有所进步。

3. 连续介质阶段

该理论以岩体力学原理为基础，认为开挖后洞室内变形所释放的围岩压力是由支护结构和围岩组成的地下结构体系共同承受。一方面围岩本身由于支护的存在使得其应力达到新平衡，另一方面，由于支护结构需要阻止围岩变形，就要受到围岩给予的反作用力而发生变形，这种由支护结构与围岩共同变形过程中对支护结构施加的压力，称为变形压力。这种计算方法的特征是把支护结构与岩体作为一个统一的力学体系来考虑，两者之间相互作用。

随着科技的不断发展，计算机技术也逐渐推广到地下结构设计领域，而且地下结构的数值计算方法也有了很大的发展。与此同时，锚杆和喷射混凝土等一些新型支护方法也逐渐得以完善，逐步形成以岩体力学原理为基础的考虑支护与围岩共同作用的地下工程现代支护理论，其相较于传统的支护理论主要区别体现在以下几个方面。

（1）对围岩和围岩压力的认识方面

传统支护理论认为围岩压力是由洞室坍塌的围岩所产生的，而现代支护理论认为围岩具有自承能力，作用于支护上的是阻止围岩变形的形变压力。

图 3-1 隧道支护图

（2）围岩和支护间的相互关系

传统支护理论将围岩和支护分开考虑，把围岩当作荷载、支护作为承载结构，属于"荷载-结构"体系，而现代支护理论将围岩和支护作为一个整体，二者是"围岩-支护"结构体系。

（3）支护功能和作用原理

传统支护只是为了承受荷载，现代支护的目的是及时地稳定、加固围岩。

（4）设计计算方法

传统支护主要为了确定支护上的荷载，现代支护设计的作用荷载是岩体地应力，由围岩和支护共同承载。

（5）在支护形式和工艺上

传统支护理论主要使用模筑混凝土，这种方法不灵活且施工不便。现代支护理论施工方法简单、灵活，不需要模板，无须回填，就能够在围岩松动之前及时加固围岩。

图 3-2　喷射混凝土后钢筋网支护

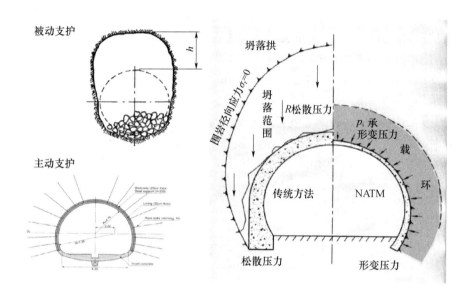

图 3-3　现代支护和传统支护的区别

3.2.4　地下结构计算特性及力学模型

由于地下结构所处的环境和受力条件相较于地面结构存在很大的差异，故只沿用地面上的设计理论和方法并不能正确地说明地下结构中存在的各种力学现象，否则无法设计合理的支护方式，因此，必须要了解地下结构的工作特性。

地下结构的计算特性主要体现在以下几个方面。

（1）必须充分认识地质环境对地下结构设计的影响。地下结构的建造是在自然状态下的岩土土体中进行开挖建造的，该地质体一直在地层的原始应力作用下参与工作，且处于平衡，这种地质情况对支护结构设计有着很大的影响。地下结构所受的荷载取决于原岩应力，而这种应力很难预先确定，在不同的部位差别也会很大，并且在开挖过程中会引起原有初始荷载的应力释放而改变地层中原有的平衡状态，从而改变围岩的工程性质，例如，由弹性体变为塑性体。同时，地质体力学参数很难获得准确的数据，因而地下结构的设计计算精度会受到影响。

（2）地下结构周围的地质体是工程材料、承载结构，同时又是产生荷载的来源。地下结构周围的岩体不仅会对支护结构产生荷载，自身也是一种承载体。我们不能选择也不能影响它的力学性质。地质体上的原岩应力是由其地质体和支护共同承载，并且该应力除了与原岩应力有关外，还与地质体强度、支护的架设时间、支护形式与尺寸和开挖洞室的形状及大小等因素有关，因此充分发挥地质体自身的承载力对于支护结构的设计至关重要。

（3）地下结构施工、时间因素会影响结构体系的安全性。地下结构在建造期间，其施工状态，变形和安全度等还没有固定，尤其是和最终状态相比，因此，在计算中应尽量反映这些中间状态对结构体系安全性的影响。同时，支护结构上的荷载会受到施工方法和施工时机的影响，例如，在某种情况下，即使选用的支护尺寸较为合适，但由于施工时机或方法不当，支护仍会发生破坏。

（4）地下支护结构是否安全，既要考虑到支护结构能否承载，也需考虑围岩会不会失稳，因为这两种原因都能最终导致支护结构的破坏。

（5）地下支护结构设计的关键问题在于充分发挥围岩自承力。地下结构从开挖、支护，直到形成稳定的地下结构体系所经历的力学过程中，岩体的地质因素、施工过程等因素对围岩-结构体系终极状态的安全性影响极大。因此，其计算的力学模型须符合下列条件。

① 与实际工作状态一致，能够反映围岩的实际状态以及围岩与支护结构的接触状态。

② 荷载假定应与修建洞室过程中荷载发生的情况一致。

③ 计算出应力状态要与经过长时间使用的结构所发生的应力变化和破坏现象一致。

④ 材料性质和数学表达要等价。

近年来，在地下结构计算理论发展的同时，其力学模型也在不断地发展，目前主要有两类：第一类是结构力学模型，以支护结构作为承载主体，围岩作为荷载的来源，同时考虑围岩对支护结构的变形约束作用的模型；第二类是连续介质力学模型，其是一种将围岩看作承载主体，支护结构制约围岩向隧道内变形的模型。

1. 结构力学计算模型（荷载-结构模型）

这种计算方法认为地层对结构的作用只产生作用在地下结构上的荷载，从而计算衬砌在荷载作用下产生的内力和变形。该方法的设计原理是按围岩分级或使用公式来确定围岩压力，围岩对支护结构变形的约束作用是通过弹性支承来体现的，围岩的承载能力越高，它给支护结构的压力就越小，弹性支承约束支护结构变形的弹性反力就越大，相对而言，支护结构所起的作用就变小了。荷载-结构模型也分为以下几类。

（1）主动荷载模型

由于该模型不考虑围岩与支护结构的相互作用，故支护结构在主动荷载作用下可以自由变形。这种模型主要适用于围岩与支护结构的"刚度比"较小时，或是软弱地层对结构变形约束力较差时，围岩没有能力约束刚性衬砌的变形。

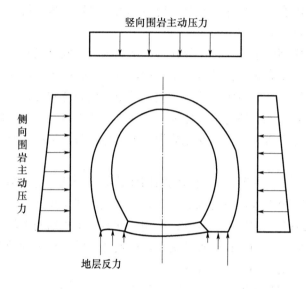

图 3-4　主动荷载模型

（2）主动荷载和围岩弹性约束的模型

该模型认为围岩不仅能够对支护结构施加主动荷载，而且能够和支护结构相互作用，并对支护结构施加被动的弹性反力。因为在非均匀分布的主动荷载作用下，一部分支护结构会向着围岩方向发生变形，只要围岩具有一定的刚度就必然会产生阻止其变形的反作用力，该反作用力被称为弹性反力。而另一部分支护结构会发生背离围岩向隧道内的变形，不会引起弹性反力。支护结构就是在主动荷载和围岩的被动弹性反力同时作用下工作的。

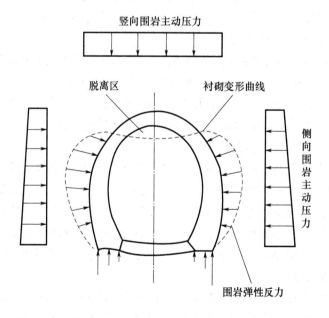

图 3-5　主动荷载和围岩弹性约束的模型

（3）实地量测荷载模型

它是以实地测量的荷载来代替主动荷载，其荷载值是围岩与支护结构相互作用的综合反映，既包含了围岩的主动压力，也包含了弹性反力。同时，实地测量的荷载值除了与围岩特性相关外，还取决于支护结构的刚度。

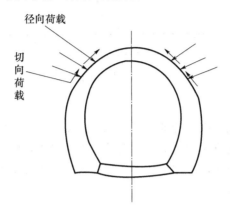

图 3-6　实地量测荷载模型

这一类计算模型主要适用于围岩过度变形而发生松弛和崩塌，以及支护结构主动承担围岩"松动"压力的情况。

2. 连续介质力学计算模型（围岩-结构模型）

该计算模型是一种视围岩为承载主体，支护结构约束围岩向隧道内变形的模型，称为岩体力学或连续介质模型。该计算模型主要解决计算围岩上引起的弹性反力大小，可以使用局部变形理论或共同变形理论来确定。目前常用的是以温克尔假定为基础的局部变形理论来确定。

（1）局部变形理论

温氏假定相当于把围岩简化成一系列彼此独立的弹簧，其中某一弹簧受到压缩时所产生的反作用力只与该弹簧有关，和其他弹簧无关。

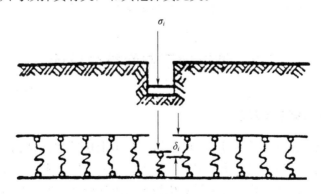

图 3-7　局部变形示意图

（2）共同变形理论

在结构受力后，把结构视为一个整体，则每处受力都会影响周围结构受力的变化。

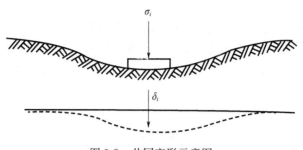

图 3-8　共同变形示意图

（3）收敛-约束法

该方法严格来说，也是连续介质力学的计算方法之一，其原理是按弹塑-黏性理论等推导公式后，再以洞周位移为横坐标、支护阻力为纵坐标的坐标平面内绘出表示地层受力变形特征的洞周收敛线，并按结构力学原理在同一坐标平面内绘出表示衬砌结构受力变形特征的支护约束线。

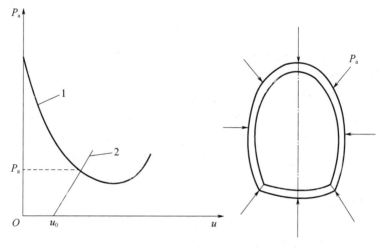

图 3-9　收敛-约束图

3.3　城市地下空间结构设计

3.3.1　设计理论与方法

地下空间结构设计理论形成于 19 世纪初，基本上仿照地面结构的计算方法进行，经过较长时期的实践，特别是岩土学科与结构工程学的发展形成了以地层对结构受力变形约束为特点的地下结构分析，之后计算机技术的出现推动了地下结构设计理论的更进一步发展。地下空间结构理论发展主要有以下几个阶段。

1. 19 世纪前期地下空间使用概况

原始社会时期，人类利用天然的山洞或地下、半地下的洞穴避风雨、抵御野兽，如我国西安半坡村发掘出的仰韶文化（距今 3000～6000 年）的氏族部落遗址。在半地下穴居奴隶社会阶段，宗教在人们思想中占有重要的地位，人们相信有脱离人之外的神灵。因此，大量的地下空间都被开发成与神有关的建筑，如著名的埃及金字塔，其主要目的是其内部空间的陵墓，又如新王朝时期的阿布辛贝·阿蒙神大石窟庙建在悬崖上，正面人像约40m宽，30m高，立面有四尊国王雕像，高20m，内部空间有前、后两个柱厅，八根神像柱，周围墙上布满壁画。

奴隶社会中地下空间主要用于陵墓及石窟建设，人们公共生活方面也建有隧道、输水隧道、贮水池、住宅等，如公元前2200年巴比伦河底隧道，公元前300年的古罗马地下输水隧道及贮水池等都是杰出的代表。

封建社会时期，地下空间的用途扩展了，地下空间在延续陵墓与神庙石窟的建造过程中，规模越来越大，如我国山西大同、河南洛阳等地均凿掘出令人叹为观止的石窟群；地下空间也广泛用于粮仓军事设施、生活居住等，如一直延续至今的窑洞，遍布我国河南、陕西、甘肃等地。

从原始社会至封建社会时期，地下空间并没有形成完整的结构分析理论，当时主要凭感觉和经验出发，以坚固为原则，重在建筑的使用功能。在结构上充分利用岩土本身的坚固性，石砌地下建筑多采用矩形及拱形结构；岩石凿掘的空间大多为直墙拱形，充分利用岩石本身的强度与稳定性，如距今50万年前旧石器时代的天然崖洞居住处所，距今5万年前新石器时代母系社会的黄土壁体土穴。

2. 19世纪地下空间结构设计方法

19世纪初，地下空间结构已有初步的计算理论，早期的材料多以岩土、砖石、木等构筑，由于估算粗糙，结构断面常取得很大，主观估算及经验占据主要地位。复杂的力学分析方法尚未出现，但基本的静力平衡条件已被初步应用。

最早的地下结构计算方法为刚性结构的压力线理论。按压力线理论分析，地下结构是由刚性块组成的结构，其主动外荷载为地层压力，当处于极限平衡状态时，被视为绝对刚体所组成的结构可由静力计算方法直接求出其任意截面的内力。该方法估算的结构断面尺寸都很大。

19世纪后期，混凝土及钢筋混凝土材料的出现促进了工程结构的发展，设计中的主要方法为弹性结构分析理论，这种分析方法成为最基本的力学方法。

3. 20世纪地下空间结构设计方法

进入20世纪，地下空间结构计算理论有了进一步的发展。1910年康姆烈尔（O. Kommerall）首先在计算整体式隧道衬砌时假设刚性边墙受呈直线分布的弹性抗力，1922年约翰逊（Johason）等人在建立的圆形衬砌计算方法中也将结构视为受主动荷载和侧向地层弹性抗力联合作用的弹性圆环，被动弹性抗力的图形假设为梯形，抗力大小可根据衬砌各点有没有水平移动的条件加以确定。上述方法的不足之处是过高估计了地层对结构的抗力作用，使结构设计偏于不安全，为弥补这一点，结构设计采用的安全系数常被提高到3.5以上。

1934年，朱拉波夫（Г. Г. Зурабов）和布加也娃（О. Е. Бугаева）对拱形结构按变形曲线假定了镰刀形的抗力图形，并按局部变形理论认为弹性抗力与结构周边地层的沉陷成正比。该方法将拱形衬砌（曲墙式或直墙式）的拱圈与边墙作为整体考虑，视为一个直接支承在地层上的尖拱，按结构力学的方法计算其内力。该方法是根据结构的变形曲线假定地层弹性抗力分布图形，并由变形协调条件计算弹性抗力的量值。上述计算方法被认为是假定抗力阶段。

苏联地下铁道设计事务所在 20 世纪 20—30 年代就提出过按局部变形弹性地基圆环理论计算圆形隧道衬砌的方法。1934—1935 年间，达维多夫（C. C. Давыдов）提出了应用局部变形弹性地基梁理论，1956 年纳乌莫夫（C. H. Наумов）又将其发展为侧墙按局部变形弹性地基梁理论计算的地下结构计算法。

1939 年和 1950 年，达维多夫先后发表了按共同变形弹性地基梁理论计算整体式地下结构的方法。1954 年奥尔洛夫（C. A. Орлов）用弹性理论进一步研究了这一方法。舒尔茨（S. Shulze）和杜德克（H. Düddek）在 1964 年分析圆形衬砌时不但按共同变形理论考虑了径向变形的影响，而且还计入了切向变形的影响。由于该分析方法以地层物理力学特征为根据，并能考虑各部分地层沉陷的相互影响，在理论上较局部变形理论有所进步。这可称为弹性地基梁理论阶段。自 20 世纪 50 年代后，连续介质力学理论的发展使地下结构的计算方法也进一步发展。史密德（H. Shmid）和温德耳斯（R. Windels）、费道洛夫（В. Л. Фёдоров）、缪尔伍德（A. M. Muirwood）、柯蒂斯（D. J. Curtis）等分别提出了用连续介质力学方法求圆形衬砌、水工隧洞衬砌的弹性解。塔罗勃（J. Talobre）和卡斯特奈（H. Kastner）得出了圆形洞室的弹塑性解。塞拉塔（S. Serata）、柯蒂斯和樱井春辅（S. Sakurai）采用岩土介质的各种流变模型进行了圆形隧道的黏弹性分析。上海同济大学对地层与衬砌之间的位移协调条件得出了圆形隧道的弹塑性和黏弹性解，这可认为是连续介质阶段。

20 世纪 60—80 年代，伴随着电子计算机的发展，数值计算方法在地下空间结构中得到进一步发展。1966 年莱亚斯（S. F. Reyes）和狄尔（D. U. Deere）应用特鲁克（Drucker）-普拉格（Prager）屈服准则进行了圆形洞室的弹性分析。1968 年辛克维兹（O. C. ZienKiewicz）等按无拉力分析研究了隧道的应力和应变，提出了可按初应力释放法模拟隧洞开挖效应的概念。1977 年维特基（W. Wittke）分析了围岩节理及施工顺序对洞室稳定的影响，以及开挖面附近隧洞围岩的三维应力状态。同济大学孙钧院士提出了某水电站大断面厂房洞室分部开挖的结构黏弹塑性分析。上述方法可被看作是分析地下结构的数值方法阶段。

20 世纪 90 年代至今，除极限状态和优化设计方法成为地下空间结构分析方法的最新研究方向之外，地下结构监测与反演分析法（反分析法）也成为人们解决工程问题的最佳方案。结构优化方法是在各种可能设计方案中寻求满足功能要求的前提下，保证结构安全可靠度的最低造价设计。优化设计应该说是工程领域所追求的最佳设计，它不仅仅局限于结构领域，同时也要求工程项目从前期论证规划、建筑方案结构设计、方案施工及维护等一系列环节都要进行优化设计，王光远院士提出和建立的工程项目全局大系统优化思想及理论也是地下空间工程设计理论的发展方向。

3.3.2　设计原则及内容

地下空间工程设计遵循一定的原则，按照土建工程的基本建设程序，由可行性论证勘察、设计与施工等环节所组成。在这些环节中，可行性论证是工程投资环节中极其重要的具有战略性决策性质的环节。勘测设计应被视为是较为具体的技术环节，在这一过程中应经过方案比较，并选择最满意的技术方案，包括勘察、规划、建筑结构设备设计预算等。近十几年来，建筑规划与方案及概念结构设计，在可行性论证阶段已基本完成，设计阶段结束后即可进入施工阶段。

1. 结构设计的过程与步骤

（1）熟悉地下空间建筑的可行性论证报告，按照论证报告中所规定的内容进行设计。

（2）了解建筑设计方案，确定关键结构技术，如结构形式、体系、承重方式、受力特点等。

（3）确定工程的荷载性质，包括是否具有防护等级要求，"平战"结合要求，水土压力，地面荷载状况（如地面部分是建筑还是道路）等。

（4）确定施工方法及埋置深度。地下空间结构受施工影响较大，常需进行施工阶段及使用阶段的荷载分析，有时还需进行动载（武器爆炸冲击）作用分析，并进行分析比较后方能确定其主要构件尺寸。

（5）估算荷载值及进行荷载组合，确定主要建筑材料。

（6）确定各结构部分的结构形式及布置，估算结构的主要尺寸及标高。结构标高与建筑标高是不同的，而轴线是相同的，结构标高常表达为结构净构件的顶或底面的标高，而建筑标高常表达为包括面层在内的最后使用阶段的标高。

（7）绘制结构设计初步图。

（8）估算结构材料及概算。

上述过程可以认为是初步设计（中小型工程）或技术设计（中大型工程）中所包括的内容。在初步设计经审批后即可进行施工图设计。

2. 施工图设计内容

（1）荷载计算

根据建筑功能性质设防等级、抗震等级、埋置深度、岩土性质、施工方案、水土压力、安全可靠度等多种因素确定荷载值。

（2）计算简图

根据结构形式及结构设计理论、岩土性质、计算手段设计出既接近实际又能简化计算的合适简图。因为简图决定着计算理论的差别，此差别决定力学结果的变化，因而引起构件断面及材料强度的变化。

（3）内力及组合分析

根据施工、使用等不同阶段及所采用的计算手段（电算、手算、查表等进行内力计算，按最不利的状况进行组合分析）求出结构构件的弯矩、剪力和轴力（M、Q、N）值，并绘出受力图。

（4）结构配筋

由于地下空间结构大多为钢筋混凝土结构，因此需进行配筋设计。通过截面强度和抗裂缝要求求出受力钢筋，并确定分布筋及架立筋的数量及间距。钢筋应选择常用的规格，应尽量统一直径，以便购料和施工。

（5）构造确定

所有结构设计都有相应的构造要求来约束。构造要求是行业或构件设计中规范（或标准）规定的应该执行的定量或定性的一些措施，是多年工程实践经验及理论研究的总结，起着很重要的作用。所以，绝不可忽视构造设计。对构造要求的忽视有可能造成工程浪费或产生重大结构安全事故。

（6）施工图

根据设计及计算结果绘制结构平面布置图、结构构件配筋图、结构构造说明及节点详图、相关专业（风、水、电、建筑、通信、网络、煤气防护等）需要设置的埋件、措施、洞口、预留及扩建图。

（7）图纸预算

一般认为工程有"三算"，即初步设计概算、施工图预算、竣工图决算。施工图完成后须根据当年的预算价格计算材料用量及费用，费用包括材料、人工、机械三项，外加管理费。结构只是工程项目的一个组成部分。

3. 地下空间结构设计原则

（1）坚固适用的经济原则。坚持保障建筑功能为基本前提，做到坚固适用、经济美观。

（2）优化原则。对于可供选择的方案应选用经济的方案，当然是以不降低功能及安全度为基准。

（3）严格使用规范与标准。地下结构规范标准、条例有很多，甚至在国防人防公路、铁道行业中，还必须结合地面建筑的有关规范。设计中应遵循这些有关的规范与标准。

（4）选择合适的计算工具。当前地下空间结构常用结构静力计算手册并补以手算，还有可供使用的相应的某种结构的设计软件。为了减轻工作量，应优先选择计算软件及查表方法，这样既可以保证速度，又可以减少计算失误。

3.3.3 设计特点

地下空间结构可能会有两种不同荷载作用的情况：一种是无防护等级要求的一般地下结构，它所承受的荷载主要有静荷载与活荷载；另一种是不仅考虑一般意义的静、活荷载，同时还要考虑在爆炸冲击作用下的瞬间动荷载。后一种即为具有防护等级要求的地下空间结构，可以看出，它是直接用于战争状态下防包括核武器在内的武器的爆炸冲击作用。

1. 计算理论与方法

由于地下空间结构存在地层弹性抗力作用，因此，弹性抗力限制了结构的变形，改善了结构的受力状况。矩形结构的弹性抗力作用较小，在软土中常忽略不计，而拱形、圆形等有跨变结构的弹性抗力作用显著。在设计计算中如考虑弹性抗力的作用，应视具体的地层条件及结构形式而定。

地下空间结构的计算方法主要有结构力学分析法、弹性地基梁法、矩阵分析法、连续介质力学的有限单元法、弹塑性非线性黏弹性、黏弹塑性等计算方法。我国地下工程界著名学者孙钧院士与侯学渊教授把上述计算方法归为两大类：荷载结构法与地层结构法。

荷载结构法是把地下结构周围的土层视为荷载，在土层荷载作用下求结构产生的内力和变形，如结构力学法、假定抗力法和弹性地基梁法等。结构力学法用于软弱地层对结构变形的约束能力较差的状况（或衬砌与地层间的空隙回填、灌浆不密实时）；反之，则可用假定抗力法或弹性地基梁法。此种方法在分析中把荷载与结构视为作用与反作用的关系。

地层结构法是把地层与结构（衬砌）视为一个受力变形的整体，并可按连续介质力学原理来计算衬砌和周边地层的计算方法。常见的关于圆形衬砌的弹性解、黏弹性解、弹塑性解等都归属于地层结构法。这是因为地层岩土材料的本构关系有线弹性、非线弹性、黏弹性和黏弹塑性差别，由此便可建立上述多种关系的计算模型。地层结构法中对圆形洞室（指只有毛洞，不设衬砌）的解析发展得比较完善。

上述两大类法都可用数值计算方法进行分析，有限单元法、有限差分法、加权余量法和边界单元法等都归属于数值计算方法。在地下工程中，由于材料非线性、几何非线性、岩层节理和其他不连续特征及开挖效应等因素的复杂性均可在有限单元法中得到适当的反映和考虑，因此，地下空间结构与岩土工程力学分析方法中发展最快的是有限单元计算方法。

2. 概率极限状态设计方法

钢筋混凝土结构计算最早采用的设计方法是以弹性理论为基础的"许可应力方法"。从 20 世纪 40 年代开始，出现了考虑材料塑性的按"破坏阶段"的设计计算方法，同时采用了按经验的单一安全系数。50 年代又提出"极限状态"设计计算方法，单一安全系数改为考虑荷载、材料及工作条件等不同因素的分项安全系数法，这种按"极限状态"的设计方法一直沿用至今。

近代建筑结构的发展是基于概率的结构可靠度分析方法的完善。根据《建筑结构可靠性设计统一标准》（GB 50068—2018）的要求，结构设计应采用极限状态法，有条件时采用以概率理论为基础的极限状态法进行设计。

3. 地下空间结构的防护特征

地下空间结构具有十分优越的防灾性能，所以地下空间结构是用于战争防护最好的结构类型，地下结构与防护具有不可分割的联系。在地下结构中有两类使用设计：一类是不考虑战争武器冲击破坏设计的大量平时使用的地下空间建筑；另一类是考虑战争中能够防武器冲击作用的防护工程。后一种情况又可划分为两种，即纯军事用途的防护结构，如工事、导弹发射井、飞机与坦克库等；另一种是"平战"结合的地下工业与民用建筑。这样，地下空间结构设计不仅仅是普通的地下结构，还要考虑地下结构的防护特征。

地下结构的防护设计要考虑包括核武器在内的武器爆炸冲击破坏荷载作用，在建筑上还要考虑防原子核辐射、防生物化学武器等功能的相关布局及构造措施。如出入口部（gateway）的防堵、防毒及降低冲击波峰值压力措施，以及防原子弹爆炸冲击波和炮弹、炸弹冲击破坏作用等。在结构、材料和构造上同平时（peacetime）工程设计不同，即所谓战时（wartime）或临战（imminence of war）前加固的工程设计。

为了减轻在战争中对人员及物资造成的损失，防护工程是国家战备工作的重要组成部分，这是国家对战争防御的重大战略问题。由于人防工程投资大，和平时期其防护特征不能体现，因此，如何采用"平战"结合及临战前加固是人防工程中的一个十分重要的问题。人防工程应同城市建设相结合，同经济建设与发展相结合，使人防工程具有经济战备、社会和环境效益。

3.4 城市地下空间结构计算

3.4.1 矩形闭合框架的计算

1. 荷载计算

地下结构的荷载主要有三类：一类是长期作用在结构上的永久荷载，如结构自重、水土压力等；另一类是结构在使用期间和施工过程中存在的变动荷载，如人群、车辆、设备及材料堆放等荷载；还有一类是偶然荷载，如核爆炸冲击波荷载，其特征是偶然瞬间作用。第三类荷载只有在工程被列为具有防护要求时才考虑，有些地下工程无防护等级要求而不被考虑。图 3-10 所示为浅埋矩形闭合框架的受力简图。

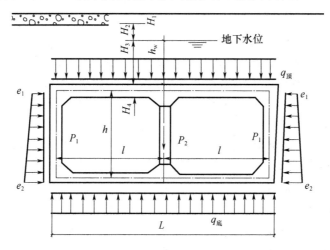

图 3-10 闭合框架荷载

（1）顶板上的荷载

作用于顶板上的荷载有覆土压力、水压力、自重、活荷载及核爆炸动荷载。

① 覆土压力

由于结构为浅埋，土压力即是结构顶板以上全部土的重量，当某层土壤处于地下水中，应采用土的浮容重 $\gamma'_i(\gamma'_i = \gamma_i - 1)$，覆土压力可采用下式计算，即：

$$q_{\pm} = \sum_i \gamma_i h_i \tag{3-2}$$

式中 $q_{\pm}$ ——覆土压力（kN/m²）；

         γ_i ——第 i 层土壤或路面材料容重（kN/m³）；

         h_i ——第 i 层土壤中路面材料的厚度（m）。

② 水压力

水压力按下式进行计算：

$$q_{\dot{x}} = \gamma_w h_w \tag{3-3}$$

式中　$q_水$——水压力（kN/m^2）；

　　　γ_w——水相对密度，$\gamma_w = 1$；

　　　h_w——地下水面至顶板表面的距离（m）。

③ 顶板自重

顶板自重用下式进行计算：

$$q = \gamma d \tag{3-4}$$

式中　q——顶板自重（kN/m^2）；

　　　γ——顶板材料容重（kN/m^3）；

　　　d——顶板的设计厚度（m）。

④ 顶板所受核爆炸动荷载

顶板所受核爆炸动荷载为土壤中压缩波荷载，通过等效静载法进行计算。

⑤ 顶板全部荷载

顶板上全部荷载应为覆土压力、水压力、顶板自重、顶板核爆炸动荷载等的总和，根据荷载组合原则，静荷载与核爆炸动荷载的组合为防护工程荷载，如不考虑核爆炸动荷载，可将静荷载与活荷载进行组合，此处活荷载应为汽车等荷载，用下式求得总荷载，即：

$$q_顶 = q_土 + q_水 + q + q_1 \tag{3-5}$$

$$q_顶 = \sum_i \gamma_i h_i + \gamma_w h_w + q_土 + \gamma d + K_{d1} P_{c1} \tag{3-6}$$

上式即为顶板所受全部荷载，由于增加了压缩波荷载，所以它是防护结构荷载，当取消 $K_{d1} P_{c1}$ 项荷载时，则成为普通地下非防护结构荷载，但需增加活荷载。

（2）侧墙所受水平荷载

侧墙属于纵向构件，承受由土、水压力传来的荷载，如果是防护结构，还有压缩波荷载。

① 水平土压力

$$e = \left(\sum \gamma_i h_i \right) \tan^2 \left(45° - \frac{\varphi_i}{2} \right) \tag{3-7}$$

式中　e——侧向土层压力（kN/m^2）；

　　　φ_i——第 i 层土的内摩擦角。

② 侧向水压力

侧向水压力按下式计算，即：

$$e_w = \psi \gamma_w h \tag{3-8}$$

式中　ψ——折减系数，其值依土壤的透水性来确定，砂土 $\psi = 1$，黏土 $\psi = 0.7$；

　　　h——从地下水表面至计算点的距离（m）。

③ 侧墙所受核爆动荷载

对具有防护等级要求的工程才存在此项荷载，对于一般无防护等级要求的地下结构不存在核爆炸动荷载，此项荷载通过等效静载法进行计算。

前 3 项为侧墙所受的水平全部荷载，按下式计算，即：

$$q_侧 = e + e_w + K_{d2} P_{c2} \tag{3-9}$$

$$q_{侧} = (\sum \gamma_i h_i) \tan^2(45° - \frac{\varphi}{2}) + \psi \gamma_w h_w + K_{d2} P_{c2} \qquad (3-10)$$

④ 侧墙上的其他荷载

在侧墙所受的荷载中不仅有水平土压力、水压力及核爆炸动荷载，同时还存在由顶板传来的垂直荷载。

（3）底板上的荷载

底板是地下结构中最下面的构件，该构件直接和地基接触，相对于松软的土壤来说，刚度较大，假定地基反力是直线分布，则作用于底板上的荷载的计算式为：

$$q_{底} = q_{顶} + \frac{\sum P}{L} + K_{d3} P_{c3} \qquad (3-11)$$

式中　$q_{底}$ ——底板所受均布荷载（kN/m^3）；

　　$\sum P$ ——结构顶板以下、底板以上部分边墙柱及其他内部结构传来的自重（kN/m）；

　　L ——结构横断面宽度（m）；

　　$K_{d3} P_{c3}$ ——底板纵向等效静荷载（kN）。

（4）其他影响因素

除上述提到的荷载之外，还有其他对结构有影响的因素，它们分别为温度变化、不均匀沉降、材料收缩等，这些影响因素通过结构的构造措施予以解决，如设置变形缝、后浇带等。

地震也是很大的破坏性灾害之一，对地面结构的危害很大，对地下结构的破坏较轻，有关地震对地下结构方面的作用研究尚不够成熟，很多问题需进一步探讨。

2. 计算简图

荷载计算结束之后，需要确定结构的计算简图，结构计算简图的类型应反映结构受力体系的主要特征，同时能简化计算，下面举例分析几种类型的计算简图。

某些地下工程，如地铁、地下街的结构纵向很长，$L/l > 2$，结构在纵向所受的荷载大小也是相近的，这样的结构可视为属于平面变形问题，计算时可沿纵向截取单位长度（如1m长）作为计算单元，以截面形心连线作为框架的轴线，其计算简图为一个闭合的框架，如图3-11（a）所示。

也有些地下结构，当中间墙与顶、底板刚度相差较大时，即中隔墙刚度相对较小，此时可将中间墙视为上下铰接的立杆，如图3-11（b）所示。

很多地下结构由于建筑功能要求，中间需设柱和梁，梁支承框架，柱支承梁，这种情况的计算简图如图3-11（c）所示；图3-11（d）、（e）分别为连续梁、柱的计算简图。需要说明的是，整体式闭合框架的顶板、侧墙和底板应为偏心受压构件，并区分大、小偏心进行计算。

承受均布荷载的无梁楼盖或其他类型板柱体系，根据其结构布置和荷载的特点，可采用弯矩系数法或等代杠架法计算承载能力极限状态的内力设计值。对于防护结构，顶板和底板考虑压缩波荷载及其组合，楼板不考虑压缩波荷载。侧墙被视为纵向构件。这种结构常用于地下车库、地下街等结构中，图3-12即为二层地下车库的侧墙计算简图。

3. 内力计算

矩形框架的内力解法有位移法，如果不考虑线位移的影响，可用力矩分配法等，这些方法在结构力学中均有详细论述。

结构计算的第一步是荷载计算，建立计算简图，当荷载计算完毕之后可能会出现上下荷载方向不平衡，如图 3-13 所示，为了使结构平衡，可在底板的各节点上加集中力予以解决。

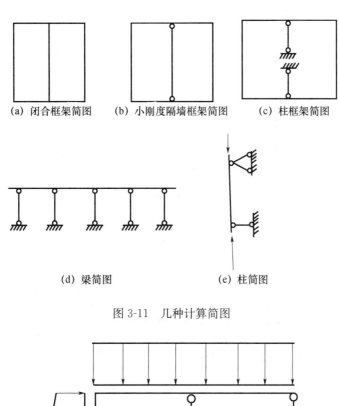

(a) 闭合框架简图　　(b) 小刚度隔墙框架简图　　(c) 柱框架简图

(d) 梁简图　　　　　　　(e) 柱简图

图 3-11　几种计算简图

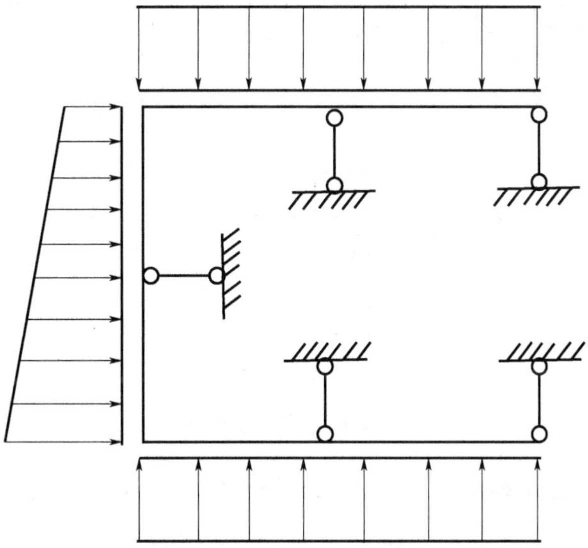

图 3-12　无梁楼盖体系侧墙计算简图

（1）设计弯矩

通过结构力学的方法求解的是闭合框架杆端轴线的弯矩与剪力，而最不利截面应是弯矩大而截面的高度小的位置，该位置为侧墙或支座内边缘处的截面，取对应该截面的弯矩为设计弯矩，如图 3-14 所示。

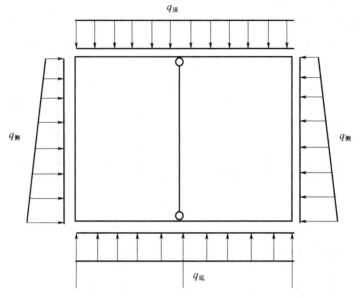

图 3-13　荷载平衡简图

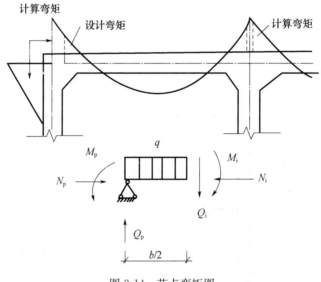

图 3-14　节点弯矩图

根据隔离体的力矩平衡条件，建立设计弯矩平衡方程，该式为：

$$M_i = M_P - Q_P \cdot \frac{b}{2} + \frac{q}{2}\left(\frac{b}{2}\right)2 \tag{3-12}$$

式中　　M_i——设计弯矩；

　　　　M_P——计算弯矩；

　　　　Q_P——计算剪力；

　　　　b——支座宽度；

　　　　q——作用于杆件上的均布荷载。

工程设计中也可将上式近似表达为：

$$M_i = M_P - \frac{1}{3} Q_P \cdot b \tag{3-13}$$

（2）设计剪力

同理，设计剪力的不利截面仍位于侧墙内边缘处，如图 3-15 所示，根据隔离体平衡条件，设计剪力表达式为：

$$Q_i = Q_P - \frac{q}{2} \cdot b \tag{3-14}$$

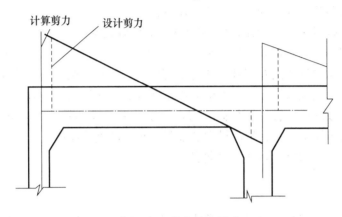

图 3-15　节点剪力图

（3）设计轴力

由静载引起的设计轴力为：

$$N_i = N_P \tag{3-15}$$

式中　　N_P——由静载引起的计算轴力。

由等效静载引起的设计轴力计算式为：

$$N_i^{等} = N_P^{等} \cdot \xi \tag{3-16}$$

式中　　$N_P^{等}$——由等效静载引起的计算轴力；

　　　　ξ——折减系数；对于顶板 ξ 取 0.3，对于底板和侧墙 ξ 取 0.6。

总的设计轴力应为两种轴力之和，即：

$$N_i = N_P + N_P^{等} \cdot \xi \tag{3-17}$$

4. 抗浮验算

当地下工程位于水位较高的土中，为了保证结构不被水浮起，应进行抗浮验算，抗浮的验算式为：

$$K = \frac{Q_{重}}{Q_{浮}} \geqslant 1.10 \tag{3-18}$$

式中　　K——抗浮安全系数；

　　　　$Q_{重}$——结构自重、设备重及上部覆土重之和（kN）；

　　　　$Q_{浮}$——地下水的浮力（kN）。

上式中的 $Q_{重}$ 应根据工程实际情况确定，$Q_{重}$ 所包含的内容以施工中不利工况进行实际分析。

3.4.2 圆形结构的计算

圆管结构有整体式和装配式两种：整体式衬砌可分为喷射混凝土、钢筋混凝土、素混凝土等材料，结构整体式好，但施工速度慢；装配式圆管结构则具有很多优越性。

圆管结构的内力分析和计算可根据其施工的不同形式采取不同的算法，它受隧道的用途、围岩状况、目标荷载、管片结构、要求的计算精度的影响，必须认真分析。

1. 钢筋混凝土管片设计要求及方法

（1）按需要验算强度、变形、裂缝限制等。

（2）衬砌结构经过施工阶段、使用阶段、特殊荷载阶段，应分别对各阶段的强度、变形等指标，根据需要验算并进行不利组合分析。

（3）圆形结构设计方法有多种，如自由变形的匀质圆环结构、局部变形理论假定抗力结构、弹性地基上圆环结构等。目前衬砌结构计算多采用第一种方法。

（4）假定有效断面的管片的全宽度与全厚度。大开孔的箱型管片断面假定为"T"形，平板形管片为矩形。箱管形的纵向肋加强了环肋的整体刚度。

（5）计算管片内力时无附加的挠曲影响。

2. 荷载计算

（1）施工阶段

盾构推进施工法容易出现比使用阶段更为不利的工作条件，使管片出现开裂、变形、破碎和沉陷等状况，因此，应进行必要的验算并采取相应的措施。

施工阶段的主要问题是：管片拼装时，由于管片制作精度不高，拼装会导致管片开裂等现象；在盾构推进过程中，环缝面上的支承条件不明确或位置不当使管片受到破坏。衬砌背后压注浆因素、盾构过程中土压的不均匀等都是施工中常遇到的问题，上述这些问题都必须经过认真思考，对可能出现的各种不利因素进行分析设计，对那些难以预测的问题可在施工中进行现场观测并及时提出改进措施。

（2）使用阶段（环宽按 1m 考虑）

使用阶段的荷载有土压力、自重等，当有防护等级要求时，尚应包括由核爆炸动荷载计算的等效静荷载，图 3-16 所示为圆形结构的各种荷载示意图。

① 圆形结构自重

结构自重作用方向垂直向下，所产生的弯矩占总弯矩的 20%，自重的大小为圆环沿管纵向截面面积与材料重度的乘积，其计算式为：

$$g = \gamma_h \cdot \delta \tag{3-19}$$

式中　g——自重，通常取 1m 作为计算单元；

　　δ——管片厚度，箱形管片可采用折算厚度（m）；

　　γ_h——材料重度（kN/m^3），为 25～26kN/m^3。

② 地面荷载 W_0

地面荷载包括路面车辆、建筑物，当隧道管片顶部埋深大于 7.0m 时，该荷载可不予考虑。当埋深较浅时，即小于 7.0m，日本资料一般取 10kN/m^2。

③ 纵向地层压力

纵向地层压力由两个部分组成，即拱上部与拱背部。拱上部地层压力为：

$$q_1 = \sum_{i=1}^{n} \gamma_i h_i \tag{3-20}$$

式中　q_1——拱上部地层压力（kN/m^2）；

　　　γ_i——i 层土体重度（kN/m^3）；

　　　h_i——i 层土质的地层厚度（m）。

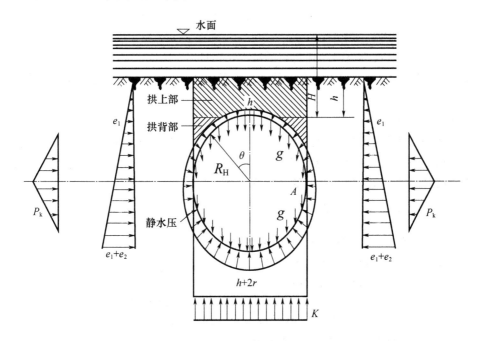

图 3-16　圆形结构荷载示意图

拱背部的土压力可近似化成均布荷载，其计算式为

$$q_2 = \frac{G}{2R_H} \tag{3-21}$$

$$G = 2\left(1 - \frac{\pi}{4}\right) R_H^2 \gamma_i \tag{3-22}$$

式中　q_2——拱背部土体均布压力（kN/m^2）；

　　　G——拱背部总地层压力（kN）；

　　　R_H——圆环计算半径（m）。

纵向地层压力为 $q = W_0 + q_1 + q_2$，如果有水压力还要把水压力考虑进去。

④ 侧向地层土压力

侧向水平地层压力可按朗金公式计算，即：

均匀土压：

$$e_1 = q \cdot \tan^2\left(45° - \frac{\varphi}{2}\right) - 2c \cdot \tan\left(45° - \frac{\varphi}{2}\right) \tag{3-23}$$

三角形土压

$$e_2 = 2R_H \cdot \gamma \cdot \tan^2\left(45° - \frac{\varphi}{2}\right) \tag{3-24}$$

式中　e_1、e_2——侧向水平均匀及三角形主动土压（kN/m）；

γ、φ、c——土壤的重度（kN/m³）、内摩擦角（°）及内聚力（kN/m²）。当有多层土层时可取其加权平均值。

⑤ 静水压力

静水压力的计算式为：

$$q_w = h_i \gamma_w \qquad (3\text{-}25)$$

式中　q_w——圆环任意点的静水压力（径向作用）（kN/m²）；

　　　γ_w——水容重（kN/m³）；

　　　h_i——地下水位至圆环任意点的高度（m）。

大多数情况下，对于水土混合时的水压实际上不予考虑，因对孔隙水压的推断尚不准确。

⑥ 侧向土体抗力

侧向土体抗力是指圆形隧道在横向发生变形时，地层产生的被动水压。土体抗力大小与隧道圆环的变形成正比，按文克列尔局部变形理论，抗力图形为一等腰三角形，抗力分布在隧道水平中心线上下 45°的范围内。用下式计算：

$$P_k = k \cdot \delta(1 - \frac{\sin\alpha}{\sin45°}) \qquad (3\text{-}26)$$

式中　P_k——侧向土体抗力（kN/m²）；

　　　k——抗力系数，按表 3-3 取值；

　　　δ——A 点的水平位移（m）。

$$\delta = \frac{(2q_1 - e_1 - e_2 + \pi q_1)R_H^4}{24(EI\eta + 0.0454kR_H^4)} \qquad (3\text{-}27)$$

式中　EI——衬砌圆环抗弯刚度（kN·m²）；

　　　η——圆环抗弯刚度折减系数，又称抗弯刚度有效率，$\eta = 0.25\sim0.8$。

表 3-3　抗力系数 k 值

项目	优良地基							软土地基
地层	非常密实砂	固结黏土	密实砂	硬黏土	一般黏土	松砂	软黏土	非常软弱黏土
N	$N \geqslant 30$	$N \geqslant 25$	$10 < N < 30$	$8 \leqslant N \leqslant 25$	$4 < N < 8$	$N \leqslant 10$	$2 < N < 4$	$N \leqslant 2$
$k/$ (kN/m³)	5×10^4	4×10^4	3×10^4	2×10^4	1×10^4	1×10^4	5×10^3	0

土壤地层抗力系数 k 是通过实测获得的，将某一规格刚性板（30~100cm）安装在侧壁内，然后利用千斤顶以水平方向向土层顶进，即可画出 σ-y 曲线，经过换算而获得 k 值。

侧向土体抗力不考虑管片自重引起的侧向变形，以及在计算松动圈土压力时或 $N < 3$ 的软土中的变形。

⑦ 纵向土体抗力

纵向土体抗力 K 是与垂直荷载相平衡的地基反力，其计算式为：

$$K = q_1 + \pi g + 0.2146R_H\gamma - \frac{\pi}{2}R_H\gamma_w \qquad (3\text{-}28)$$

上式中的 K 在不同情况下，如水下土中（q_1、q_2、g、q_w、Q）、土中（q_1、q_2、g、W_0）或土中有水（q_1、g、W_0、q_2、Q）等，其反力应有所不同，Q 为水浮力，计算中常忽略 q_2。

⑧ "松动高度"计算理论

纵向土压计算公式通常考虑结构顶部全部土压，这对软黏土层中经实测是较为合适的。但当土质良好，且埋深较大的结构，顶部土压按 $q_1 = \sum_{i=1}^{n} \gamma_i h_i$ 计算不符合实际情况，即在结构顶部形成所谓"松动高度"或"松动圈土"的状况。因此，对于砂或砾石土且覆土厚度与隧道外径相比达到相当深时（$H \geqslant 2.0D$），可按"松动高度"理论计算。用得较为普遍的计算式为美国泰沙基公式及苏联的普罗托李雅柯诺夫公式，如图3-17所示。

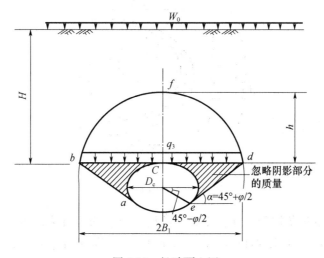

图 3-17　松动覆土压

泰沙基公式为

$$q_3 = \frac{B_1(\gamma - c/B_1)}{K_0 \tan\varphi}(1 - e^{-K_0 \tan\varphi \frac{H}{B_1}} + W_0 \, e^{-K_0 \tan\varphi \frac{H}{B_1}}) \tag{3-29}$$

$$B_1 = \frac{D_c}{2} \cdot \cot\left(\frac{\pi/4 + \varphi/2}{2}\right) \tag{3-30}$$

式中　　q_3——松动高度内纵向土压（kPa）；

D_c——隧道外径（m）；

B_1——松动土范围宽度（m）；

K_0——水平土压与垂直土压之比（一般 $K_0 = 1.0$）；

c——土的黏聚力（kPa）；

φ——土的内摩擦角（°）；

H——覆土深度（m）；

W_0——地面荷载（kPa）；

图3-17中，h 为松动土高度，$h = \dfrac{q_3}{\gamma}$。

但是，当 $\dfrac{W_0}{\gamma}$ 小于 h 时可使用下式计算纵向土压，即：

$$q_3 = \frac{B_1(\gamma - c/B_1)}{K_0\tan\varphi}(1 - e^{-K_0\tan\varphi\frac{H}{B_1}}) \tag{3-31}$$

普罗托委雅柯诺卡公式为（普氏公式）：

$$q_3 = \frac{2}{3}\gamma\frac{B_1}{\tan\varphi} \tag{3-32}$$

3. 圆形结构内力计算

（1）按自由变形均质圆环内力计算

在饱和含水软土中的圆形结构由于具有防水要求，在环形接缝及纵向螺栓连接的构造处理上应保证一定的刚度，其荷载分布及计算简图如图 3-18 所示。

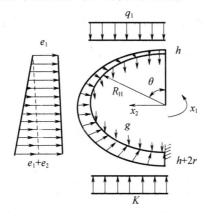

图 3-18　圆环内力计算图

将图 3-18 中的顶部切开并加一刚臂，结构和荷载均为对称，切口处只有未知弯矩 x_1 和 x_2，剪力为 0。利用弹性中心法可简化计算，根据弹性中心处相对角变和相对水平位移等于 0 的条件，列出下列方程。

$$\delta_{11}x_1 + \Delta_{1P} = 0 \tag{3-33}$$

$$\delta_{22}x_2 + \Delta_{2P} = 0$$

$$\delta_{11} = \frac{1}{EI}\int_0^\pi M_1^2 R_H d\theta = \frac{1}{EI}\int_0^\pi R_H d\theta = \frac{\pi R_H}{EI}$$

$$\delta_{22} = \frac{1}{EI}\int_0^\pi M_1^2 R_H d\theta = \frac{1}{EI}\int_0^\pi (-R_H\cos\theta)2R_H d\theta = \frac{R_H^3\pi}{2EI}$$

$$\Delta_{1P} = \frac{1}{EI}\int_0^\pi M_P R_H d\theta$$

$$\Delta_{2P} = -\frac{R_H^2}{EI}\int_0^\pi M_P\cos\theta d\theta$$

式中　　M_P——基本结构中，外荷载对圆环任意截面产生的弯矩。

由上式得：

$$x_1 = -\frac{\Delta_{1P}}{\delta_{11}}$$

$$x_2 = -\frac{\Delta_{2P}}{\delta_{22}}$$

圆环中任意截面的内力的计算式为：

$$M_\theta = x_1 - x_2\cos\theta + M_P \tag{3-34}$$

$$N_\theta = N_P + x_2\cos\theta \tag{3-35}$$

对于自由变形的圆环，在不同荷载作用下任意截面的内力，已编制成内力计算表3-4，将圆环的一半划分为9个截面，计8等分，可按表3-5的内力计算公式进行更简单的计算。

按自由圆环进行计算，对地层不能产生弹性抗力时是合适的，在能产生弹性抗力的稳定土层中，上述方法与实际差别较大。

表3-4　内力计算表

荷载形式	内力			水平变位
	弯矩	轴力	剪力	弯矩引起的变位
垂直荷载 (q_1+q_w)	$\left(\dfrac{1}{4}-\dfrac{1}{2}\sin^2\theta\right)$ $(q_1+q_w)R_H^2$	$\sin^2\theta\,(q_1+q_w)R_H$	$-\sin\theta\cos\theta\,(q_1+q_w)R_H$	$\dfrac{1}{12}\dfrac{(q_1+q_w)R_H^4}{\eta EI}$
水平荷载 (e_1)	$\left(\dfrac{1}{4}-\dfrac{1}{2}\cos^2\theta\right)e_1R_H^2$	$\cos^2\theta e_1R_H$	$\sin\theta\cos\theta e_1R_H$	$-\dfrac{1}{12}\dfrac{e_1R_H^4}{\eta EI}$
水平荷载 (e_2)	$\dfrac{1}{48}(6-3\cos\theta-12\cos^2\theta$ $+4\cos^3\theta)e_1R_H^2$	$\dfrac{1}{16}(\cos\theta+8\cos^2\theta$ $-4\cos^3\theta)e_2R_H$	$\dfrac{1}{16}(\sin\theta+8\sin\theta\cos\theta$ $-4\sin\theta\cos^2\theta)e_2R_H$	$-\dfrac{1}{24}\dfrac{e_1R_H^4}{\eta EI}$
水平向抗力 P_k	$(0\leqslant\theta\leqslant\dfrac{\pi}{4})$ $(0.2346-0.3536\cos\theta)$ $\cdot P_kR_H^2$ $(\dfrac{\pi}{4}\leqslant\theta\leqslant\dfrac{\pi}{2})$ $(-0.3487+0.5\sin^2\theta+$ $0.2357\cos^3\theta)e_2R_H^2$	$(0\leqslant\theta\leqslant\dfrac{\pi}{4})$ $0.3536\cos\theta$ P_kR_H $(\dfrac{\pi}{4}\leqslant\theta\leqslant\dfrac{\pi}{2})$ $(-0.7071\cos\theta+\cos^2\theta+$ $0.7071\sin^2\theta\cos\theta)$ $\cdot P_kR_H$	$(0\leqslant\theta\leqslant\dfrac{\pi}{4})$ $0.3536\sin\theta P_kR_H$ $(\dfrac{\pi}{4}\leqslant\theta\leqslant\dfrac{\pi}{2})$ $(\sin\theta\cos\theta-0.7071\cos^2\theta$ $\sin\theta)P_kR_H$	$-\dfrac{1}{22}\dfrac{P_kR_H^4}{\eta EI}$
自重 (g)	$(0\leqslant\theta\leqslant\dfrac{\pi}{2})$ $\left(\dfrac{3}{8}\pi-\theta\sin\theta-\dfrac{5}{6}\cos\theta\right)$ gR_H^2 $(\dfrac{\pi}{2}\leqslant\theta\leqslant\pi)$ $\{-\dfrac{1}{8}\pi+(\pi-\theta)$ $\sin\theta-\dfrac{5}{6}$ $\cos\theta-\dfrac{\pi}{2}\sin^2\theta\}$ $\cdot gR_H^2$	$(0\leqslant\theta\leqslant\dfrac{\pi}{2})$ $\left(\theta\sin\theta-\dfrac{1}{6}\cos\theta\right)gR_H$ $(\dfrac{\pi}{2}\leqslant\theta\leqslant\pi)$ $\{-(\pi-\theta)\sin\theta+$ $\pi\sin^2\theta-$ $\dfrac{1}{6}\cos\theta\}gR_0$	$(0\leqslant\theta\leqslant\dfrac{\pi}{2})$ $\left(\theta\sin\theta+\dfrac{1}{6}\cos\theta\right)gR_H$ $(\dfrac{\pi}{2}\leqslant\theta\leqslant\pi)$ $\{(\pi-\theta)\cos\theta-\pi\sin\theta\cos\theta-$ $\dfrac{1}{6}\sin\theta\}$ gR_H	

注：$M=\Sigma M_i$，$N=\Sigma N_i$。

表3-5　内力计算公式

载面	应力	外部荷载						
		衬砌自重 g	纵向地层压力 q	水压力	水平均布地层压力	水平△土压力	地层反力	拱背荷载
1	M	$+0.5000gR_H^2$	$+0.2990qR_H^2$	$-0.2500R_H^2$	$-0.2500p_1R_H^2$	$-0.1050p_2R_H^2$	$-0.0490KR_H^2$	$+0.083GR_H$
	N	$-0.5000gR_H$	$-0.1060qR_H$	$+0.7500R_H^2+HR_H$	$+1.0000p_1R_H$	$+0.3130p_2R_H$	$+0.10000KR_H$	$-0.102G$
15℃	M	$+0.4493gR_H^2$	$+0.2619qR_H^2$	$-0.2240R_H^2$	$-0.2165p_1R_H^2$	$-0.0943p_2R_H^2$	$-0.0454KR_H^2$	$+0.079GR_H$
	N	$-0.4162gR_H$	$-0.0354qR_H$	$+0.7246R_H^2+HR_H$	$+0.9330p_1R_H$	$+0.3020p_2R_H$	$+0.1004KR_H$	$-0.091G$
2	M	$+0.3879gR_H^2$	$+0.2275qR_H^2$	$-0.1939R_H^2$	$-0.1760p_1R_H^2$	$-0.0812p_2R_H^2$	$-0.0409KR_H^2$	$+0.075GR_H$
	N	$-0.3117gR_H$	$+0.0485qR_H$	$+0.6939R_H^2+HR_H$	$+0.8536p_1R_H$	$+0.2888p_2R_H$	$+0.0979KR_H$	$-0.085G$
3	M	$+0.1414gR_H^2$	$+0.0180qR_H^2$	$-0.0457R_H^2$	$-0.0000p_1R_H^2$	$-0.0152p_2R_H^2$	$-0.0180KR_H^2$	$+0.031GR_H$
	N	$+0.2514gR_H$	$+0.4250qR_H$	$+0.5457R_H^2+HR_H$	$+0.5000p_1R_H$	$+0.2062p_2R_H$	$+0.0750KR_H$	$-0.033G$
4	M	$-0.2792gR_H^2$	$-0.1932qR_H^2$	$+0.1396R_H^2$	$+0.1766p_1R_H^2$	$+0.0764p_2R_H^2$	$+0.0164KR_H^2$	$-0.057GR_H$
	N	$+0.8965gR_H$	$+0.8130qR_H$	$+3604R_H^2+HR_H$	$+0.1465p_1R_H$	$+0.0833p_2R_H$	$+0.0400KR_H$	$+0.363G$
75°	M	$-0.3938gR_H^2$	$-0.2461qR_H^2$	$+0.1909R3H$	$+0.2165p_1R_H^2$	$+0.1063p_2R_H^2$	$+0.0250KR_H^2$	$-0.000GR_H$
	N	$+1.1350gR_H$	$+0.9056qR_H$	$+0.3030R_H^2+HR_H$	$+0.0670p_1R_H$	$+0.0455p_2R_H$	$+0.0274KR_H$	$+0.367G$
5	M	$-0.5700gR_H^2$	$-0.3070qR_H^2$	$+0.2850R_H^2$	$+0.2500p_1R_H^2$	$+0.1250p_2R_H^2$	$+0.0570KR_H^2$	$-0.126GR_H$
	N	$+1.5700gR_H$	$+1.0000qR_H$	$+0.2150R_H^2+HR_H$	$+0.0000p_1R_H$	$+0.000p_2R_H$	$+0.0000KR_H$	$+0.500G$
6	M	$-0.6218gR_H^2$	$-0.2708qR_H^2$	$+0.3190R_H^2$	$+0.1766p_1R_H^2$	$+0.1247p_2R_H^2$	$+0.0940KR_H^2$	$-0.128GR_H$
	N	$+2.0045gR_H$	$+0.9638qR_H$	$+0.1891R_H^2+HR_H$	$+0.1465p_1R_H^2$	$+0.0631p_2R_H$	$-0.1102KR_H$	$+0.501G$
7	M	$-0.3117gR_H^2$	$-0.0891qR_H^2$	$+0.1558R_H^2$	$+0.0000p_1R_H^2$	$+0.0152p_2R_H^2$	$+0.0891KR_H^2$	$+0.053GR_H$
	N	$+2.0118gR_H$	$-0.7821qR_H$	$+0.3442R_H^2+HR_H$	$+0.5000p_1R_H$	$+0.2838p_2R_H$	$-0.2821KR_H$	$-0.426G$
8	M	$+3.9007gR_H^2$	$+0.2124qR_H^2$	$+0.1954R_H^2$	$-0.1768p_1R_H^2$	$-0.0965p_2R_H^2$	$-0.0360KR_H^2$	$+0.087GR_H$
	N	$+1.5332gR_H$	$+0.4806qR_H$	$+0.6954R_H^2+HR_H$	$+0.8536p_1R_H$	$+0.5648p_2R_H$	$-0.3342KR_H$	$-0.286G$
9	M	$+1.5000gR_H^2$	$+0.5870qR_H^2$	$-0.7500R_H^2$	$-0.2500p_1R_H^2$	$-0.1450p_2R_H^2$	$-0.3370KR_H^2$	$+0.271GR_H$
	N	$+0.5000gR_H$	$+0.1060qR_H$	$+1.2500R_H^2+HR_H$	$+1.0000p_1R_H$	$+0.6870p_2R_H$	$-0.1060KR_H$	$+102G$

注：R_H取圆环轴线半径（实际为外径）。

（2）按局部变形理论假定抗力图形内力计算

衬砌结构在纵向荷载作用下，产生向地层方向的变形，从而引起弹性抗力，弹性抗力的分布规律假定如下，如图3-19所示。

① 在$2\varphi=90°$的范围内的顶部为"脱离区"，结构变形向内，无弹性抗力，即$P_k=0$。

② $\dfrac{\pi}{4}\leqslant\varphi\leqslant\dfrac{\pi}{2}$的范围内，弹性抗力为：

$$P_k=k\delta=-k\,y_a\cos2\varphi \tag{3-36}$$

③ $\dfrac{\pi}{2}\leqslant\varphi\leqslant\pi$的范围内，弹性抗力为：

$$P_k=k\delta=k\,y_a\sin2\varphi+k\,y_b\cos2\varphi \tag{3-37}$$

式中　φ——结构上任意一点的弹性抗力作用线与垂直轴间的夹角；

y_a、y_b——任意结构水平直径方向与垂直径方向的位移。

当考虑弹性抗力时，在各种不同荷载作用下圆形结构的内力计算可分别进行，而后叠加。

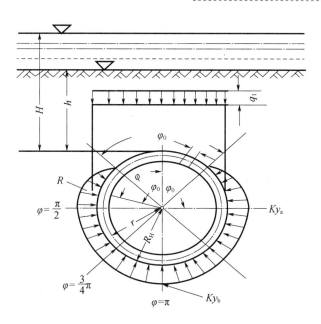

图 3-19　圆环荷载抗力图形

利用下列 4 个联立方程可解出 4 个未知数 x_1、x_2、y_a 和 y_b。

$$\begin{cases} x_1 \delta_{11} + \delta_1 q_1 + \delta_1 P_r = 0 \\ x_2 \delta_{22} + \delta_2 q_1 + \delta_2 P_r = 0 \\ y_a = \delta_a q_1 + \delta_a P_k + x_1 \delta_{a1} + x_2 \delta_{a2} \\ \sum Y = 0 \end{cases} \tag{3-38}$$

各截面上的 M、N 值为：

$$\begin{cases} M_a = M_{q1} + M P_k + x_1 - x_2 R_H \cos\varphi \\ N_a = N_{q1} + N P_k + x_2 \cos\varphi \end{cases} \tag{3-39}$$

利用上式计算由纵向荷载 q_1、自重 g、静水压力三种荷载引起的圆环各个截面的内力如下。

由纵向荷载引起的弯矩、轴力计算式为：

$$\begin{cases} M_a = q R_H R_0 b [A\beta + B + C_n(1+\beta)] \\ N_a = q R_0 b [D\beta + F + Q_n(1+\beta)] \end{cases} \tag{3-40}$$

式中　q —— 纵向荷载（kN/m^2）；

　　R_0 —— 圆环外半径（m）；

　　R_H —— 圆环计算半径（m）；

　　b —— 圆环宽度（m）；

　β、n —— 系数。

$$\beta = 2 - \frac{R_0}{R_H} \tag{3-41}$$

$$n = \frac{1}{m + 0.06416} \tag{3-42}$$

$$m = EI / R_H^3 R_0 kb \tag{3-43}$$

式中　EI —— 圆环断面抗弯刚度（$kN \cdot m^2$）；

　　k —— 土壤介质压缩系数（kN/m^3）。

由纵向荷载 q 引起圆环内力系数见表 3-6。

表 3-6　纵向荷载引起内力系数表

截面位置 $\alpha/(°)$	系数					
	A	B	C	D	F	Q
0	0.1628	0.0872	−0.007	0.2122	−0.2122	0.021
45	−0.025	0.025	−0.00084	0.15	0.35	0.01485
90	−0.125	−0.125	0.00825	0	1	0.00575
135	0.025	−0.025	0.00022	−0.15	0.9	0.0138
180	0.0872	0.1628	−0.00837	−0.2122	−0.7122	0.0224

由自重引起的内力计算式为：

$$N_a = g R_H b(C_1 + D_1 n) \tag{3-44}$$

由自重 g 引起圆环内力系数见表 3-7。

表 3-7　自重 g 引起的内力系数表

截面位置 $\alpha/(°)$	系数			
	A_1	B_1	C_1	D_1
0	0.3447	−0.02198	−0.1667	0.06592
45	0.0334	−0.00267	0.3375	0.04661
90	−0.3928	0.02589	1.5708	0.01804
135	−0.0335	0.00067	1.9186	0.0422
180	0.4405	−0.0267	1.7375	0.0701

由静水压力引起的内力计算式为：

$$M_a = -R_0 2 R_H b(A_2 + B_2 n) \tag{3-45}$$

$$N_a = -R_0^2 b(C_2 + D_2 n) + R_0 H b \tag{3-46}$$

式中　A_2、B_2、C_2、D_2 —— 内力系数，见表 3-8。

　　　　H —— 静水压头（m）。

由静水压头 H 引起的圆环内力系数见表 3-8。

表 3-8　静水压头引起的内力系数表

截面位置 $\alpha/(°)$	A_2	B_2	C_2	D_2
0	0.1724	−0.01097	−0.58385	0.03294
45	0.01673	−0.00132	−0.42771	0.02329
90	−0.19638	0.01294	−0.2146	0.00903
135	−0.01679	0.00036	−0.39413	0.02161
180	0.22027	−0.01312	−0.63125	0.03509

3.4.3　拱形结构的计算

拱形结构采用曲墙作为围护墙适用于具有较大侧向土压力，而且结构跨度较大时（大于 5m），其计算方法可采用朱-布法。

1. 考虑土层弹性抗力及其分布

曲墙拱形结构在纵向荷载及侧向水平荷载（土层压力）的作用下，结构拱顶向内产生变形，曲墙向外侧变形，曲墙的变形使土体产生变形，土体变形达到一定程度，即出现土体抵抗侧墙的继续变形，对侧墙变形的抵抗作用，即称为土体对结构的弹性抗力，如图 3-20 所示。

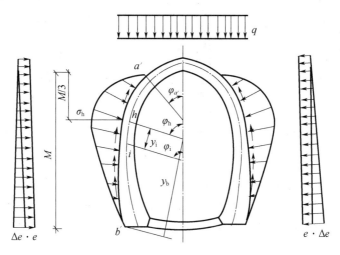

图 3-20 曲墙拱的弹性抗力

由图 3-20 可以看出，弹性抗力的发生区域及最大抗力的位置可在此弹性抗力图上做如下假定。图中 a' 点为弹性抗力区上零点且位于拱顶两侧 $45°$ 的位置，b' 点为下零点位于曲墙的墙脚，最大抗力 σ_h 位于 h 点，即距拱顶 $M/3$ 处。在 M 范围内各个截面上的抗力强度是最大抗力 σ_h 的二次函数，用下式表示，即：

$$\sigma = \sigma_h \frac{\cos^2 \varphi_{a'} - \cos^2 \varphi_i}{\cos^2 \varphi_{a'} - \cos^2 \varphi_h} (a'\text{-}h \ \text{段}) \tag{3-47}$$

$$\sigma = \sigma_h \left(1 - \frac{y_i^2}{y_{b'}^2}\right) (h\text{-}b' \ \text{段}) \tag{3-48}$$

式中 φ_i —— 所求抗力截面与垂直中轴线的夹角；

$y_{a'}$ —— 所求抗力截面与最大抗力截面的垂直距离；

$y_{b'}$ —— 墙底处边缘 b' 至最大抗力截面的垂直距离。

上述假定根据多次计算和经验统计与均布荷载作用下的曲墙拱形结构的弹性抗力分布的规律相吻合。

2. 计算简图

图 3-21 所示为曲墙拱形结构的计算简图。设有垂直土层压力 q，侧向水平压力 $e + \Delta e$，拱脚弹性固定两侧受地层约束的无铰拱，荷载与结构对称。由于墙底摩擦力较大，不能产生水平位移，仅有转动和垂直沉陷，垂直沉陷对衬砌内力将不产生影响，即均匀沉降，不考虑结构与土层间的摩阻力作用。

采用力法求解图 3-21 时，选取从拱顶部切开的悬臂曲梁作为基本结构，切开处有两个未知力 x_1 和 x_2，另有附加的未知力 σ_h；根据切开处的变形谐调条件，只能写出两个方程，所以必须利用 h 点的变形协调条件增加一个方程，以解出 x_1、x_2 和 σ_h 三个未知数。

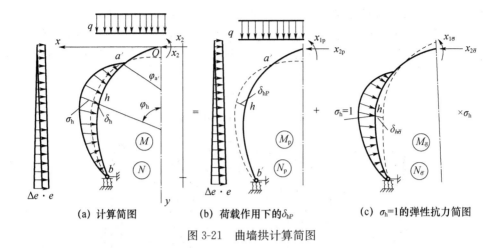

(a) 计算简图　　　　　(b) 荷载作用下的 δ_{hP}　　　　(c) $\sigma_h=1$ 的弹性抗力简图

图 3-21　曲墙拱计算简图

图 3-21（b）在垂直和侧向荷载作用下的最大抗力 h 处的位移 δ_{hP} 计算简图，图 3-21为以 $\sigma_h=1$ 时的弹性抗力图形作为外荷载的相应 h 点的位移 $\delta_{h\bar{\sigma}}$，可先求 δ_{hP}，再求 $\delta_{h\bar{\sigma}}$。根据叠加原理，h 点的最终位移 δ_h 应该是 δ_{hP} 与 $\sigma_h \cdot \delta_{h\bar{\sigma}}$ 的代数和，用下式表示，即：

$$\delta_h = \delta_{hP} + \sigma_h \cdot \delta_{h\bar{\sigma}} \tag{3-49}$$

因为 $\sigma_h = K\delta_h$，代入上式，并简化得：

$$\sigma_h = \frac{\delta_{hP}}{\dfrac{1}{K} - \delta_{h\bar{\sigma}}} \tag{3-50}$$

由上述分析可以看出，曲墙拱形结构的计算是先将该结构视为在主动荷载作用下的自由变形结构并进行计算［图 3-21（b）］，然后以最大弹性抗力 $\sigma_h = 1$ 分布图形作为被动荷载［图 3-21（c）］并求其结构内力，利用上式求出 σ_h，最后把 $\sigma_h = 1$ 作用下求出的内力乘以 σ_h，再与主动荷载作用下的内力叠加而得出结构的最终力学结果。

3. 计算详细步骤

（1）求主动荷载作用下的结构内力

图 3-22（a）所示为基本结构及计算简图，有多余未知力 x_{1P}、x_{2P}，列出基本力法方程，多余未知力和墙底转角 β 及水平位移 u 加了 P 右下脚标。

$$x_{1P}\delta_{11} + x_{2P}\delta_{12} + \Delta_{1P} + \beta_P = 0 \tag{3-51}$$

$$x_{1P}\delta_{21} + x_{2P}\delta_{22} + \Delta_{2P} + f \cdot \beta_P + u_P = 0 \tag{3-52}$$

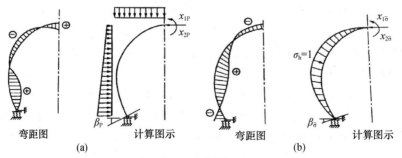

弯距图　　　　　　计算图示　　　　　　弯距图　　　　　　计算图示

(a)　　　　　　　　　　　　　　　(b)

图 3-22　计算图示

式中 β_P、u_P —— 墙底截面转角和水平位移，计算 x_{1P}、x_{2P} 和主动荷载的影响后，按叠加原理求得，即：

$$\beta_P = x_{1P}\bar{\beta} + x_{2P}(\bar{\beta}_2 + f\bar{\beta}_1) + \beta_P^0;$$

式中 $\bar{\beta}_1$ —— 拱顶作用单位弯矩 $x_{1P}=1$ 时所引起的墙底截面的转角；

$x_{1P}\bar{\beta}_1$ —— 拱顶弯矩 x_{1P} 所引起的墙底截面的转角；

$\bar{\beta}_2$ —— 拱顶作用单位水平力 $x_{2P}=1$ 时的墙底截面产生的单位水平力所引起的转角；

$\bar{\beta}_2 + f\bar{\beta}_1$ —— 拱顶水平力 $x_{2P}=1$ 时所引起的墙底截面的转角；

β_P^0 —— 在主动荷载作用下在墙底截面产生的转角。

符号规则为：弯矩以截面内缘受拉为正，轴力以截面受压为正，剪力以顺时针旋转为正，变形与内力的方向相一致取正号；反之，则取负号。

由于墙底无水平位移，所以 $u_P=0$，当单位水平力作用在墙底面上时，墙脚不产生转角，所以 $\bar{\beta}_2=0$。代入上式经整理后得：

$$x_{1P}(\delta_{11} + \bar{\beta}_1) + x_{2P}(\delta_{12} + f\bar{\beta}_1) + \Delta_{1P} + \beta_P^0 = 0 \tag{3-53}$$

$$x_{2P}(\delta_{12} + f\bar{\beta}_1) + x_{2P}(\delta_{22} + f2\bar{\beta}_1) + \Delta_{2P} + f\beta_P^0 = 0 \tag{3-54}$$

式中 δ_{ik}、Δ_{iP} —— 基本结构的单位变位和载变位，可按结构力学或参考半衬砌的方法计算；

$\bar{\beta}_1$ —— 墙底截面的单位转角，与半衬砌相同，$\bar{\beta}_1 = \dfrac{12}{bh_x^3 k_0}$；

b —— 墙底截面的宽度，$b=1\text{m}$；

h_x —— 墙底截面的厚度；

K_0 —— 墙底地层弹性抗力系数；

β_P^0 —— 墙底截面荷载转角，$\beta_P^0 = M_{bP}^0 \bar{\beta}_1$；

M_{bP}^0 —— 在外荷载作用下墙底截面的弯矩；

f —— 衬砌的矢高。

解出 x_{1P} 和 x_{2P} 后，即得主动荷载作用下的结构任一截面的内力［图 3-21（a）］，其计算式为：

$$M_{iP} = x_{1P} + x_{2P} y_i + M_{iP}^0 \tag{3-55}$$

$$N_{iP} = x_{2P}\cos\varphi_i + N_{iP}^0 \tag{3-56}$$

式中 M_{iP}^0、N_{iP}^0 —— 基本结构主动荷载作用下各截面的弯矩和轴力；

y_i、φ_i —— 所求截面 i 的纵坐标和截面 i 与垂直面之夹角。

（2）求 $\sigma_h=1$ 时的 $x_{1\bar{\sigma}}$ 和 $x_{2\bar{\sigma}}$

以 $\sigma_h=1$ 时的弹性抗力分布图形作为荷载，以同样的方法求多余未知力 $x_{1\bar{\sigma}}$ 和 $x_{2\bar{\sigma}}$ ［图 3-21（b）］，其方法基本计算式为：

$$x_{1\bar{\sigma}}\delta_{11} + x_{2\bar{\sigma}}\delta_{12} + \Delta_{1\bar{\sigma}} + \beta_{\bar{\sigma}} = 0 \tag{3-57}$$

$$x_{2\bar{\sigma}}\delta_{21} + x_{2\bar{\sigma}}\delta_{22} + \Delta_{2\bar{\sigma}} + u_{\bar{\sigma}} + f\beta_{\bar{\sigma}} = 0 \tag{3-58}$$

脚标 $\bar{\sigma}$ 表示 $\sigma_h=1$ 时抗力图形作用下引起的未知力、转角或位法（简称单位弹性抗力）。$\beta_{\bar{\sigma}}$ 和 $u_{\bar{\sigma}}$ 同上求得：

$$\beta_{\bar{\sigma}} = x_{1\bar{\sigma}\bar{\beta}_1} + x_{2\bar{\sigma}}(\bar{\beta}_2 + f\bar{\beta}_1) + \beta_{\bar{\sigma}}' \tag{3-59}$$

$\beta_{\bar{\sigma}} = 0$，$u_{\bar{\sigma}} = 0$，代入前式得：

$$x_{1\bar{\sigma}}(\delta_{11} + \bar{\beta}_1) + x_{2\bar{\sigma}}(\delta_{12} + f\bar{\beta}_1) + \Delta_{1\bar{\sigma}} + \beta_{\bar{\sigma}}^0 = 0 \tag{3-60}$$

$$x_{2\bar{\sigma}}(\delta_{21} + f\bar{\beta}_1) + x_{2\bar{\sigma}}(\delta_{22} + f2\bar{\beta}_1) + \Delta_{2\bar{\sigma}} + f\beta_{\bar{\sigma}}^0 = 0 \tag{3-61}$$

式中　$\Delta_{1\bar{\sigma}}$、$\Delta_{2\bar{\sigma}}$——单位弹性抗力作用下，基本结构在 x_1 和 x_2 方向上的位移；

　　　　$\beta_{\bar{\sigma}}^0$——单位弹性抗力作用下，墙底的转角，$\beta_{\bar{\sigma}}^0 = M_{b\bar{\sigma}}^0 \bar{\beta}_1$；

　　　　$M_{b\bar{\sigma}}^0$——单位弹性抗力作用下，墙底的弯矩。

求解上式得出 $x_{1\bar{\sigma}}$ 和 $x_{2\bar{\sigma}}$，即可求得在单位弹性抗力图荷载作用下的任意截面内力。

$$M_{i\bar{\sigma}} = x_{1\bar{\sigma}} + x_{2\bar{\sigma}} y_i + M_{i\bar{\sigma}}^0 \tag{3-62}$$

$$N_{i\bar{\sigma}} = x_{2\bar{\sigma}} \cos \varphi_i + N_{i\bar{\sigma}}^0 \tag{3-63}$$

式中　y_{ih}——所求抗力截面中心至最大抗力截面的垂直距离（图 3-23）；

　　　　y_{bh}——墙底中心至最大抗力截面的垂直距离；

　　$M_{i\bar{\sigma}}$、$N_{i\bar{\sigma}}$——基本结构在 $\sigma_h = 1$ 分布的抗力图作用下任一截面的弯矩和轴力，其弯矩图如图 3-22（b）所示。

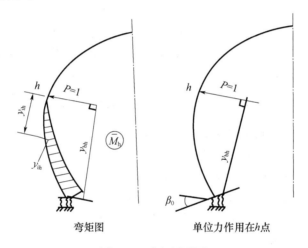

弯矩图　　　　　　　单位力作用在 h 点

图 3-23　弯矩图乘图

（3）求最大抗力 σ_h

欲求 σ_h，必须先求 h 点在主动荷载作用下的法向位移 δ_{hp} 和单位弹性抗力分布图形荷载作用下的法向位移 $\delta_{h\bar{\sigma}}$，但求这两项位移时，要考虑弹性支承的墙底转角 β_0 的影响。按结构力学求位移的方法，在基本结构 h 点上沿 σ_h 方向作用一单位力，并求出此力作用下弯矩图（图 3-22）。用图 3-23 弯矩图乘图 3-22（a）的弯矩图再加上 β_P 的影响可得到位移 $\delta_{h\bar{\sigma}}$。以图 3-23 弯矩图乘图 3-22（b）的弯矩图再在图中求 $\beta_{\bar{\sigma}}$ 的影响位移 δ_{hp}。即：

$$\delta_{hp} = \int_s \frac{M_{iP} \cdot y_{iP}}{EJ} ds + y_{bh} \beta_P \tag{3-64}$$

$$\delta_{h\bar{\sigma}} = \int_s \frac{M_{i\bar{\sigma}} \cdot y_{ih}}{EJ} ds + y_{bh} \beta_{\bar{\sigma}} \tag{3-65}$$

式中　β_P——主动外荷载作用下，墙底的转角，$\beta_P = \bar{\beta}_1 \cdot M_{bP}$；

　　　　$\beta_{\bar{\sigma}}$——单位弹性抗力分布图形荷载作用下墙底的转角，$\beta_{\bar{\sigma}} = \bar{\beta}_1 \cdot M_{b\bar{\sigma}}$。

4. 计算各截面最终的内力值

利用叠加原理可得：

$$M_i = M_{iP} + \sigma_h \cdot M_{i\bar{\sigma}} \tag{3-66}$$

$$N_i = N_{iP} + \sigma_h \cdot N_{i\bar{\sigma}} \tag{3-67}$$

5. 计算的校核

校核方法是利用求得的内力应满足在拱顶截面处的相对转角及相对水平位移为 0 的条件，即：

$$\int_s \frac{M_i}{EJ} ds + \beta_0 = 0 \tag{3-68}$$

$$\int_s \frac{M_i y_i}{EJ} ds + f\beta_0 = 0 \tag{3-69}$$

式中，$\beta_0 = \beta_P + \sigma_h \cdot \beta_{\bar{\sigma}}$ 。

除按上式校核外，还应按 h 点的位移谐调条件进行校核，即：

$$\int_s \frac{M_i y_{ih}}{EJ} ds + y_{bh} \cdot \beta_0 - \frac{\sigma_{h'}}{K} = 0 \tag{3-70}$$

以上所叙述的计算方法的优点是：比较接近地道式结构的实际受力状态，概念清晰，便于掌握；其缺点是：弹性抗力图是假定的，而弹性抗力的分布应随衬砌的刚度、结构形状、主动外荷载的分布、围护结构与介质间的回填等因素而变化。这种方法只适用于结构和外荷载都对称的情况，而不适用于荷载分布显著不均匀或不对称的情况。

3.5 城市地下空间智慧设计

3.5.1 概念

1. 智慧城市

智慧城市是以物联网等通信网络为依托，对物理实体建立感知平台，通过云计算的方式对感知层传达的海量进行数据快速处理，使城市中的各个功能板块协调运行，形成智慧技术高度集成、智慧产业高端发展、智慧服务高效便民的城市发展新模式。智慧城市的"智"是指自动化、智能化，"慧"是指人文文化、创造力。智慧城市的建设从全面透彻的城市感知开始，利用物联网技术感知城市状态，利用云计算技术共享资源，利用大数据技术挖掘要素关联度并反馈到核心分析系统中，全面实现城市智能调节。

如图 3-24 所示，智慧城市体系框架包含智慧城市技术层、主体层、智慧产业体系和支撑服务体系等几部分。

技术层是智慧城市建设的基础，由感知层、网络层和数据层组成。感知层作为智慧城市关键技术的基础层面，对基础设施、交通流量等环境信息具有超强的感知采集性，包括 RFID、GIS、GPRS、气体感应器、激光扫描器、智能移动终端等技术。

网络层是智慧城市的信息网络平台，将感知层获得的数据源通过互联网、光纤网、局域网、无线宽带网络、移动通信网络等各类网络传输，起到承上启下的作用。尤其是互联网、有线电视网和电信网融合后，极大地推进了物联网的发展。在学术界，随着 IPV6 的诞生，北京交通大学张宏科教授领导的下一代互联网研究中也已经完成了部分

"973""863"重大项目，旨在使中国突破 IP 地址稀缺的局限性。北京邮电大学张平教授使多网融合成为可能，中国移动、华为等已经加入了 3GPP 长期演进项目，在速率、功耗、激活等性能指标方面取得了质的突破。

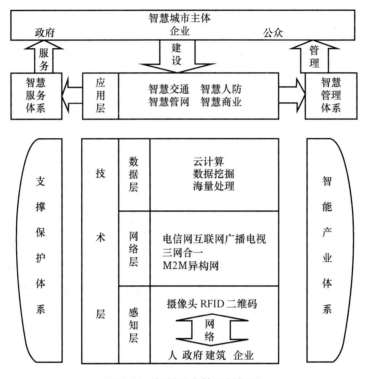

图 3-24 智慧城市体系框架图

在大数据时代，数据呈现爆炸式增长，数据层对不断增长的数据进行分类叠加存储。如图 3-25 所示，先进的云计算存储框架和以数据为中心的基础设施，将数据拆分成无数个小的子程序，再交给网络服务器，包括基础设施即服务（IaaS）、软件即服务（SaaS）和平台即服务（PaaS）三个层次。目前，我国对云计算应用表现要求有以下几个方面：建立统一高效的平台、软硬件设备的监控管理、保证国家数据安全、监测资源利用率，打造绿色中国。

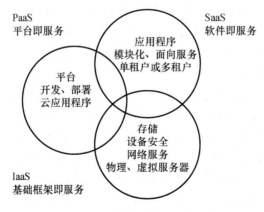

图 3-25 云计算的主要服务形式

应用层将网络层传输过来的数据加工为高级计算机语言，并通过 App、扫描仪等终端设备与人类交互。应用层是物联网实现智能应用与管理的神经中枢，应用层主要包括：基于服务器、基于 Java 的 Web 应用程序设计、OSGI 服务平台等。应用层涵盖自然界的方方面面，比如，工业、农业、物流、环保、交通、银行、医疗等，结合行业特点和需求，实现不同行业下的应用服务，物联网的应用层应用基本属于软件开发。

主体层是智慧城市建设的主体，包括公共部门、企业和公众。调动所有主体一同参与是智慧城市运行的关键。

智慧产业体系为智慧城市发展提供动力，智慧支撑体系为智慧城市发展提供保障。

2. 智慧设计技术

智慧技术，是指以大数据为基础，以人工智能技术为核心的应用技术，主要包括动态模拟技术、智能交互技术、CIM（城市智能信息模型）技术。随着物联网技术的广泛应用，大数据时代已经到来，城市规划领域的数据量正经历爆炸式增长，这些数据又呈现出残缺、非结构化、传统方法难以处理的特征，只能依靠人工智能技术加以处理和应用。目前，数据挖掘、机器学习已经成为人工智能应用的重要研究领域，前者可基于历史数据找到数据和变量间的关联，从而挖掘出城市的发展规律；后者则能根据过往数据进行自动学习、自我优化，从而实现预测的功能。

3. 城市地下空间资源

所谓城市地下空间，即城市行政区域内的地下空间部分。2012 年 4 月颁布的《城市地下空间基本术语标准》中界定地下空间指在陆地和水体表面以下的地层中，天然形成或人工开发并为人类利用的地层空间。根据使用功能的不同，可进行不同的分类。地下空间作为城市空间整体的一部分，为城市立体空间拓展，扩大城市基础设施容量，吸纳城市功能发挥着重要作用。

城市地下空间资源最初只具有潜在价值，当人们投入人力和物力对其开发使用时，地下空间创造了较好的经济效益和社会效益，就具有一定的使用价值了。使用价值扣除开发费用后，就是地下空间的开发价值。若为正值，则开发合理。城市地下空间的使用价值中，经济效益较易量化，社会效益和环境效益不易量化，可按优化后的城市生活时间成本折算经济效益。

市中位置地价较高，从而建设转向地下，如商业街、地铁等经营性开发。地下空间资源具有不可再生性，地下建筑工程一旦建成便难以改造，因此，地下空间的预见性整体设计对城市地上、地下空间协调发展起着格外重要的作用。

3.5.2　城市地下空间智慧设计要求

1. 总体要求

由于城市地下空间资源有限，开发条件复杂，一旦开发便不可逆转，为了解决传统管理权属复杂，各部门各自为政等弊端，保证地下功能正常发挥，地下城市综合体需要庞大的运作系统的支持，通过先进的信息技术监管城市地下空间的建设运营，实现地下空间与地上空间最有效的连接。

智慧地下城市的建设，要求以物联网技术为基础，以云计算技术为核心，以 SOA（面向服务的体系结构）技术为重点，将不同功能单元通过定义好的接口和契约联系起来，使不同用途的地下建筑在异构系统中的服务以统一的方式进行交互，达到同一系统以及多个不同子系统的更高层次的集成管理的目的。把智能技术渗入各个细节，解决应用间的松耦合问题，打破各行业在区域信息化建设中的信息孤岛局面，为数据融合和服务融合提供技术支持，最终达到把城市地下空间打造成一个运行层次分明、职能划分清晰、管理有序、规范统一、灵活组合、协同流程化运转、按需提供服务的系统，让人们的生活环境变得安全、高效、便捷、节能、环保、健康。

2. 地下交通智慧设计要求

在智慧城市建设中，地下交通智慧设计迫在眉睫。城市交通问题已经成为近些年困扰城市发展的问题之一。如图 3-26 所示，我国交通结构不平衡，传统管理模式下，市民交通出行满意度低、机动车尾气污染、交通事故频发等问题难以解决。

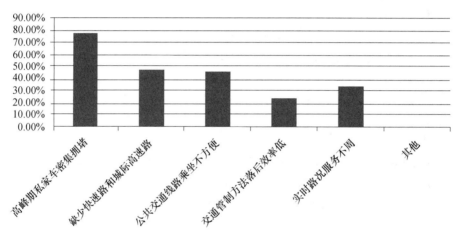

图 3-26　城市交通出行满意度调查

影响城市交通最主要的因素是交通承载力，公式表达如下：

$$Q = v \cdot D \tag{3-71}$$

式中　Q—— 单向车流量（辆/h）；

　　　v——平均速度（km/h）；

　　　D——行车密度（辆/km）。

我们可得知，一定车流量的条件下，当 D 越小，交通量小于道路最大承载力时，交通较顺畅。我们可通过改变交通工具，从而有效提高城市交通运载能力。地铁是目前运载能力最高的交通工具。但目前我国城市交通结构不合理，根据建设部统计，我国城市人均道路面积仅为 $10.6m^2$，远低于国外的 $15 \sim 20m^2$，城市道路增长率仅占城市机动车保有量增长率的 1/3。

智慧城市要求城市地下道路交通规划科学合理，控制技术变革，建立个性化交通服务平台，提升公共交通服务水平。地下交通可分为静态与动态两大类。

对于静态交通：可将无线通信技术、移动终端技术、GPS 定位技术、GIS 技术、蓝牙识别技术等应用于城市停车位的快速检索、泊位管理、收费计费、预定与导航服务。

通过物联网技术打造智慧停车场系统，对历史数据的挖掘分析，累计驾驶者行为偏好信息，制定均衡的车辆泊位诱导策略。

对于动态交通：可运用电子传感、视频通信等前沿的先进技术，通过历史 OD 客流统计信息与特征、AFC 系统实时监测到各车站的实时客流量，分析和预测未来短时间段的客流 OD 矩阵，对设施数据、运营数据、客流数据等深入挖掘分析，建立适应城市总体交通系统运行的轨道交通与运行规律，从而实现运输业的革新性发展。地下智慧交通的设计目标应为：

（1）通信信号全覆盖提高人性化服务

无线传感网络系统、无线 CCTV 系统、车载 Wi-Fi 系统全覆盖，为居民出行提供人性化服务。

（2）多网融合实现部门间信息共享

实现"多网合一""多线一中心"和"多系统集成"管理，实现轨道管理部门内部与城市交通管理部门、消防部门、公安部门间的信息共享，全面掌握对应急事件管理的监测、鉴别、记录和预防，有效提高政府绩效。

（3）交通流检测为交通规划提供支持

通过视频、地感线圈、FCD 交通信息技术采集历史数据，为交通管理决策提供技术方法，为驾驶员提供交通情报，合理优化路网交通流分布，科学进行经营绩效分析、费用管理。

（4）智能监控技术规范交通行为

通过智慧城市交通管理系统（ITMS）技术，实现停车法规执行、限速限号法规执行等，并对汽车尾气排放监督，集中处理机动车排气中的污染物，全面建设环境友好型的法治社会。

3. 地下商业智慧设计要求

我国最早的地下商业空间利用开始于 20 世纪 70 年代末，地下一层开发商业是地下商业空间的最早形式。20 世纪 80 年代，国家陆续将一些人防工程改造成商业街。如图 3-27 所示，目前我国地下空间与地面商业可从以下几方面进行比较。

（1）缺乏城市总体规划，地下商业结构单一，与地面业态不一致造成经济效益不显著。

（2）完全步行环境，与地面交通衔接空缺。

（3）空间封闭，自然环境感知度有限，方向感差，人性化设计不足。

地下商业智慧设计应要求地下商业空间从智能角度避免上述空缺，使地上地下商业的业态、景观、安防、交通相融合，对商业产生集聚效应，促进多业态发展。从根本上解决城市聚集引发的矛盾，城市对商业中心区实行立体化再开发，建立从点到线、从线到面、从上到下的立体化商业格局，注重地下商业与交通、安防的联系，依托便捷的轨道交通，使地下空间延续地上空间功能，减轻地面交通的压力，释放地上空间作为生态绿地。

4. 地下安防智慧设计要求

地下空间环境较封闭，发生火灾时燃烧不完全，对烟雾控制难度大，水灾排水困难，且安防智能化水平较低，安防系统功能单一、可靠性差。而商场地下室、地下停车场、地下管道泄漏引起的火灾较地上火灾救援难度更大。

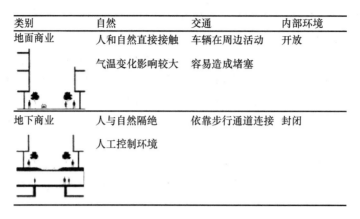

类别	自然	交通	内部环境
地面商业	人和自然直接接触	车辆在周边活动	开放
	气温变化影响较大	容易造成堵塞	
地下商业	人与自然隔绝	依靠步行通道连接	封闭
	人工控制环境		

图 3-27　地上地下商业对比图

借助物联网消防平台，将物联网快速感应、高效传输等特点应用到安防领域，使安防系统实现在无外界介入的情况下自动针对各种应急情况采取相应的措施，可以从根本上预防火灾的发生。火灾发生时，准确快速地接收真实的火警信息，避免迟报、瞒报的情况发生。同时也可应用于消防监督部门的日常管理工作中，提高消防效率，为社会发展和人民安居乐业提供更全面的安全防范体系。同时，消防智慧管理则通过对技术标准、消防施工、节水灭火设备研发、推广网络灭火装置逐步取代喷水灭火，给传统人防产业带来了技术的创新。

地下安防智慧设计的要求主要集中于三个方面。

（1）城市灾难预警自动化。随着社会的发展，经济活动日益复杂，城市火灾等突发事件发生频率上升，加强对城市消防安全运行状况全时段监控，依托建立全市互联互通的火灾监测网络加以应对，有针对性地提高消防部门灾难预警能力。

（2）城市应急救援智能化。城市规模发展，建筑物结构复杂，消防救援难度增加。需要进一步拓展技术，不断提高科学救援水平，解决恶劣环境下通信信号不通畅等问题。

（3）部署管理精细化。消防执法部门要与公安机关和公共管理部门进行有效的数据衔接、资源共享，保证执法全过程录入备案，指挥调度无时差，满足政府信息公开、部门联合监管的需求，提高公共部门执法规范化水平。

5. 地下管廊智慧设计要求

地下综合管廊又称为"共同沟"，是指城市建造物、道路下方的管线空间。如图 3-28 所示，地下集中铺设包含燃气、热力、电缆、通信、排水等多种市政公用管线，实施统一规划、统一建设、统一管理。综合管廊种类多样，包括干线综合管廊、支线综合管廊等。

随着城市功能的完善和市政设施的迅速发展，地面上建筑物容积率在不断提升的过程中，地下管网系统也日益复杂，包括供水、排水、燃气、电力、工业等几十种管线，庞大的地下管网系统没有科学的管理系统，经常造成规划与建设不一致；地下管网管理权属复杂，多头管理难以形成合力；缺乏完善的相关法律法规和技术标准；排水管网相关数据图纸等信息不全；缺乏全面系统的管网信息共享平台等问题。

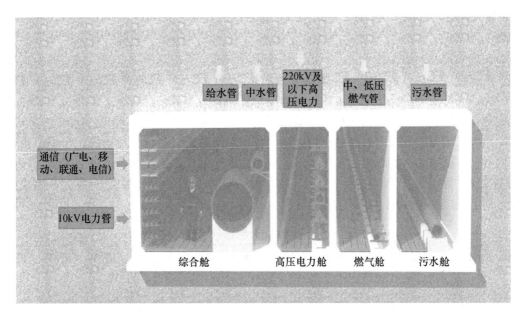

图 3-28　地下综合管廊设计

智慧管线项目是城市重要基础设施的组成部分，也是智慧城市建设的重中之重。在国务院印发的《国家新型城镇化规划 2014—2020 年》中提出：发展智能管网，实现城市地下管网的运行管理智能化。所谓智慧管网就是将先进城市建设理念、高新技术和海量数据平台应用到地下管网建设工作中，对其进行智能化提升，提高管网体系的日常管理、科学决策、安全监测、应急预警能力。智慧地下管网的设计要求有如下几个方面。

（1）数据共享

建立专门的公共平台，便于各个政府部门统一管理数据，使地下管网透明化，公众参与公共管理行为。

（2）智慧判断

科学先进的地质勘测技术配合互联网进行信息采集海量数据处理，管线铺设前即可计算出开挖的土方量，涉及管线最短长度，准确造价等，提升政府公共服务水平，避免工程资源浪费。

（3）透视地下

3D 模型立体成像，可按不同用途分类搜索管网名称获得立体图像，也可根据不同地域名称搜索相关地块内的所有类型管网工作情况。

（4）智慧监控

在管网中安装传感器，实时监测管线中流动物质的流量、水质、水压等数据。若超出设置好的浮动范围，系统自动报告相关部门，帮助公共部门最快速地处理应急事件，排除人工监测作业存在的安全隐患。

3.5.3　城市地下空间智慧设计国内外经验

1. 瑞典首都智慧交通

瑞典首都斯德哥尔摩，绿地面积约占城市用地的 48%，于 1945 年修建地铁 1 号线，

5 年后投入运营，到 1975 年 3 号线完工，线路网总长为 110km。1975 年至今未开辟新的地下地铁线路。从 2006 年起瑞典政府对原有的交通系统进行智慧管理。斯德哥尔摩已经完成的智能交通工程包含：多种方式的交通信息采集整合系统，如机动车数据采集技术；综合交通信息管理中心；智能交通信息系统；基于污染物排放和天气条件的速度、交通流量控制；基于网络电台的交通信息实时发布系统；智能地下公共交通管理系统，包含流量事故管理、路线规划、监控系统，服务系统等。手机软件连接地铁 Wi-Fi 可同步站点信息，方便国外旅客出行。斯德哥尔摩政府通过智慧交通的建设，集中全市交通数据，提高交通管理部门工作绩效，在短期内交通堵塞率、环境污染率即得到很大改观。现在智能交通系统已经成为斯德哥尔摩的标签。另外，如图 3-29 所示，地铁站设计简洁现代，被称作"地下艺术长廊"。

图 3-29　瑞典斯德哥尔摩地下铁路系统

2. 北京王府井大街地下交通-商业资源整合

王府井大街与金宝街地下空间规划方案中，如图 3-30 所示将北京地铁 3 号线和 8 号线建设综合已有的地下空间，形成彼此连通的地下空间网络，从而增加商业面积 $15600m^2$，停车 $34400m^2$，有效整合 CBD 地区街区立体化结构，与地下交通沿线和站点充分结合，形成地上地下一体化布局。

北京交通综合信息平台汇聚了来自路政局、交警总队、公交线、轨道交通线路、停车场、国际机场的线路分布、实时泊位等动静态信息的采集，数据覆盖全市路网。交通综合信息平台的建设为实现跨行业信息资源整合、共享，为管理各部门监管救援工作和社会公众日常出行提供路况信息和技术保障。

根据轨道交通运行状态数据分析，可以精确统计轨道交通各线路运行区间和站点的拥堵状况，包含每条线路在一天统计时段内所发生拥堵的运行区间、次数，计算拥堵次数占比。这些分析数据对部门优化、线路规划方案等提供重要依据。

通过对历史轨道交通客运量数据的挖掘分析，可以得出各个站点进出口客流量排行，通过包络曲线图清晰表达按年度、季度、月份为参考时间段的每天客运量变化，分析一定时间段内客流量的峰值，从而掌握客流在轨道交通网络中的时空分布提供有力数据支撑，对加强轨道交通客流管理、预警和采取措施疏散大客流、保障轨道交通安全运行具有重要意义。

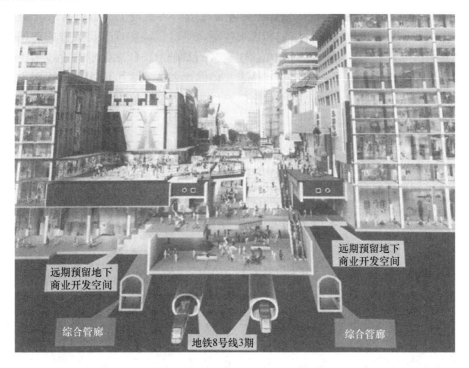

图 3-30　王府井地下空间布局图

3. 大连东港商务区智慧地下管网工程

大连三面环海，智慧城市建设与城市地面、海岸和地下管网等安全息息相关。东港商务区规划以"人在干、数在转、云在算"为核心理念，运用物联网大数据技术打造地上、地下一体化智能监测平台。已建成的规划项目有 20 余项，其中包括岸坝、水质、地质、地下管廊等海陆空全方位实时监测系统。

如图 3-31 所示东港商务区修建了目前全国最长的地下管廊，共 20km，共分两种，一种是柔性直流隧道及电力隧道工程，总长 8km；另一种是综合管廊，总长 12km，内置热力、中水、给水、电力、通信 5 种管网；为解决管廊内部潮湿问题，采用电渗透防渗防潮先进技术。紧急抢修时，维修人员通过快捷通道乘坐作业车直接进入管廊内部，避免传统方式开挖路面。

3.5.4　城市地下空间智慧设计应用的技术

城市地下空间智慧设计应用到的技术分为基础技术和智慧规划技术。基础技术包括辅助规划系统架构、数据管理、建模仿真、规模预测、协同规划技术，智慧规划技术包括动态模拟、智能交互、CIM 平台技术。

1. 辅助规划系统架构

城市地下空间智慧规划的实现需要依靠智能辅助规划系统，而目前 3D GIS 被认为是能够基于空间数据提供准确分析和决策支持的适当工具。基于 GIS 的辅助规划系统，宜采用分层式架构，可分为数据层、建模层、平台层、辅助规划层和应用层：数据层的作用是存储和管理海量数据，包括现状数据、规划数据、模型数据，常采用大型商用数据库 Oracle 等实现；建模层运用各类建模仿真技术，实现地层、地下管线、建筑物等的数字化再现，包括三维的现状模型和规划模型；平台层能实现各类数据的查询提取和三维模型的多形式展示；辅助规划层在前述层次的基础上，依靠定量评价技术、开发规模预测技术、动态模拟技术、智能交互技术、协同规划技术等生成和评估规划方案，是集中体现智慧化的关键层；应用层即输出层，供规划人员查询规划过程和成果及输出相关信息。

图 3-31　大连东港商务区智慧地下管网布局示意图

2. 数据管理技术

在进行规划工作之前，必须获得并管理完整而准确的地下空间数据，对规划过程所产生的可视化或决策数据进行管理。因此，需要使用相应的数据管理技术。城市地下空间的结构正变得越来越复杂，随之而来的空间分类和数据管理问题也日益突出。可基于功能、形状、深度、工程规模、建筑类型等将地下空间进行分类和进行数据标准化，以及采用一定的数据组织方式将多源异构数据进行统一管理，建立面向对象的集成空间数据库。目前，在地下空间数据管理上最宏大的构想是由国际地下空间联合研究中心（Associated research Centers for the Urban Underground Space，ACUUS）提出的"地下地图集项目"，旨在调动全世界的地下开发研究者或爱好者，共同建立一个地下空间在线电子数据库，使其成为地下结构的信息中心。

3. 建模仿真技术

为保证规划的直观性，需要根据城市地下空间的地层、各类市政管线、建筑物的信息建立三维模型，采用的技术即为建模仿真技术。近年来，GIS 技术活跃在城市规划、农业、防灾、生态、采矿等多个领域，而三维 GIS 则在可视化、场景展示和分析上进行了改进，适合作为城市地下空间规划可视化的基础技术。

城市地下空间规划过程需要使用者和辅助规划系统的"互动"，系统所呈现出的模型越精细，仿真程度越高，越有利于人机交互，从而提高规划工作的质量。娄书荣等专家认为，为了节省人力、提高效率，应采用面向对象的方式对管网和精度要求不高的建筑物进行自动化建模，而采用 MultiGen Creator、3DsMAX、Sketchup 等专业软件进行精细化建模。另外，随着云计算技术的发展，三维 GIS 将能处理更庞大的数据、提供更好的实时交互及可视化功能；三维 GIS 结合虚拟现实技术（VR）可为使用者提供沉浸式体验，从而更好地帮助专业人员进行决策；还有研究者开发了增强现实技术（AR）系统和相应的手持式设备，用于地下基础设施的维护、规划或调查。

4. 规模预测技术

在城市发展的不同时期、不同阶段，城市地下空间的开发需求规模有所不同，通过预测获得开发的需求量，是城市地下空间规划中的重要内容。目前，开发规模预测正由定性方法向定量方法发展，但尚未形成统一的方法。根据指导思想的不同，现有方法可大致分为两类，即"补充"方法和"比例"方法。"补充"方法将地下开发视为地上开发的补充，则地下开发规模＝开发需求－地上开发规模；而"比例"方法通过预测地上和地下空间的比率来获得地下开发规模。根据考虑因素的不同，现有方法可分为：根据人均地下空间需求面积叠加估计、根据功能不同的地下空间需求叠加估计、根据不同需求级别的分区面积叠加估计、由城市人口密度和人均 GDP 等指标构建需求强度方程进行估计。一些研究者提出的综合预测法将不同方法相结合，考虑因素更全面，是目前的发展方向。

5. 协同规划技术

在规划过程中涉及建筑、结构、给水排水、景观园林、道路等多种专业的规划，专业间的信息互通、相互协调十分重要。实现协同规划的关键就是建立一个协同平台，如桃浦科技智慧城地下空间专项规划中使用的协同规划 BIM 平台，即基于中央文件协同办公技术建立的平台，使规划中涉及的多专业人员能同时对中央文件进行编辑，从而打破了信息壁垒、提高了规划效率。

6. 动态模拟技术

模拟城市的发展情况，是进行城市规划的重要基础。随着计算机技术的发展，城市模型正由静态向动态发展。目前，城市增长模型已经历了"三代"：土地与交通交互模型、空间交互模型、空间动态模型，其中空间动态模型即为自 20 世纪 90 年代兴起的第三代模型，是一种"自下而上"的城市模拟模型，以元胞自动机（CA）模型、智能体模型（ABM）为代表。第三代模型虽然比前两代能更好地适应空间系统，但城市作为一个复杂系统，要求模型具有自我学习、自我调节、自动生长的功能，而大数据技术和人工智能技术的兴起为实现这一要求提供了现实路径。

7. 智能交互技术

人工智能技术仍在不断发展中，在城市规划领域尚不能完全取代人，因此必须考虑人和辅助系统的交互。而智能交互技术就是充分发挥决策者的个性，将决策意志和优化理性相结合的手段。使用者通过辅助系统输入必要参数，由智能模型对数据进行处理，最后系统输出结果信息。因此，智能交互的核心是实现实时动态反馈，基本方法是采用反馈模型来建立"人机"的交互，现有的研究以开发反馈建模工具和建立城市形态为主。

8. CIM 平台技术

CIM 即城市智能信息模型（City Intelligent Model），是一个承载前述功能、运行各类模型的大数据平台，由吴志强院士提出。根据前面的内容，基于大数据和人工智能技术，可以挖掘出城市发展规律、进行城市动态模拟，进而实现城市功能的智能配置和城市形态的智能设计。其中，城市形态的智能设计应由 CIM 平台进行大数据支撑而实现。作者认为，智能博弈模型也需要基于大数据运行，也可纳入 CIM 平台的运行内容。另外，鉴于城市地下空间的特殊性，平台可增加 AR 功能，并采用相应的手持式设备，用于基础设施调查和规划过程。

现有的地下空间规划系统或实践都未真正运用智慧技术，在规划工作核心的规律挖掘、发展模拟部分依然依靠人来实现，整体自动化、智慧化水平不高。城市地下空间规划是城市规划的重要内容，在规律挖掘、发展预测方面的技术需求与地上类似，因此，若将城市智慧规划领域的研究成果与地下空间开发的特点相结合，应用于城市地下空间的规划中，将是实现城市地下空间智慧规划的良好途径。

4

城市地下工程施工

4.1 概　　述

1. 城市地下工程施工特点

城市地下工程是用城市地下空间资源修筑的建筑物和构筑物，包括地下建筑、地下综合体、地下铁道、地下立交、水下隧道、地下综合管廊和过街地下通道等。城市地下工程施工就是在地下岩土体中挖出土石，形成符合设计轮廓尺寸的地下空间，并进行必要的初期支护和浇筑永久衬砌，以控制地下空间工程的围岩变形，保证地下工程长期安全使用。由于其施工场地与传统的施工场地有所区别，城市地下工程的建设需要综合考虑城市周边环境的影响。城市地下空间工程施工的主要特点如下。

（1）城市地下工程施工隐蔽性极强

城市地下工程除了采用明挖法施工外，大部分均采用暗挖施工，对地下空间工程所在区域的工程地质和水文地质情况往往也难以做到精准地预测和预报，导致地下工程施工存在较大的隐蔽性和不确定性。需要考虑施工地方的地质环境特征，结合当地的地质水文条件运用严谨的科学理论和探测结果进行分析，并借助工程经验及工程监测等技术手段对地下工程施工安全进行监控和安全评价。

（2）城市地下工程施工周边环境条件复杂

城市地下工程施工主要受到周边建筑物、道路、桥梁、地下管线的影响，导致其施工环境极其复杂。一旦施工不当，极易引起周边地面的大面积沉降及对临近的建（构筑物）造成严重的损坏甚至坍塌。城市地下空间工程的施工要综合考虑施工是否会对城市的正常运行、安全等方面造成影响。

（3）城市地下工程施工技术要求高

城市地下工程施工不可避免地会对周边建（构）筑物造成不利影响，对沉降控制标准要求较高。因此，城市地下工程施工对施工方法要求较高，例如，需要将大断面划分成若干个小断面施工，需要采取注浆等超前加固辅助措施，如遇地下水，需要采取合理的降水及回灌措施等，要对工程施工进行有效监控，合理安排工程的施工进度，才能确保施工过程中周边建（构）筑物的安全。

城市地下工程属于不可逆工程，埋设于城市地下空间，一旦建成就难以更改。

所以，除了事先必须进行审慎的地下空间规划和详细设计外，施工中不能偷工减料，要做到不留后患、不留遗憾。

2. 常见的城市地下空间工程施工方法及影响因素

目前，常见的城市地下空间工程施工方法主要有明挖法、盖挖法和暗挖法，其中，暗挖法主要是浅埋暗挖法、盾构法、顶管法。某城市地下管廊明挖法施工、地下管道顶管法施工、地下工程盖挖法施工、地铁盾构施工依次如图 4-1～图 4-4 所示。

图 4-1　某城市地下管廊明挖法施工　　图 4-2　某城市地下管道顶管法施工

图 4-3　某城市地下工程盖挖法施工　　图 4-4　某城市地铁盾构法施工

地下建筑工程与地上建筑工程受力性质不同，选用施工方法时主要依据工程地质和水文地质条件，并结合地下工程的规模、使用功能和施工技术水平等因素综合研究确定。所选用的方法应体现出技术先进、经济合理、安全适用、绿色环保等特点。城市地下工程施工具体需要考虑以下因素。

（1）工程的重要性

根据工程的重要性级别，在设计时采用不同的安全系数，设计年限也有所不同，而且施工时的控制标准不同，故所采取的施工方法也需要结合控制标准进行比选确定。

（2）工程地质和水文地质条件，其中包括围岩级别、地下水及不良地质现象等

由于地下工程结构主体是埋于地下围岩中，工程地质和水文地质条件对地下工程结构的稳定具有重要的影响，对施工方法的选择起着重要，甚至决定性的作用。

（3）施工技术条件和机械装备状况

根据施工队伍的机械化水平、技术水平以及实际地下工程的规模，综合考虑选择适当的施工方案。

（4）施工中动力和原材料供应情况

原材料的供应决定了施工是否能够连续，会直接影响到工期的长短，原材料的运输和保存等因素都要在施工中考虑进来。

（5）地下工程的横断面积及埋深大小

地下工程的断面面积和埋深对于施工方法的选择具有重要影响，断面越大，围岩的稳定性越差，而隧道的埋深会直接影响到地下工程结构的受力大小。针对大断面的工

程，应采用优化大断面为若干个小断面，实现分部开挖，同时应加强各种超前支护技术措施，以有效防止施工中出现安全事故。

（6）施工工期的长短

作为设计条件之一的工期，在一定程度上会影响基本施工方法的选择。因此，工期决定了在均衡生产的条件下，对应配备的开挖、运输等综合生产能力的基本要求。

（7）现场施工的实际状况

地下工程施工方法并不是一成不变的，要根据现场施工的实际情况，做好变更的准备，进行施工的动态调整和优化，避免发生安全事故。

（8）有关污染、地面沉降等环境方面的要求和限制

施工中可能产生的环境污染，要最大限度地杜绝；针对城市中对于地表沉陷的要求严格执行，选用一些复杂，但是能很好控制沉降的施工方法。在某些条件下，甚至会成为选择施工方法的决定性因素。

综上所述，城市地下工程施工方法的选择，是一项"模糊"的决策过程，它依赖于设计、施工、监测等有关人员的学识、经验、毅力和创新精神。对于重要工程则需汇集专家们的意见，进行广泛论证，必要时应当开挖试验段对理论施工方案进行实践验证，并根据实验结果优化施工方法及方案。

4.2　城市地下工程的主要施工方法

4.2.1　明挖法

1. 明挖施工概述

明挖法是从地表向下开挖基坑至设计标高，然后自下而上构筑防水设施和主体结构，最后回填恢复路面的施工方法，它是软土地下工程施工中最基本、最常用的施工方法。在没有地面交通和环境等条件限制时，应是地下工程首选的施工方法。浅埋的地下工程多采用明挖法进行修建，如房屋基础、地下商场、地下街、地下停车场、地铁车站、人防工程及地下工业建筑等。明挖法的应用与许多因素相关，如建筑周边的环境条件，工程地质、水文地质条件，结构物的埋深及技术经济指标等。因此，选用明挖法修建各种地下工程时，应全面、综合考虑各种因素。目前，明挖法施工重点要解决的问题有：基坑埋深、基坑稳定性及施工工序、围护结构、降水四大问题。某明挖车站现场施工如图4-5所示。

图 4-5　某明挖车站现场施工图

2. 明挖法的优缺点

（1）优点：

① 便于设计：明挖法边坡支护结构、支撑和锚固体系受力比较明确，便于选择合理的设计方案和参数。

② 便于快速施工：一般情况下，明挖法的施工场地比较开阔，工作面较多，可以组织大量人员、设备、材料、机具等进行快速施工。

③ 便于控制施工安全、质量和进度：明挖法的施工工序和作业面大部分可以直接观察和检查，施工项目便于检测，安全隐患便于发现，安全措施便于制订和落实，应急抢险救援场地条件比较好，因此施工的安全、质量和进度容易控制。

④ 在拆迁量小的情况下，工程造价较低：明挖法和矿山法、盾构法相比，人员投入相对较少，设备相对简单，施工效率相对较高，在拆迁量小的情况下，造价较低。

（2）缺点：

① 拆迁工作量大，严重扰民，影响交通：在城市采用明挖法施工，一般情况下，需要拆迁建筑物、改移管线和树木，必要时进行交通管制。

② 受气候、气象条件变化影响大：在寒冷地区或大风、大雾、雨、雪、冰冻天气，明挖法施工比较困难，容易出现险情。

③ 对环境影响较大：明挖法施工带来的噪声、粉尘、污水、振动等对环境影响比较大。此外，由于降水作业，可能引起地下水位下降、地面沉降、建筑物倾斜及地下管线破坏等。

④ 易发生基坑整体失稳破坏：在不良地质和复杂环境中，一旦设计或施工不当，会发生边坡滑移或基坑整体失稳，可能造成重大人员伤亡和灾害。

3. 明挖法的适用范围

（1）浅埋地下工程施工

常见的浅埋地下工程主要有地铁车站、地铁行车通道、城市地下人行通道、地下综合管网工程等。

（2）平面尺寸较大的地下工程

某些地下工程埋深不大，但平面尺寸很大，如一些城市的地下广场、大规模地铁车站、地下商场等。

（3）基坑工程

基坑工程是许多工程建设的辅助工程，并且基坑工程也只能采用明挖法施工。

（4）其他工程

与高层建筑深基坑工程类似，有些工程在施工中也需要深基坑作为施工辅助工程，如桥梁工程中的锚锭基坑工程。

4. 明挖基坑施工

（1）基坑开挖的原则

① 基坑开挖严格按照"时空效应"原理，在开挖过程中掌握好"分层、分段、分块、对称、平衡、限时"六个要点，遵循"纵向分层、纵向分段、先撑后挖、严禁超挖"的原则处理好开挖和支撑的关系。

② 采用分阶段开挖时，在每个开挖段每开挖层中，应分成小段开挖，开挖台阶高

度或厚度不宜大于 2m，单段坡度 1：1 到 1：1.25（砂质地层），综合坡度不大于 1：3，确保基坑变形量始终控制在合格指标之内，由于机械转弯工作面需要，平台段长度不小于 6m；12h 内开挖至刚支撑设计标高低 0.5m，在 8h 内安装钢支撑，并施加预应力；在分层开挖中每一层开挖底面标高不得低于支撑底面或设计基坑底标高，严禁超挖。

③ 采用机械开挖至基底标高以上 30cm 时，须人工配合清底。基坑内明排水应沿纵向分级设置排水沟、集水井汇水，集水抽排至地面沉淀池，经沉淀排出。

（2）明挖基坑开挖流程

首先进行围护结构施工，然后是土方开挖和布设钢支撑，边开挖边支护，开挖到基底之后，进行工程结构施工，最后待结构施作完毕进行管线恢复和覆土回填，恢复原来路面。明挖法施工步骤如图 4-6 所示。

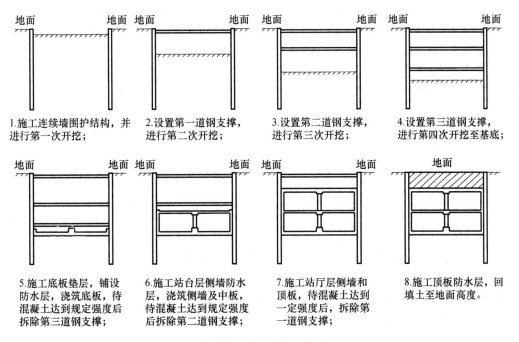

1.施工连续墙围护结构，并进行第一次开挖；

2.设置第一道钢支撑，进行第二次开挖；

3.设置第二道钢支撑，进行第三次开挖；

4.设置第三道钢支撑，进行第四次开挖至基底；

5.施工底板垫层，铺设防水层，浇筑底板，待混凝土达到规定强度后拆除第三道钢支撑；

6.施工站台层侧墙防水层，浇筑侧墙及中板，待混凝土达到规定强度后拆除第二道钢支撑；

7.施工站厅层侧墙和顶板，待混凝土达到一定强度后，拆除第一道钢支撑；

8.施工顶板防水层，回填土至地面高度。

图 4-6　明挖法施工步骤

（3）基坑开挖基坑验收标准

基坑验收检查方法见表 4-1。

表 4-1　基坑允许偏差与检验方法表

序号	项目	允许偏差（mm）	检查频率		检验方法
			范围	点数	
1	基底高程	±30	每段基坑	5	用水准仪
2	纵横轴线	50		2	用全站仪纵横向施测
3	基坑尺寸	不小于设计尺寸		4	用尺量、每边各计一点
4	平整度	20		5	用 2m 靠尺和楔形塞尺检查

（4）基坑开挖技术措施

① 基坑土方开挖前，根据工程具体特点、施工条件和施工管理要求，选择合理的施工方案，编制施工组织设计，上报监理审批。

② 基坑开挖前应了解工程的薄弱环节，严格按施工组织设计的挖土程序、挖土速度进行挖土，并备好应急措施，做到防患于未然。

③ 应尽量避开雨季开挖土方，如需在雨季开挖，应采取必要的技术措施。

④ 严格按照围护结构设计和施工组织设计要求，认真组织全过程施工，未经监理和设计人员的同意，不得任意更改设计与施工方案。

⑤ 基坑开挖过程中，应建立工程监测系统，做好对深基坑工程的监测和控制，及时将信息反馈给设计施工人员，实行信息化施工。同时，应经常对平面控制桩、水准点、标高、基坑平面尺寸等复测检查。

⑥ 按设计提供的支撑形式、轴力和有关参数，进行支撑的设计、加工、租赁。

⑦ 为保护基坑底土体的原状结构，应根据土质情况和挖土机械的类型，在坑底以上保留 300mm 土层由人工挖除。

⑧ 最后一层土方开挖后，尽快浇筑混凝土垫层，避免基底土暴露时间过长。

⑨ 基坑支护结构的横撑，必须在土方开挖至设计位置后及时安装，应保证支撑与围护结构面垂直，并按设计要求对围护体施加预应力。顶紧后采用托架或吊拉的可靠措施固定牢固，严防支撑因围护体变形和施工撞击而脱落。

⑩ 基底检查与处理方法。

a. 基坑开挖完成后，必须及时检查基底的地质情况，土质与承载力是否与设计相符，进行基底验槽，及时进行垫层施工，以防止基底软化；

b. 通过施工变形监测，分析判断基底围护结构是否基本稳定；

c. 基坑底如出现超挖 300mm 以内时，可用原状土回填压实，密实度不得低于原基底土，或者用与垫层同标号的混凝土回填或用砂石料回填压实，超过 300mm 时，必须通过研究后决定。

⑪ 基底检查处理后，应及时进行封底垫层施工，为保证封底混凝土质量，一般宜采用排水封底垫层施工方法：

a. 当基坑有水，应在基坑内做排水沟、集水井抽干水；

b. 如坑底渗水较大时，且有一定的动水压力时，应采取抽排水在减压的情况下铺基坑垫层和浇筑封底混凝土。

5. 基坑支护结构施工

（1）钢管桩施工

① 钢管桩采用 $\varphi 200$ 钻孔，设置 $\varphi 168$，$t=8mm$ 无缝钢管，桩位水平偏差、垂直偏差、标高偏差应满足相关规范要求。在下钢管前，须对桩孔进行高压清孔。

② 在施工阶段发现桩位不正或倾斜，应调整或拔出钢管桩重新钻孔施工。

③ 钢管桩桩身接头采用套筒焊接连接，严格按焊接工艺评定指标操作，严禁在没有焊接工艺评定指标情况下操作。

④ 钢管须进行搭接，钢管搭接部位要用内衬管搭接焊，内衬管长度为 30cm，壁厚不小于钢管壁厚，在内衬管周边焊接，焊接应饱满，钢管接驳时，应检查垂直度，防止

接头弯折。

⑤ 钢管桩采用水泥浆注浆。采用先下管后注浆，注浆水泥浆水灰比 0.5∶1～0.8∶1。

⑥ 钢管桩注浆采用先下管后注浆工艺时，钢管桩沿纵向根据实际地质情况设置出浆孔，穿越土层及强风化岩时每隔 500mm 设置两个 φ15mm 的出浆孔，穿越中风化及微风化段每隔 800mm 设置两个 φ15mm 出浆孔，出浆孔梅花形交错布置。

（2）锚杆（索）施工

① 锚杆（索）孔施工时，根据设计要求和围岩情况确定孔位，做出标记，锚孔定位偏差不大于 50mm，钻孔倾角误差不大于 3°，杆体长度不应小于设计长度，自由段的套管长度误差不大于 50mm。

② 钻孔前须选好钻头尺寸。施工时采用"先插杆后注浆"的程序，孔口注浆时，钻头直径应比锚杆直径大 25mm 以上，孔底注浆时，钻头直径应比锚杆直径大 40mm 以上。水泥砂浆锚杆锚孔偏斜度不大于 5%，钻孔深度超过锚杆设计长度不小于 0.5m。

③ 杆体保护层厚度不小于 10mm。浆体的强度不应低于 25MPa。施工时采用"先插杆后注浆"的程序，在插杆的同时须安装注浆管，俯角小于 30°的锚杆还需安装排气管，并在注浆前对锚杆孔孔口进行封堵。深入孔底的注浆管或排气管的里端应距孔底 50～100mm，位于孔口的注浆管插入锚杆孔内的长度不宜小于 200mm，注浆管的内径可为 16～18mm，排气管的内径可为 6～8mm，注浆须待排气管出浆或不再排气时方可停止。

④ 在开挖过程中发现岩体破碎，节理裂隙较发育时采取二次高压注浆。

⑤ 预应力锚杆（索）下料长度为自由段、锚固段及端头长度之和，端头长度需满足张拉、锚固作业要求。预应力锚杆（索）自由段应按设计或规范要求设置有效的隔离层。预应力锚杆（索）张拉应在锚固体和腰梁达到设计强度的 75% 后方可进行，锚杆间隔进行张拉。施工时应控制好预加力的施工顺序及锁定值，防止地面开裂。

⑥ 锚索施工前，应按规范要求进行现场试验，锚索的拉拔力检测数量应取锚杆（索）总数的 5%，锚索的拉拔力试验的最大试验荷载应取锚索轴向受拉承载力设计值 N_d。取得有关基本参数，作为信息化设计施工的依据。拉拔力试验每种锚索不少于 3 根，用作基本试验的锚索参数、材料及施工工艺必须和锚杆设计相同，如拉拔力达不到设计要求，应及时通知设计进行调整。具体试验方法参照相关规范执行。

⑦ 预应力损失量应通过锁定前后锚杆拉力测试确定，锚杆拉力可取锁定值的 1.1～1.15 倍，具体情况结合现场实际张拉来确定。

（3）钢支撑施工

钢支撑施工如图 4-7 所示。

① 钢围檩制作、安装

钢牛腿采用 3 节 L 75mm×8mm 的角钢拼焊而成，为增加支架的稳定性，支架纵向采用帮焊钢板焊接连接。角钢支架通过焊接在连续墙预埋钢板上，支架每个预埋钢板均设置，焊好后的钢牛腿保证直角垂直，并有足够的稳定性，不得出现歪扭、虚焊现象。

每层土方开挖至支撑位置后，根据支撑中心线计算出钢牛腿顶面标高。钢牛腿与地连墙间采取可靠有效的连接。钢围檩与地下连续墙之间的空隙采用 C30 细石混凝土进行填充。填充完毕硬化强度以后才可以进行钢支撑轴力施加。钢围檩与地连墙连接，如图 4-8 所示，斜撑与钢围檩连接，如图 4-9 所示。

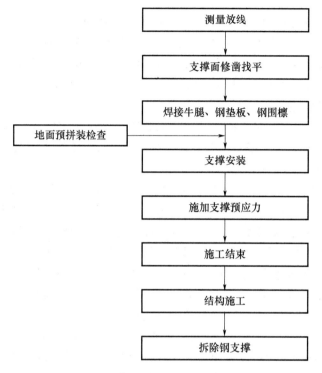

图 4-7 钢支撑施工工艺步续图

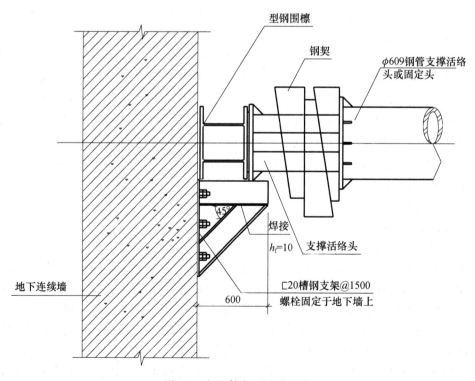

图 4-8 钢围檩与地连墙连接

② 钢支撑固定端及活动端安装

钢支撑固定端及活动端均由 20mm 厚三角板焊接于钢围檩上，形成上挂下托系统。

③ 钢支撑架设

钢支撑均采用 φ609mm 的钢管。支撑由活络端、固定端和中间标准关节组成，管节之间采用法兰盘高强螺栓连接。在钢支撑活接头两端各焊有千斤顶支托架，以便由千斤顶施加预应力，支托架采用 20mm 厚的钢板加工，主背钢板与钢管间（钢管外侧）每侧各焊有 2 块 20mm 厚的顶墩端板，以承受千斤顶方向轴力。由于钢支撑较长，需分段加工，现场组合，分段长度为 1m、2m、4m 和 6m 四种规格，支撑运输前需对构件进行编号，运至现场进行拼装，组装成成型的单根钢支撑。钢支撑安装采用 50t 汽车吊配合一台 10t 门吊进行安装。钢支撑安装就位后，用 2 台 200t（备用 2 台 200t）液压千斤顶在钢管支撑活络端分级预加轴力，并进行锁定。

④ 钢支撑安装的容许偏差需符合下列规定

支撑两端的标高差：不大于 20mm 及支撑长度的 1/600；支撑挠曲度：不大于支撑长度的 1/1000；支撑水平轴线偏差：不大于 30mm；支撑中心标高及同层支撑顶面的标高差：±30mm。

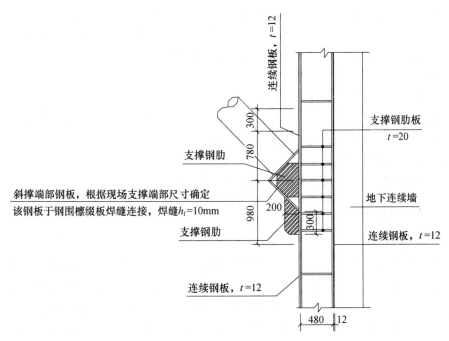

图 4-9 斜撑与钢围檩连接

⑤ 钢支撑分级施加轴向预应力

钢支撑架设用两台 100t 的液压千斤顶进行施压，在活动端沿支撑两侧对称逐级加压。预加轴力施加至设计轴力的 60% 后，千斤顶停止加压，在压力表读数稳定 10 分钟后，且预加轴力与钢支撑架设轴力监测数据一致时用钢楔子将活动端锁定。钢支撑架设在锁定时将会有轴力消减，钢支撑架设在锁定后轴力为设计轴力的 50% 左右。

在基坑开挖过程中对钢支撑及时施加的轴向预应力，以减小支撑不及时引起围护结构变形。

⑥ 钢支撑拆除方法

为防止车站结构开裂，在对应板层结构混凝土达到设计强度 80% 后才能拆除支撑。钢管支撑拆除时，用链条葫芦将钢管支撑吊起，在活动端设 200t 千斤顶，施加轴力至钢楔块松动，取出钢楔块，逐级卸载至取完钢楔块，再吊下支撑。避免预加应力瞬间释放而导致结构局部变形、开裂。钢管支撑分节拆除后转运至指定场地堆放。

在钢管支撑拆除过程中，需对围护结构进行严密的监控量测，出现异常情况，停止作业并上报进行处理。

6. 明挖法的发展趋势

随着科技进步和施工水平的不断提高，明挖法在技术上相较于过去已经有了较大的进步，主要有以下几个方面。

（1）支护类型的发展

支护类型的发展：如桩板式墙、钢板桩墙、钢管桩、预制混凝土板桩、灌注桩、地下连续墙、SMW（SoilMixingWall）水泥土搅拌桩墙工法、稳定液固化墙等。

（2）支撑类型的发展

支撑类型的发展开挖深度小于 4.0m 时，通常可不加横撑，仅用悬臂式围护结构保护基坑；基坑深度大于 4.0m，需加设一道或数道横撑。支撑结构分内支撑和外拉锚两类。内支撑有型钢撑、钢管撑、钢筋混凝土撑、围檩、立柱撑等；外拉锚有拉锚、土锚两种结构形式。

（3）地下水降水技术的发展

在地下水位较高的地区进行明挖法施工时，需要采取降水施工措施。排水方法有明排法、盲沟法和现已广泛应用的人工井点降水法。

（4）盖挖法技术的发展

为了克服明挖法对地面影响大的局限性，宜采用盖挖法。

4.2.2 盖挖法

1. 盖挖法

盖挖法是指当城市地下工程施工时需要穿越公路、建筑等障碍物而采取的新型工程施工方法，是由地面向下开挖至一定深度后，将顶部封闭，其余的下部工程在封闭的顶盖下进行施工。在城市繁忙地带修建地铁车站时，往往占用道路，影响交通。当地铁车站设在主干道上，而交通不能中断，且需要确保一定交通流量要求时，可选用盖挖法。主体结构可以顺作，也可以逆作，因此盖挖法主要可以分为盖挖顺作法、盖挖逆作法。某城市盖挖顺作法、逆作法分别如图 4-10、4-11 所示。

2. 盖挖顺作法

盖挖顺作法是在地表作业完成挡土结构后，以定型的预制标准覆盖结构（包括纵、横梁和路面板）置于挡土结构上维持交通，往下反复进行开挖和加设横撑，直至设计标高。依序由下而上，施工主体结构和防水措施，回填土并恢复管线路或埋设新的管线路。最后，视需要拆除挡土结构外露部分并恢复道路。在道路交通不能长期中断的情况下修建车站主体时，可考虑采用盖挖顺作法。盖挖顺作法施工步骤如图 4-12 所示。

图 4-10　某城市盖挖顺作法基坑施工　图 4-11　某城市盖挖逆作法基坑施工

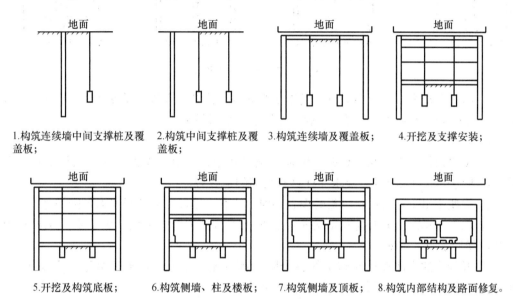

1.构筑连续墙中间支撑桩及覆盖板；　2.构筑中间支撑桩及覆盖板；　3.构筑连续墙及覆盖板；　4.开挖及支撑安装；

5.开挖及构筑底板；　6.构筑侧墙、柱及楼板；　7.构筑侧墙及顶板；　8.构筑内部结构及路面修复。

图 4-12　盖挖顺作法施工步骤示意图

3. 盖挖逆作法

盖挖逆作法是先在地表面向下做基坑的围护结构和中间桩柱，和盖挖顺作法一样，基坑围护结构多采用地下连续墙或帷幕桩，中间支撑多利用主体结构本身的中间立柱以降低工程造价。随后即可开挖表层土体至主体结构顶板地面标高，利用未开挖的土体作为土模浇筑顶板。顶板可以作为一道强有力的横撑，以防止围护结构向基坑内变形，待回填土后将道路复原，恢复交通。以后的工作都是在顶板覆盖下进行，即自上而下逐层开挖并建造主体结构直至底板。如果开挖面积较大、覆土较浅、周围沿线建筑物过于靠近，为尽量防止因开挖基坑而引起邻近建筑物的沉陷，或需及早恢复路面交通，但又缺乏定型覆盖结构，常采用盖挖逆作法施工。盖挖逆作法施工步骤如图 4-13 所示。

4. 盖挖法的优缺点及适用范围

（1）优点：

① 由于结构本身用来支撑，所以它具有相当高的刚度，这样使挡墙的变形减少，提高了工程施工的安全性，也减少了对周边环境的影响。

② 由于最先修筑好顶板，这样地下、地上结构施工可以并行，缩短了整个工程的工期。

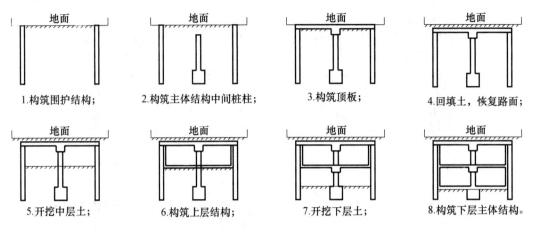

1.构筑围护结构；　　2.构筑主体结构中间桩柱；　　3.构筑顶板；　　4.回填土，恢复路面；

5.开挖中层土；　　6.构筑上层结构；　　7.开挖下层土；　　8.构筑下层主体结构。

图 4-13　盖挖逆作法施工步骤图

③ 由于开挖和结构交错进行，逆作结构的自身荷载由立柱直接承担并传递至地基，减少了大开挖时卸载对持力层的影响，降低了地基回弹量。

（2）缺点：

① 需要设临时立柱和立柱桩，增加了施工费用，且由于支撑为建筑结构本身，自重大，为防止不均匀沉降，要求立柱具有足够的承载力。

② 为便于出土，需要在顶板处设置临时出土孔，因此需对顶板采取加强措施。

③ 地下结构的土方开挖和结构施工在顶板覆盖下进行，因此，大型施工机械难于展开，降低了施工效率。

④ 混凝土的浇注在逆作施工的各个阶段都有先后之分，这不仅给施工带来不便，而且给结构的稳定性以及结构防水带来一些问题。

（3）盖挖法适用范围

盖挖法适用于大平面地下工程、大深度的地下工程、复杂结构的地下工程、周边状况苛刻的地下工程、作业空间狭小的地下工程、工期要求紧迫的地下工程。

4.2.3　浅埋暗挖法

1.暗挖法概述

暗挖法是指在城市软弱围岩地层中，不开挖地面，采用从施工通道（竖井、斜井或工作井等）进入地下进行开挖、支护、衬砌的方式修筑车站等地下设施的施工方法。矿山法和盾构法等均属于暗挖法。

暗挖法的优势是不影响城市交通、无污染、无噪声、无须专用设备，适用于不同跨度、多种断面等；其特点是埋深浅，受工程地质和水文地质条件的影响较大，工作条件差、工作面少而狭窄、工作环境差、施工过程中由于地层损失而引起地面移动明显、地质条件差，开挖方法多、辅助工法多，风险管理难度大。暗挖法适用于不宜明挖施工的土质或软弱无胶结的砂、卵石等地层，修建覆跨比大于0.2的浅埋地下洞室。对于高水位的类似地层，采取堵水、降水或排水措施后也可以采取此工法。

2. 浅埋暗挖法

地面条件允许的情况下，城市隧道洞口、地铁宜采用明挖法，主要适合在人、交通和管线较少的地方应用。因埋深条件、周边环境条件等因素的限制，在建筑物密集的繁华市区和特殊地质区段经常采用浅埋暗挖法施工。浅埋暗挖法以改造地质条件为前提、以控制地表沉降为重点、以格栅和锚喷为初支、遵循"新奥法"的基本原理、按照"十八字"方针进行施工。

浅埋暗挖方法是继王梦恕院士在 1984 年军都山隧道（图 4-14）黄土段试验成功的基础上，又于 1986 年，王梦恕院士在具有开拓性、风险性、复杂性的北京复兴门地铁折返线（图 4-15）工程中应用，在拆迁少、不扰民、不破坏环境下获得成功。王梦恕院士创造性地提出了小导管超前支护技术、8 字形网构钢拱架设计和制造技术、正台阶环形开挖留核心土施工技术和对变位进行反复分析计算的方法，提出了"管超前、严注浆、短开挖、强支护、快封闭、勤量测"十八字方针，突出时空效应对防塌的重要作用，提出在软弱地层快速施工的理念。1987 年 8 月，北京市科委与铁道部科技司共同组织鉴定会，对浅埋暗挖技术进行评价，会上确定取名为浅埋暗挖法，并在北京地铁车站试验段和京珠高速乌龙岭双联拱隧道进行了成功应用。

浅埋暗挖法又经过十几年的广泛应用，形成了一套完整的配套技术，被评为国家级工法，并正式提出"管超前、严注浆、短进尺、强支护、早封闭、勤量测"十八字方针。浅埋暗挖法大多用于第四纪软弱地层的地下工程，围岩自承能力很差，为控制地表沉降，初期支护刚度要大、要及时，即尽量增大支护的承载，减少围岩的自承载。

图 4-14　军都山隧道　　　图 4-15　北京地铁复兴门折返线

（1）浅埋暗挖法"十八字"方针具体内容

① 管超前：在工作面开挖前，沿隧道拱部周边按设计打入超前小导管。

② 严注浆：在打设超前小导管后注浆加固地层，使松散、松软的土体胶结成整体。增强土体的自稳能力，和超前小导管一起形成纵向超前支护体系，防止工作面失稳，还包括初支背后注浆和二衬背后注浆。

③ 短进尺：每次开挖循环进尺要短，开挖和支护时间尽可能缩短。

④ 强支护：采用型钢或者格栅钢架和喷射混凝土进行较强的早期支护，以限制地层变形。

⑤ 早封闭：开挖后，初期支护要尽早封闭成环，以改善受力条件。

⑥ 勤量测：对施工过程中围岩及结构变化情况进行动态跟踪，对围岩和支护结构的变形进行监测，根据监测数据绘制位移时间曲线，判别围岩和支护稳定状态，必要时调整支护或施工方案，保证施工安全。

（2）浅埋暗挖法"十八字"方针示意图，如图 4-16 所示

（a）管超前   （b）严注浆

（c）短进尺   （d）强支护

（e）早封闭   （f）勤量测

图 4-16　浅埋暗挖法"十八字"方针示意图

（3）浅埋暗挖法的施工原理

① 采用复合衬砌，初期支护承担全部基本荷载。

② 二衬作为安全储备，初支、二衬共同承担特殊荷载。

③ 采用多种辅助工法，超前支护，改善加固围岩，调动部分围岩自承能力。

④ 采用不同开挖方法及时支护封闭成环，使其与围岩共同作用形成联合支护体系。

⑤ 采用信息化设计与施工方法，加强监控量测。

3. 浅埋暗挖法主要开挖方法

浅埋暗挖法主要开挖方法：全断面法、台阶法、环形开挖预留核心土法、单侧壁导坑法、双侧壁导坑正台阶法（眼镜工法）、中隔墙法（CD 法）、交叉中隔墙法（CRD 法）等。当地质条件差、断面特大时，一般设计成多跨结构。比如，常见的三跨两柱的大型地铁站、地下商业街、地下停车场，一般采用中洞法、侧洞法、柱洞法（PBA）及洞桩墙法（地下盖挖法）等方法施工，其核心思想是变大断面为中小断面，提高施工安全度。

（1）全断面法

全断面法是隧道断面一次开挖成型，然后再支护衬砌，其优点是可以减少开挖对围岩的反复扰动，有利于保护围岩的天然承载力且施工方便，其缺点是对地质条件要求较

严，要求围岩的自稳性能好。

全断面法适用于Ⅰ～Ⅲ级围岩。作业空间大，适合于机械化施工；速度快，便于组织管理；但围岩稳定性低，且需较强的开挖、出碴、支护能力；爆破效果好，震动次数少，利于围岩稳定，但每次爆破强度大，对围岩扰动大，容易引起爆破地震效应或引起地面的较大沉降，故全断面法在城市地下工程施工中应用较少。

某隧道全断面法施工如图 4-17 所示，施工示意图如图 4-18 所示。

图 4-17　某隧道采用全断面法施工

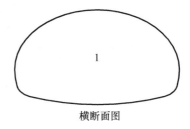

横断面图

图 4-18　全断面法施工示意图

（2）台阶法

台阶法是适用性最广的一种施工方法，一般是将断面分成两个或三个断面进行开挖，上台阶长度一般控制在 1～1.5 倍洞径以内，但必须在地层失去自稳能力之前尽快开挖下台阶，支护形成封闭结构。随着台阶长度的调整，它几乎可以用于所有的地层。根据台阶的长度，它有长台阶法、短台阶法和超短台阶法三种方式。

台阶法开挖优点有很多，开挖具有足够的作业空间和较快的施工速度，能较早地使支护闭合，有利于控制其结构变形及由此引起的地表沉降，上部开挖支护后，下部作业较安全。若地层较差，为了稳定工作面，也可以辅以小导管超前支护等措施。台阶法的缺点主要是上下部作业互相干扰，台阶开挖会增加对围岩的扰动次数等。

正台阶法的一般施工步骤为：根据超前地质预报，选择是否需要施作超前支护，然后对上台阶土体进行开挖，再对上台阶施作初期支护，打设锁脚锚杆，之后对下台阶土体进行开挖，再对下台阶施作初期支护，最后施作防水层和二次衬砌。

某隧道正台阶法施工如图 4-19 所示，施工示意图如 4-20 所示。

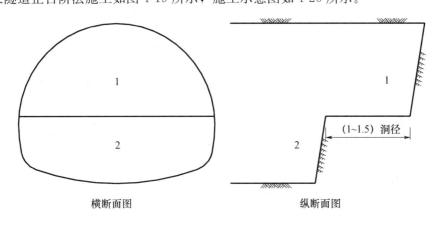

横断面图　　　　　　　　　　纵断面图

图 4-19　正台阶法施工示意图

图 4-20　某隧道采用正台阶法施工

（3）环形开挖预留核心土法

环形开挖预留核心土法即正台阶环形开挖法（图 4-21），适用于一般土质或易坍塌的软弱围岩。将整个断面分为：上断面环形区域、上断面中部的核心土、下断面区域，对这三个区域分步施工，以达到控制周边围岩变形以及掌子面稳定的效果，一次掘进深度应控制在 0.5~1.0m，同时，核心土的面积不能小于断面的一半。环形开挖预留核心土法施工示意图如图 4-22 所示。

图 4-21　某隧道环形开挖预留核心土法施工

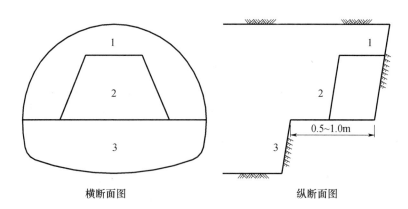

横断面图　　　　　　　　　　　纵断面图

图 4-22　环形开挖预留核心土法施工示意图

　　环形开挖预留核心土法能迅速及时地建造拱部初期支护，开挖工作面稳定性好。核心土和下部开挖都是在拱部初期支护保护下进行的，施工安全性好。需要注意的是，虽然核心土增强了开挖面的稳定，但开挖中围岩要经受多次扰动，而且断面分块多，支护结构形成全断面封闭的时间长，这些都有可能使围岩变形增大。因此，它常常要结合辅助施工措施对开挖工作面及其前方岩体进行预支护或预加固。

　　（4）单侧壁导坑法和双侧壁导坑法

　　单侧壁导坑法一般将断面分成三块：侧壁导坑①、上台阶②、下台阶③，侧壁导坑宽度不宜超过 0.5 倍洞跨，高度以到起拱线为宜。导坑与台阶的距离没有硬性规定，一般以施工互不干扰为原则。单侧壁导坑法适用于断面跨度大，地表沉陷难以控制的软弱松散围岩中。单侧壁导坑法施工示意图如图 4-23 所示。

　　单侧壁导坑法的优点是通过形成闭合支护的侧导坑将隧道断面的跨度一分为二，有效地避免了大跨度开挖造成的不利影响，明显地提高了围岩的稳定性；其缺点是因为要施作侧壁导坑的内侧支护，随后又要拆除，增加了工程造价。

　　双侧壁导坑法又称眼镜工法，一般是将断面分成 4 块：左、右侧壁导坑 1、上部核心土 2、下台阶 3。导坑尺寸拟定的原则同前，但宽度不宜超过断面最大跨度的 1/3。左、右侧导坑错开的距离，应根据开挖一侧导坑所引起的围岩应力重分布的影响不致波及另一侧已成导坑的原则来确定。双侧壁导坑法施工示意图如图 4-24 所示。

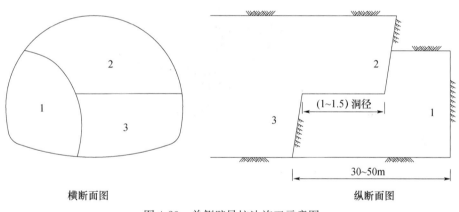

横断面图　　　　　　　　　　　　　　　纵断面图

图 4-23　单侧壁导坑法施工示意图

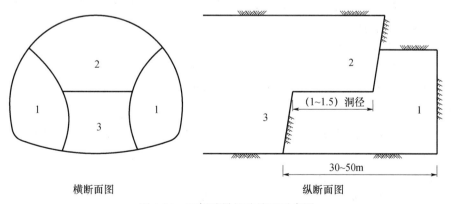

横断面图　　　　　　　　　　　　　　　纵断面图

图 4-24　双侧壁导坑法施工示意图

该工法适用于Ⅴ～Ⅵ级围岩，隧道跨度很大，地表沉陷要求严格，围岩条件特别差、单侧壁导坑法难以控制围岩变形时，可采用双侧壁导坑法。双侧壁导坑法虽然开挖断面分块多、扰动大，初期支护全断面闭合的时间长，但每个分块都是在开挖后立即各自闭合的，所以在施工中间变形几乎不发展。现场实测表明，双侧壁导坑法所引起的地表沉陷仅为短台阶法的 1/2 左右。虽然双侧壁导坑法施工安全，但速度较慢，成本较高。

单、双侧壁导坑法施工现场图分别如图 4-25、图 4-26 所示。

图 4-25　某隧道采用单侧壁导坑法施工

图 4-26　某隧道采用双侧壁导坑法施工

单、双侧壁导坑法一般施工要求如下。

① 侧壁导坑高度以到起拱线为宜。

② 侧壁导坑形状应近于椭圆形断面，导坑断面不宜超过整个断面的 1/3。

③ 侧壁导坑领先长度一般为 30～50m，以开挖一侧导坑所引起的围岩应力重分布不影响另一侧导坑为原则。

④ 导坑开挖后应及时进行初期支护，并尽早封闭成环。

（5）中隔壁法（CD 法）和交叉中隔壁法（CRD 法）

中隔壁法（CD 法），即先开挖隧道一侧，在设计中间部位作中隔壁，再开挖另一侧。中隔壁法是适用于软弱地层的施工方法，特别是对于控制地表沉陷有很好的效果。这种方法一般主要用于城市地下铁道施工中，因其造价高，故在山岭隧道中很少采用，但在特殊情形中，也可采用，如膨胀土地层。CD 法施工示意图如图 4-27 所示。

中隔壁法的一般施工要求。

① 各部开挖时，周边轮廓尽量圆顺，减小应力集中。

② 各部的底部高程应与钢架接头处一致。

③ 每一部的开挖高度约为 3.5m。

④ 后一侧开挖应全断面及时封闭。

⑤ 左右两侧纵向间距一般为 30~50m。

⑥ 中隔壁设置为弧形或圆弧形。

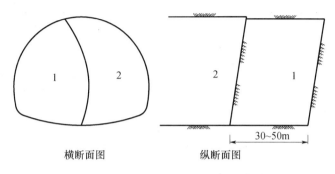

图 4-27　CD 法施工示意图

当 CD 工法不能满足要求时，可在 CD 工法基础上加设临时仰拱，即交叉中隔壁法（图 4-28）。适用于软弱地层，对控制地表沉陷效果较好。但由于造价高，主要用于城市地铁施工，在山岭隧道中较少采用。

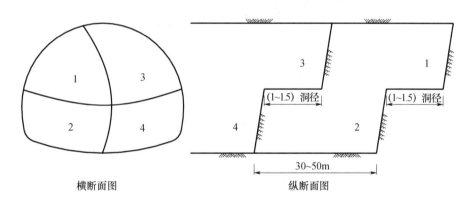

图 4-28　CRD 法施工示意图

CRD 法和 CD 法都是化大跨为小跨，每步开挖扰动范围小，临时仰供和中隔墙起到增大结构刚度的作用，这有效抑制了结构变形，但正是如此，这两种方法也使工序复杂化，隔墙拆除困难，成本较高，进度较慢。CD 工法和 CRD 工法在大跨度隧道中应用普遍，在施工中应严格遵守正台阶法的施工要点，尤其要考虑时空效应，每一步开挖必须快速，必须及时步步成环，工作面留核心土或用喷混凝土封闭，消除由于工作面应力松弛而增大沉降值的现象。CD 法、CRD 法现场施工图如图 4-29、图 4-30 所示。

（6）中洞法

中洞法（图 4-31），一般流程是先开挖中间部分（中洞），再在中洞内施作梁、柱结构，然后再开挖两侧部分（侧洞），最后逐渐将侧洞顶部荷载通过中洞初期支护转移到梁、柱结构上。由于中洞的跨度较大，施工中一般采用 CD、CRD 或双侧壁导坑法进行施工。此法主要应用于城市地铁车站的修建。

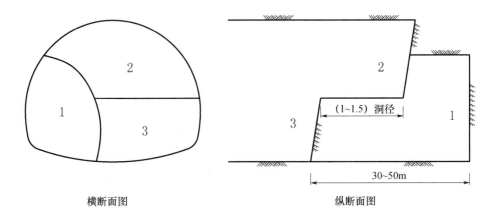

横断面图 纵断面图

图 4-29 某隧道采用 CD 法施工

图 4-30 某隧道采用 CRD 法施工

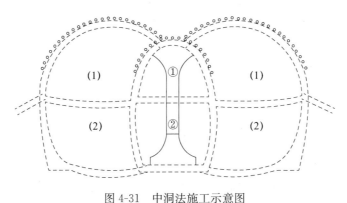

图 4-31 中洞法施工示意图

（7）侧洞法

侧洞法（图 4-32），一般流程是先开挖两侧部分（侧洞），再在侧洞内做梁、柱结构，然后开挖中间部分（中洞），最后将中洞顶部荷载通过初期支护转移到梁、柱上。两侧洞施工时，在中洞上方形成上小下大的梯形、三角形或楔形土体，谨防中洞施工时该土体的坍塌事故。

（8）柱洞法（PBA 法）

柱洞法（图 4-33）在浅埋暗挖法的基础上结合了盖挖法的理念，由边桩、中柱、顶底纵梁、顶拱共同构成初期受力体系，承受施工过程的荷载，核心思想在于尽快形成纵向承载结构。适用于浅埋、软弱地层、多层多跨、对地表沉降要求严格的工程。优势在于桩、梁、拱、柱体系先期形成，有利于变形控制，施工安全，施工方法灵活；劣势在于工艺复杂，作业环境较差，工序多，有干扰。PBA 工法常见的开挖方式有四导洞、六导洞、八导洞三种。四导洞引起群洞效应较小，适用于对开挖断面要求低的工程；六导洞为上三下三上四下二两种导洞形式，适用于开挖断面要求较大的车站；八导洞为上四下四，横通道施工后可尽快开挖同一高程导洞，利于工期控制。某城市车站柱洞法施工如图 4-34 所示。

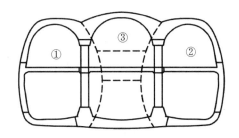

图 4-32　侧洞法施工示意图

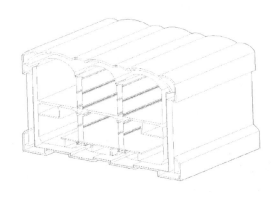

图 4-33　柱洞法施工示意图

图 4-34　某城市车站采用柱洞法施工

4.2.4 盾构法

盾构机是一种用于软土隧道暗挖施工,具有金属外壳,壳内装有整机及辅助设备,在其掩护下进行土体开挖、土渣排运、整机推进和管片安装等作业,而使隧道一次成型的机械。盾构法是指使用盾构及预制混凝土管片形成隧道结构的机械化施工方法,通过切削装置进行土体开挖,通过出土机械运出洞外,在盾壳保护下拼装管片形成衬砌、实施壁后注浆防止围岩坍塌。土压平衡盾构外观如图 4-35 所示,TBM 岩石掘进机内部示意图如图 4-36 所示。

图 4-35 土压平衡盾构机外观图

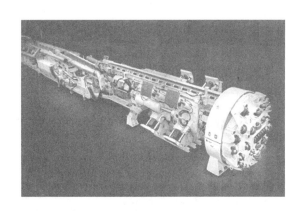

图 4-36 TBM 岩石掘进机内部示意图

1. 盾构法的优缺点

(1) 优点

① 对周围环境影响小。出土量控制容易,施工过程中对周围地层及建(构)筑物影响小;不影响地表交通、不影响社会生活、无经济损失;无须切断、搬迁地下管线等各种地下设施;空气、噪声、振动污染较小。

② 适用地表环境及地层条件广。施工不受地形、地貌、江河水域等地表环境条件的限制;施工不受天气条件的限制;适用地层广,软土、砂软土、软岩直到岩层均可适用。

③ 自动化程度高、劳动强度低、施工速度较快。占地面积较小，适于大深度、大地下水压施工，相对而言，施工成本低；掘进速度快，有利于缩短工期，劳动强度相对较低；采用管片衬砌，洞内劳动条件较好，减轻了体力劳动量；施工在盾壳的保护下进行，避免了人员伤亡，减少了安全事故的发生。

（2）缺点

① 盾构机问世较晚，技术细节待完善。

② 大直径、长距离、高速等隧道工程施工措施、施工设备的研发和应用仍不够成熟。

③ 浅层地下空间利用趋于饱和、对于深部城市地下空间的开发，尚未有成熟的应对措施。

④ 覆土较浅时，地表沉降控制较难。

⑤ 施工中出现的管片错台、破损、渗水以及隧道轴线偏差等。

2. 盾构机的分类

（1）按照平衡开挖面的方式可分为：插板式、挤压网格式、土压平衡式、泥水平衡式、加泥式、加水式盾构。

（2）按照机械化程度可分为：人工、机械化、全自动化盾构。

（3）按照施工过程中的运输方式可分为：皮带传送、泥浆泵、手工挖小车推盾构。

（4）按照掌子面敞开程度可分为：全敞口、半敞口、全封闭盾构。

（5）按照断面形式可分为：单圆、双圆、三圆、矩形及偏心多轴、其他异型盾构。

机械式盾构是在盾构切口环部分装上旋转刀盘进行全断面开挖的盾构。一般多用单轴式，根据刀盘可分敞开型和封闭型，目前应用最广泛的机械式盾构是土压平衡盾构、泥水平衡盾构、TBM岩石掘进机，三者的特点见表4-2。

表4-2　盾构机型适应地层及优缺点对比

机械式盾构	盾构机类型	优缺点及适用性比较
封闭式	土压平衡盾构机	适用于黏土、粉土、砂层、砂卵石地层； 施工占地小，环境污染小； 设备造价较低，辅助施工措施少，工程成本较低
	泥水平衡盾构机	适用于含水砂层、砂卵石地层、砾石地层、高承压水地层； 施工占地规模大； 设备造价较高，泥水分离系统复杂，工程成本较高
敞开式	TBM岩石掘进机	适用于自稳性好、无水砂卵石地层或岩层； 隧道内可采取超前加固等措施，施工方法灵活； 设备造价低，工程成本低

3. 土压平衡盾构

土压平衡（Earth Pessure Balance）盾构，简称EPB盾构，土压平衡盾构是在机械式盾构的前部设置隔板，使土仓和排土用的螺旋输送机内充满切削下来的泥土，依靠推进油缸的推力给土仓内的开挖土渣加压，使土压作用于开挖面以使其稳定。土压平衡盾构维持开挖面稳定的原理：依靠密封舱内塑流状土体作用在开挖面上的压力（P）和盾构前方地层的静止土压力与地下水压力（F）相平衡的方法。从理论上讲，通过注入塑流状添加剂和强力搅拌能将各种土质改良成土压平衡式盾构工作所需的塑流体，故这种盾构能适用于各种围岩条件。但在含水的砂层或砾砂层，尤其在高水压的条件下，土压平衡式盾构在稳定开挖面土体、防止和减少地面沉降、避免土体移动和土体流失等方面都较难达到理想的控制。

土压平衡盾构由主机和配套部分组成。主机由刀盘、前盾、中盾、尾盾、渣土改良系统、出土系统等几大部分组成，土压平衡盾构基本示意图如图4-37所示。刀盘是机械化盾构的掘削机构，具有开挖、稳定、搅拌的功能。前盾又称切口环，是开挖土舱和挡土的主要部分。中盾又称支撑环，是盾构承受推力作用的主要受力结构，布有推进油缸、铰接油缸、管片拼装机和部分液压设备等。尾盾通过螺栓或铰接油缸与中盾相连，用于掩护隧道管片拼装工作及盾体尾部的密封，装有铰接密封、注浆管路及油脂管道等。渣土改良系统主要有膨润土添加系统和泡沫系统。出土系统主要由螺旋输送机、皮带输送机以及渣土车组成。

图4-37　土压平衡盾构的基本构造

土压平衡盾构的工作原理：盾构机通过旋转刀盘切削刀盘前方的土体，切削后的泥土通过刀盘上预留的开口进入土舱，土舱内多余的泥土通过螺旋输送机运输到传送带上，然后排入渣土车。盾构推进通过油缸作用在管片上，然后给盾构机一个反作用力使盾构向前推进。盾壳主要起到支护和保护作用，首先要抵抗盾构机周边的水土压力，然后保护未修筑衬砌的盾构隧道，并防止地下水进入隧道。在盾壳的掩护下，盾构机完成掘进、排土、衬砌等一系列工作，如图4-38所示。

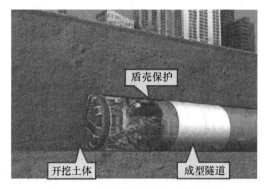

图4-38　盾壳保护下管片拼装过程

土压平衡盾构机施工的主要步骤如下。

（1）在盾构法隧道的起始端和终端各建一个工作井。

（2）盾构机在起始端工作井内安装就位。

（3）依靠盾构千斤顶推力（作用在新拼装好的衬砌和工作井后壁上）将盾构从起始工作井的壁墙开孔处推出，如图 4-39 所示。

（4）盾构在地层中沿着设计轴线推进，在推进的同时不断出土和安装衬砌管片；及时地向衬砌背后的空隙注浆，防止地层移动和固定衬砌环的位置；利用智能化测量系统，随时掌握正在掘进中的盾构的位置和姿态。

（5）盾构进入终端工作井并被拆除，如图 4-40 所示，如果施工需要，也可穿越工作井再向前推进。

图 4-39　盾构机始发进洞

图 4-40　盾构机到达出洞

4. 泥水平衡盾构

泥水平衡（Slurry Pressure Balance）盾构，简称 SPB 盾构。泥水加压盾构在机械式盾构前部设置壁墙，装备刀盘面板、输送泥浆的送排泥管和推进盾构机的千斤顶。在开挖面上用泥浆形成不透水的泥膜，通过泥膜保持水压力，以平衡开挖面的土压力和水压力。渣土以泥浆形式送到地面，分离后泥水送回开挖面。泥水加压盾构适用于含水砂层、砂卵石地层、砾石地层、高承压水地层，施工占地规模大，设备造价较高，泥水分离系统复杂，工程成本较高。

泥水平衡盾构机如图 4-41 所示。

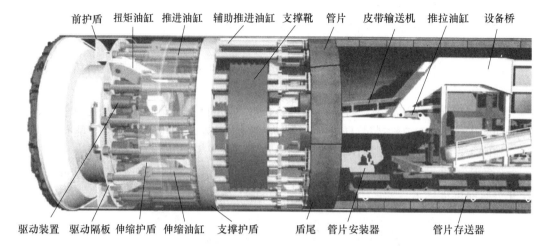

前护盾　扭矩油缸　推进油缸　辅助推进油缸　支撑靴　管片　皮带输送机　推拉油缸　设备桥

驱动装置　驱动隔板　伸缩护盾　伸缩油缸　支撑护盾　盾尾　管片安装器　管片存送器

图 4-41　泥水平衡盾构机

（1）泥水平衡盾构由 5 大系统组成

① 盾构掘进系统：一边利用刀盘挖掘整个工作面，一边向前推进。

② 泥水循环系统：向开挖面密闭舱提供泥浆，形成泥膜，稳定开挖面，及时把切削土砂形成的混合泥浆输送到地面进行分离处理，调整利用回收的泥浆。

③ 综合管理系统：综合管理送排泥状态、泥水压力及泥水设备运转状况；泥水的功用主要是形成泥膜及稳定切削面，抑制地下水（油、气体等）喷出，保证切削面的稳定，防止切削面变形、坍塌及地层沉降；运送排放切削土砂，切削土砂在泥水中始终呈悬浮状态，保持流动性，由泥浆泵经管道将其排至地表，进行泥水分离处理；对刀盘、刀头等切削设备有冷却和润滑作用。

④ 泥水分离处理系统：将切削下来的土砂形成泥水进行输出。在地面进行、黏度、颗粒等处理，重新分离成土砂和水。土砂排弃、回收泥浆泵放入调整槽的处理系统，重新进入循环。

⑤ 壁后同步注浆系统：随着盾构的推进，在管片和土体之间会出现建筑间隙。为了填充这些间隙，就要在盾构机推进过程中保持一定的压力（综合考虑注入量），不间断地从盾尾直接向壁后注浆，当盾构机推进结束时，停止注浆。这种方法是在环形建筑空隙形成的同时用浆液将其填充的注浆方式。

（2）泥水平衡盾构的工作原理

① 泥水加压盾构机把按一定要求配制的膨润土或黏土浆液，通过泥浆泵、输浆管以一定的压力从隧道外送到开挖工作面。

② 泥浆压力稍高于开挖面土压和水压，泥浆在开挖面上形成不透水的泥膜，通过该泥膜保持水压力，使工作面稳定。

③ 刀盘从工作面切削下来的渣土与泥浆混为一体，通过吸泥管送往地面的泥渣分离场，经分离的废渣运出工地，分离后的工作泥浆重复循环使用，必要时补充新泥浆。

5. TBM 岩石掘进机

岩石掘进机（Tunnel Boring Machine），它分为敞开式岩石掘进机和护盾式岩石掘进机。硬岩 TBM 是利用旋转刀盘上的滚刀挤压剪切破岩，通过旋转刀盘上的铲斗齿拾起泥渣，落入主机皮带机上向后输送，再通过牵引矿渣车或隧洞连续皮带机运渣到洞外。隧道 TBM 掘进机可以实现掘进、支护、出渣等施工工序并行，连续作业，是机、电、液、光、气等系统集成的工厂化流水线隧道施工装备，具有掘进速度快、利于环保、综合效益高等优点，可实现传统钻爆法难以实现的复杂地理地貌深埋长隧洞的施工，在相同的条件下，其掘进速度约为常规钻爆法的 4～10 倍，最佳日进尺可达 40m，在我国铁道、水电、交通、矿山、市政等隧洞工程中的应用正在迅猛增长。

（1）TBM 详细分类

① 开敞式 TBM：配制钢拱架安装器与喷锚等辅助设备，其结构如图 4-42 所示，常用于硬岩，采取有效支护手段后也可应用于软岩隧道。

①支撑靴；②钢支架举升器；③锚杆安装机构；④钢筋网举升器

图 4-42 开敞式 TBM 掘进机构造

② 双护盾 TBM：适用于各种地质，既能适应软岩，也能适应硬岩或软硬岩交互地层，其结构如图 4-43 所示。

①可伸缩护盾；②刀盘；③活动支撑靴；④辅助推进油缸；⑤管片

图 4-43 双护盾 TBM 掘进机构造

③ 单护盾 TBM：常用于劣质地层。单护盾 TBM 推进时利用管片作支撑，其原理类似于盾构，其结构如图 4-44 所示。与双护盾 TBM 相比，掘进与安装管片不能同时进行。

单护盾 TBM 与盾构的区别：前者采用皮带机出渣而盾构则采用螺旋输送机或泥浆泵通过管道出渣；前者不具备平衡掌子面的功能，而盾构则采用土压力或泥水压力平衡开挖面水土压力。

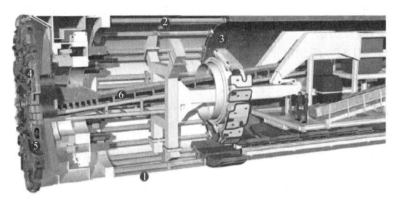

①护盾；②液压推进油缸；③管片；④刀盘；⑤装渣斗；⑥皮带运输机

图 4-44　单护盾 TBM 掘进机构造

（2）TBM 的选用条件

① 整条隧道地质情况均差时采用单护盾 TBM。

② 良好地质条件中则采用开敞式 TBM。

③ 双护盾 TBM 常用于复杂地层的长隧道开挖，一般适用于中厚埋深、中高强度、地质稳定性基本良好的隧道，对各种不良地质与岩石强度变化有较好的适应性。

（3）TBM 破岩方式与原理：TBM 破岩方式主要有挤压式与切削式。

① 挤压式：主要是通过水平推进油缸使刀盘上的滚刀强行压入岩体，并在刀盘旋转推进过程中联合挤压与剪切作用破碎岩体。滚刀类型包括圆盘形、楔齿形、球齿型。

② 切削式：主要利用岩石抗弯、抗剪强度低（仅为抗压强度的 5%～10%）的特点，靠铣削（即剪切）与弯断破碎岩体。

在两种破岩方式总的破岩体积中，大部分并不是由刀具直接切割下来的，而是由后进刀具剪切破碎的，先形成破碎沟或切削槽是先决条件。

TBM 施工主要流程：首先进行 TBM 掘进的施工准备，然后全断面开挖与出渣，进行外层管片式衬砌或初期支护，然后 TBM 前推，最后进行管片外灌浆或二次衬砌。

盾构施工应该因地制宜。盾构选型以工程地质、水文地质为主要依据，综合考虑施工长度、地面及地下建（构）筑物等环境条件，同时考虑工期、成本等因素，并参考国内外已有盾构工程实例及相关的技术规范等，对盾构及辅助设备的配置等进行研究。

6. 盾构技术未来的发展趋势

（1）施工断面多元化

从常规的单圆形向双圆形、三圆形、方形、矩形以及复合断面发展。2016 年 7 月 17 日，中铁装备集团自主研发的首台"马蹄形"盾构在郑州经开区成功下线，如图 4-

45 所示。2016 年 11 月 11 日，在陕西靖边蒙华铁路白城隧道正式开机掘进，施工现场如图 4-46 所示。

图 4-45　马蹄形盾构刀盘

图 4-46　马蹄形盾构施工现场图

中铁装备集团自主研发的矩形盾构式顶管机，开挖断面为矩形，如图 4-47 所示，断面利用率高，覆土浅，施工成本低，主要用于城市人行地道、车行地道、地下管线共同沟、地下停车场、地下储水库等。这一高效、快捷、便利的施工形式，被媒体誉为"治堵利器"。

图 4-47　矩形盾构刀盘

（2）长距离、微沉降、小曲线、小间距交叉施工、带压进仓技术等。

（3）复合及复杂地层（富水、高压、大粒径卵漂石等）大直径掘进技术

近20年来，隧道工程向大深度、大断面、长距离的方向发展。采用盾构法施工的超大直径（φ14m以上），长距离隧道已成为新一轮城市公路隧道建设的发展趋势。上海长江隧道工程2台φ15.43m泥水盾构（海瑞克），一次掘进7.5km，如图4-48、图4-49所示。

（4）基于"互联网＋"和大数据分析的盾构施工监控技术

其主要功能有：实时监控盾构施工参数及导向系统参数；实时显示各台盾构工程进度、穿越地层信息及周边风险源；所有参数预警控制范围设置，并自动预警；盾构施工全部参数数据的统计、查询及分析；盾构设备故障报警信息实时显示及历史记录查询；上传、下载、查询各种测点监测数据，并自动预警。

图4-48　海瑞克泥水盾构

图4-49　上海长江隧道断面示意图

4.2.5 顶管法

顶管法施工（图4-50）是借助液压千斤顶以及中继间等的推力，把工具管或掘进机从工作坑内穿过土层一直推到接收坑内，紧随工具管或者掘进机把管道埋设在两坑之间。顶管法施工是一种非开挖的地下工程施工方式。某城市地下通道顶管法施工如图4-51所示。

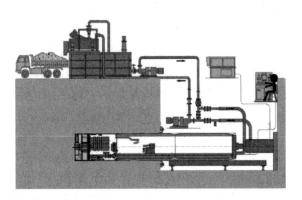

图 4-50　顶管法施工示意图

图 4-51　某城市地下通道采用顶管法施工

顶管法施工是继盾构施工之后发展起来的地下管道施工方法，最早应用于 1896 年美国北太平洋铁路铺设工程中，已有百年历史。该方法 20 世纪 60 年代在世界各国被推广应用。近 20 年，日本研究开发土压平衡、水压平衡顶管机等先进顶管机头和工法。

我国从 20 世纪 50 年代始在北京、上海开始试用。1986 年上海穿越黄浦江输水钢质管道，应用计算机控制，激光导向等先进技术，单向顶进距离 1120m，顶进轴线精度：左右±150mm，上下±50mm。1981 年浙江镇海穿越甬江管道，直径 2.6m，单向顶进 581m，采用 5 只中继环，上下左右偏差 < 10mm。

采用顶管法施工时，先施作顶管工作井和接收井，作为这一段顶管的起点和终点。工作井中有一面或者两面井壁设有预留孔，作为顶管出口，其对面是承压壁，承压壁是专门用来承受千斤顶并提供反推力的一个重要部分，在其前侧安装千斤顶和承压垫板，千斤顶将工作管顶出工作井预留孔，然后一节一节地按顺序将剩下的工作管按设计轴线顶进，直至第一节工作管进入接受井预留孔，完成该段管道的施工。有时候，顶管施工的距离较长，可在管道中间设置多个中继间作为接力顶进，并在管道外周压注润滑泥浆。顶管施工既可以用于直线管道，也可以用于曲线管道。

顶管施工在我国沿海经济发达地区广泛用于城市地下给排水管道、天然气石油管道、通信电缆等各种管道的非开挖铺设。它能穿越公路、铁路、桥梁、高山、河流、海峡和地面任何建筑物。采用该技术施工，能节约一大笔征地拆迁费用、减少对环境污染和道路的堵塞，具有显著的经济效益和社会效益。

顶管施工系统主要由工作基坑、掘进机（或工作管）、顶进装置、顶铁、后座墙、管节、中继间、出土系统、注浆系统、通风、供电和测量等辅助系统组成。其中，最主要的是顶管机和顶进系统。采用顶管机施工时，其机头的掘进方式与盾构相同，但其推进的动力则改由放在始发井内的后顶装置提供，故其推力要大于同级别的盾构。某城市顶管施工工作井如图 4-52 所示，某城市顶管施工工作管内部图如图 4-53 所示。

顶管法施工中，按照顶管口径可分为大口径、中口径、小口径和微型顶管四种。大口径多指直径 2m 以上的顶管；中口径顶管的管径多为 1.2～1.8m，大多数顶管为中口径顶管；小口径顶管直径为 0.5～1.0m；微型顶管的直径通常在 0.4m 以下。按照一次顶进长度，顶管法施工可分为普通距离和长距离顶管。一般把 500m 以上的顶管称为长距离顶管。按照顶管机破土方式，顶管法施工分为手掘式顶管和掘进机顶管。按照制作管节的材料，顶管法施工可分为钢筋混凝土顶管、钢管顶管以及其他管材的顶管。按管子顶进的轨迹，顶管法施工可分为直线顶管和曲线顶管。曲线顶管技术复杂，是顶管施工的难点之一。某城市曲线顶管内部如图 4-54 所示，顶管机外观如图 4-55 所示。

图 4-52　某城市顶管施工工作井

图 4-53　某城市顶管施工工作管内部图

图 4-54　某城市曲线顶管内部图

图 4-55　顶管机外观图

顶管法的优点为：与盾构相比，接缝数量更少，更易达到防水要求；施工时噪声和震动小；能减少对地面交通的干扰；工期短，造价低，使用人员少；管道纵向受力性能好，能适应地层的变形；对于小型工程，施工准备工作量小；工序简单，不需要二次衬砌。

顶管法的缺点就在于多曲线顶进、大直径顶进、超长距离顶进、纠偏和处理障碍物存在一定难度，而且施工现场需要有详细的资料以及开挖工作井。

4.3 地下工程智慧施工

4.3.1 概述

地下工程智慧施工是指运用信息化手段，通过三维设计平台对工程项目进行精确设计和施工模拟，围绕施工过程管理，建立互联协同、智能生产、科学管理的施工项目信息化生态圈，并将此数据在虚拟现实环境下与物联网采集到的工程信息进行数据挖掘分析，提供过程趋势预测及专家预案，实现工程施工可视化智能管理，以提高工程管理信息化水平，从而逐步实现绿色建造和生态建造。

地下工程智慧施工技术支撑包括数据交换标准技术、BIM 技术、可视化技术、3S 技术、虚拟现实技术、数字化施工系统、物联网、云计算技术、信息管理平台技术、数据库技术、网络通信技术。

4.3.2 盾构 TBM 工程大数据应用

过去，要想了解盾构机的运行情况，工作人员不仅要出差到施工现场，还需进入隧道查看。现在，有了盾构 TBM 工程大数据中心 App，即使远在天涯，盾构、TBM 设备的工作状态、运行情况和相关施工情况都尽在掌握中。

大数据中心具有远程监控的功能，通过互联网、物联网联通各厂家各类型盾构、TBM 设备，实时采集盾构、TBM 设备状态信息，并采集整合施工环境、工程地质、隧道结构等信息，将成千上万个施工数据和视频信息进行分类分析和实时显示。工作人员通过手机，就可以随时查阅任何时段和区间的设备及相关施工信息，包括盾构方位、刀盘转速、刀盘扭矩、注浆压力、地面沉降、管片姿态等信息一览无余，就好像我们穿越了时空的阻隔，站在了盾构机里一样。郑州盾构 TBM 工程大数据中心如图 4-56 所示，其盾构机综合检测平台如图 4-57 所示。

图 4-56　盾构 TBM 工程大数据中心

大数据中心具备综合风险预警功能。

一是系统会根据风险源自动识别风险，当盾构机快要达到风险点时，大数据中心会自动发出预警，告知前方可能会出现的地质情况和风险类型。

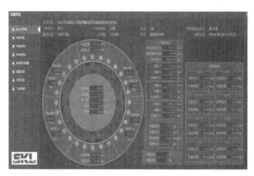

图 4-57　盾构机综合检测平台

二是当设备关键参数突然发生变化或者人员操作错误时，大数据中心都会立刻做出判断，及时发送预警通知相关人员，将施工风险和损失降到最低。

4.3.3　BIM 在地下工程中的应用

BIM（Building Information Modeling）技术是一种应用于工程设计、建造、管理的数据化工具，在项目策划、运行和维护的全生命周期中实现共享和传递，使工程技术人员对各种建筑信息做出正确判断和高效应对，为设计团队以及包括建筑、运营单位在内的各方建筑主体提供协同工作的基础。

目前，BIM 技术在地下建筑中的应用主要集中在火车站的地下部分（如站前广场）以及地铁站点工程等方面。就火车站建设和改造项目而言，哈尔滨西站东广场以及济南西站站前广场等工程在建造过程中均应用了 BIM 技术。管线综合、施工模拟等方面的 BIM 技术应用为工程提供了质量保证并节省了可观的工期。针对地铁工程的 BIM 应用而言，香港地铁到目前在全港 82 座地铁车站中，已经完成了 20 多座的 BIM 建模，部分已经在开展应用 BIM 实现采光、能耗、烟雾、人流和可视化碰撞检测等 BIM 更深层次应用上，并取得了很好的经济效益和社会效益。

北京、上海、深圳等大城市目前也有多座建成或正在建设的站点在建造过程中采用了 BIM 技术，整体而言，BIM 应用深度较香港地铁还多处于 3D 建模与可视化碰撞检测以及施工模拟阶段。经过和这些站点建设部门的了解，这些运用 BIM 技术的地铁站点多为试点性质。

BIM 技术在施工建设的应用主要包括以下几个方面。

（1）优化施工组织方案的编制

传统施工组织设计在二维施工图上想象构思，利用施工经验主观选择施工方案的装备、工艺等，往往存在装备选型不合适、工艺烦琐或可行性差，及相当简单但又不可避免的无可奈何的"错、漏、碰"等问题。BIM 技术可通过真实描述施工方案的三维数字模型实现施工方案 3D 可视化和 4D 虚拟仿真，实现实时交互的过程模拟，虚拟推演施工过程，动态检查方案可行性以及存在问题，优化施工装备、工艺、工序。

（2）利用 BIM 的 4D 模拟预现工、料、机等生产资源的配置，实现生产管理宏观指导。

例如，可通过 Autodesk Navisworks 导入 NWC 模型文件，得到虚拟仿真环境下的模型，建立虚拟仿真环境，再用 Timeliner 模块添加施工步序、时间任务项、数据源

CSV 文件，生成虚拟环境下的时间任务项，并使用规则自动附着于模型，使得施工步序的时间任务项与模型构件一一对应，生成虚拟仿真环境下由时间驱动的 4D 动态模型，从而实现施工方案的虚拟推演。

（3）做到监测和预警，生产风险识别和风险管理，实现安全生产保障

以 BIM 模型为基础，可实现的进度动态三维在线、二维视角下的推进信息展示，可实现设备状态实时监测质量的监控及周边环境变化的监控，及实时动态推进数据监控与施工质量动态智能预警，并实现对设备状态的变化自动预警（距离实际要求还有一定差距，但这是未来的发展方向）以及可实现对地下作业人员的动态定位、人员运动轨迹的动态三维显示、人员信息捕获及人员所在区域的快速预警等。

（4）信息化协同生产管理

这是 BIM 的技术核心和发展动力之所在。现阶段基于 BIM 技术的信息化管理，重点是将项目管理和三维动态模型联系起来，开发相应的信息化管理系统，通过点击三维模型相应构件，导出项目管理信息、工程进度等内容，协助管理者及时准确掌控工程现场，让决策者能在远程指挥指导工程进展，避免了传统的烦琐呈报程序，减少了传递过程中的时效损失和信息误差，并能动态调整方案。

以上海地铁 9 号线为例。上海地铁 9 号线金吉路站是上海地铁 9 号线和上海地铁崇明线的换乘站，也是 9 号线小交路终点站和崇明线的终点站。金吉路站位于申江路与金海路路口的东侧，主体沿金海路东西向布置，为地下二层 12.5m 宽岛式车站，车站总建筑面积为 18880m²。

利用三维点云扫描技术对场地周边环境快速建模，也可将用三维激光扫描得到的点云模型与土建 BIM 模型叠合、校正。通过把处理好的点云模型导入 Revit 软件中，根据点云数据对模型进行初步的对比检查，可以提前进行模型校正，获得一个精准的土建 BIM 模型，为 BIM 本项目相关应用开展提供精确模型基础。金吉路站三维点云快速建模如图 4-58 所示。

（a）现场实景图

（b）3D扫描点云数据

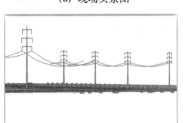
（c）点云扫描车站场地上方高压线

（d）点云模型和场地模型结合图

图 4-58　金吉路站三维点云快速建模示意图

施工前期，我们对车站周边场地进行模拟，从而做出项目最理想的场地规划、交通流线组织关系、建筑布局等关键决策。根据管线资料和现场测绘资料对周边道路管线进行三维建模（图4-59），以指导车站站位设计和管线迁改设计。

图4-59 地下管线建模示意图

模型中进行管线的改迁及复位模拟（图4-60），避免了多次搬迁问题，缩短了施工周期，节约了施工成本。

（a）搬迁前

（b）搬迁后

图4-60 管线改迁及复位模拟示意图

进行地铁车站协同建模（图4-61），车站模型漫游检查，将碰撞报告及优化建议提交给设计人员进行优化，对车站的净空高度、设备检修空间等进行分析检查。

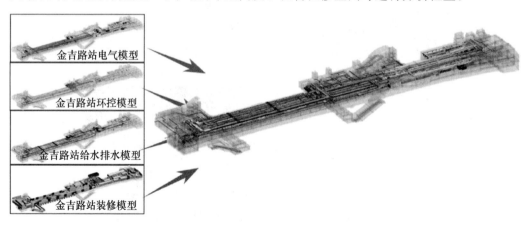

图4-61 地铁车站协同建模

在本项目中，应用 BIM 设计软件实现了项目的整体优化，解决了在施工过程中可能出现的问题，为项目节约了时间、降低了成本。通过实践，总结出可在其他项目扩展应用的 BIM 技术实施方法，为今后进一步推进 BIM 打下了坚实的基础。

先模型后图纸，局部实现正向设计，如图 4-62、图 4-63 所示。

图 4-62　地铁车站模型示意图

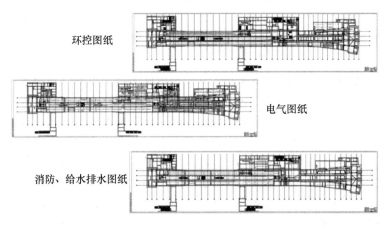

图 4-63　地铁车站各分部图纸示意图

5 城市地下空间智慧运维

5.1 概　　述

目前，城市地下空间开发利用类型呈现多样化的趋势，逐渐从人防工程拓展到轨道交通、市政、商服、仓储等多种类型。由于轨道交通和人防工程项目起步早、发展时间比较长，相对来说，其建设运营工作机制比较成熟，法律法规也比较健全。但综合管廊、环隧通道、商业服务等项目在规划建设及运营维护上仍存在一些问题，导致多个项目建成后一直未投入使用，造成了资源浪费，严重制约着地下空间的开发利用。

地下空间运营维护主体责任不明确。从使用性质来看，地下空间内的设施主要有两大类。一类是公共设施，如道路、通道、公共区域、管廊结构本体等，理应由政府部门负责运营维护相关费用，并委托相关企业承担日常运营维护工作。建议对于综合管廊内敷设的自来水、污水、热力、电力等专业管线应由相关专业公司负责维护。同时，为了维护方便，综合管廊的规划建设应分仓建设，自来水、热力、电力、燃气等专业管线应该分别单独设仓，维护时各专业公司各负其责，维护的责任也比较容易界定。另一类是商业服务设施，应由产权单位或经营主体负责运营维护并承担相关费用。

地下空间运营维护经费来源不明确。从目前情况看，地下空间的运营维护经费来源主要有三种渠道可供相关部门和单位借鉴，也需要相关部门予以明确：一是政府财政拨付；二是靠经营性收入，可以在专业管线入廊时收取费用，但在收取入廊管线的入廊费及运维成本分摊方面，面临收费难和无具体收费依据及标准等问题。建议在专业管线入廊方面，相关部门尽快建立健全收费机制，制定合理的收费标准，协调各方收取入廊费用。在新建地下空间时，应先谈好专业管线入廊费用再进行入廊建设；三是鼓励社会资本投资开发利用地下空间，推广政府和社会资本合作模式，推进纵向分层立体综合开发，横向相关空间互相连通。大部分地下空间除交通属性外，其停车、商业等资源进入市场后可引入社会投资担当地下空间部分运营维护成本。

关于城市地下空间运维的法律法规不完善。在地下空间开发利用及运营维护的问题上，法律法规的支持和保障是开发建设、管理利用的必要措施和根本解决办法。目前，已有越来越多的城市意识到地下空间利用的意义和效益，也正在研究制定具体的地方法律法规。依据住房和城乡建设部《城市地下空间开发利用管理规定》，上海市出台了《上海市地下空间规划建设条例》《上海城市地下空间建设用地审批和房地产登记试行规定》，深圳市出台了《地下空间开发利用管理办法》，重庆市出台了《重庆市城乡规划地下空间利用规划导则（试行）》，南京市今年刚出台了《南京市城市地下空间开发利用管理办法》。目前，北京市关于地下空间的现有法规主要为人防、地下管线、轨道交通等专项法规，在综合管廊、环隧通道、商业服务等地下空间的规划、建设、权属以及综合管理利用方面还缺少地方性法规和规章。但有国家法规作依据，以《北京城市总体规划（2016—2035 年）》为总纲，借鉴其他城市的经验，制定具有本市特色的地方性法规是完全可行的。

城市地下空间开发利用"十三五"规划指出，到 2020 年不低于 50％的城市完成城市地下空间开发利用规划，初步建立地下空间开发利用现状、规划建设管理、档案管理等综合管理系统，有效提升城市地下空间信息化管理能力。地下空间作为城市地面空间的重要补充将成为城镇化发展新阶段的必然需求。同时，城市地下空间管理的标准化、信息化、精细化水平将不断提升，逐步实现数字化、信息化管理。

在项目全生命周期管理过程中，运维阶段会持续几十年甚至上百年，因此这一阶段的管理工作尤为重要。由于城市地下空间体量大，运维管理时间跨度大、周期长、内容多、涉及人员复杂，管理数据量庞大，因此，传统的运维管理效率相对低下。

城市地下空间按照使用功能的不同可分为地下商业空间、地下交通空间（地铁站、地铁隧道等）、地下综合管廊等。针对不同的使用对象和用途，城市地下空间运维管理过程中对相关功能的需求和管理目标也是不同的。

城市地下空间运维管理系统的功能主要包括空间管理、资产管理、设备管理、应急管理、能耗管理、安全管理等。其中，地下商业空间侧重于空间分配管理、用户管理和合同管理以及紧急情况下的人员疏散和视频监控的公共安全管理；地下交通空间则比较关注使用过程中的建筑结构安全监测、设备折旧和维修等资产管理、设施管理；地下综合管廊关注点则在于空间内各类管道及设备的正常运行管理、环境监测管理等。在进行城市地下空间运维管理系统设计前，应根据地下空间类型分析其功能侧重点，确定其所需的管理目标，使运维管理系统功能更加具有针对性，且管理效率更高。基于 BIM 的城市地下空间运维管理系统的功能目标设计如图 5-1 所示。

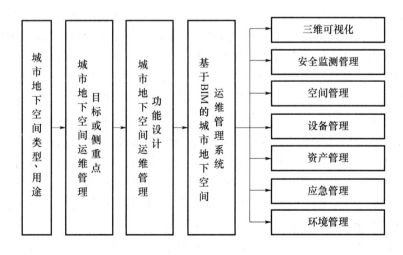

图 5-1 运维管理系统功能目标设计

5.2 城市地下空间智慧运维现状

随着经济的快速发展和城市化进程的全面推进，地下空间的开发及利用已成为解决"城市综合征"和城市可持续发展的重要途径。地下空间运维涉及轨道、人防、建筑、防灾等多个专业和行业，是一个跨专业、跨行业的全新领域，其运维阶段是项目生命周期管理中最为复杂的部分，涉及内容众多、信息数据繁杂、周期跨度大。我国城市地下空间开发利用管理尚处于起步阶段，地下空间管理运维大多还采用传统模式，运维管理水平有待提高。

5.2.1 城市轨道交通运维现状

在发展城市轨道交通的道路当中，运维信息技术发挥着潜移默化的作用，逐步影响着对城市轨道交通的建设，起到了积极的促进作用。随着信息技术的发展，在城市轨道交通方面的运维信息化方面的应用也越来越广泛，可以极大地促进城市轨道交通道路的发展。但是我国在城市轨道交通运维信息技术上的操作还不太成熟，在进行当中肯定或多或少地存在一些问题，各种不适应的因素也就会慢慢出现。为了使运维信息化技术在城市轨道交通运营生产中发挥高效作用，必须引入信息智能化的手段，提升运维信息技术水平，并进行细致化的技术分析，实现准确的运维技术定位。

我们在日常生活中看到的城市轨道交通都是及时、有序、干净、安全地运行，其实，在城市轨道交通的设计中，它是一个涉及多学科多领域的复杂系统工程，具有很多的分支而且又很分散，各个分支都还不一样，差异性比较大，所以在对它的监督管理方面也有一定的难度，加大了对城市轨道交通的设计难度，而且在轨道交通建设过程中点多、线长、面广，修建起来会影响人们的正常出行，阻碍交通。尽管我国在修建城市轨道交通方面已经运用了部门运维信息技术，但是由于城市轨道交通涉及的范围比较广，线路各式各样，车辆也不统一，再加上我国的运维信息技术设备还不太成熟，不太完善，有些信息技术设备还没有开始推广就已经过时，在轨道交通建设过程中不能将信息技术设备做到一次到位，对其中的信息资源也就会应用不到位，从而不能很好地将充足的资源应用到城市轨道交通的运营生产中。

随着我国各种交通基础设备的发展，城市轨道交通的建设如火如荼地进行着，再加上在大数据的时代背景下，在进行城市轨道交通的建设过程中采用了运维信息技术设备作为辅助功能。但是相关的信息技术还不太完善，面临着一次性投资信息技术设备可能建设完运营时信息技术已过时，后期投资可能造成改造成本更高，并且影响运营生产等多重挑战。在各个城市当中，轨道交通都在同时进行修建，规模逐渐加大，需要的设备也在不断增加，新型的设备也在不断涌现，会给使用设备的人员带来巨大的压力，可能会导致采购上线后设备后期无法更新等问题，制约着城市轨道交通的快速建设；同时每个城市轨道交通对所需要的信息技术方面的要求也不断加大，在运维信息技术方面也提出了更高的要求，再加上各个城市地方的轨道交通又存在各式各样的差异，相关的运维信息技术还不能应用到不同的城市轨道交通运营生产中，每个城市轨道交通接收信息技术的强度也不一样，对一些新修建城市轨道交通的城市相对比较简单，可以在修建过程中安装运维信息化技术设备，为后期运营生产做准备；对于一些开通线路比较多的城市，需要我们求同存异，在原有设备上进行技术改造，达到智能运维效果。可见城市轨道交通在运维信息技术方面面临的难题仍然还很多。

在大数据的背景之下，城市轨道交通运维信息技术就是在借助网络信息的基础上发挥对城市轨道交通人员、设备、物资、工器具等的人工管理，逐渐向智能化的方向发展，将城市轨道交通的运营生产工作与信息化的方向联系起来，做好有机统一。从运维信息技术化方向来说，城市轨道交通的内容主要就是利用网络信息上的资源对城市轨道交通的运维做出指引方向，对城市轨道出现的一些检修人员、维修设备、物资材料、系统专业多的难题提供一定的信息化技术手段，通过对人员、设备、物资、工器具等进行信息化管理，达到设备履历、维修记录、人员管理、物资领用、工器具管理实现信息技术管理，加快信息传输的速度，将数据更好地共享到每个检修人员的手持终端上，提高运维效率，加快数据沉淀，实现智能分析，达到智能运维的目的，其所形成的大数据对运维具有很强的指引意义。

5.2.2 综合管廊运维现状

综合管廊代表着城市地下管线建设和发展的方向，是城市市政基础设施现代化的标志之一。综合管廊运维管理是针对经竣工验收合格的综合管廊，由管廊运维管理单位联合入廊管线单位共同开展。综合管廊的运维管理对于保证管廊安全性、可靠性以及降低综合管理运营成本等方面具有重要意义。

1. 国外综合管廊运维状况

随着管廊的建设和发展，管廊的运维管理成为重中之重，但是针对综合管廊运维管理的研究相对较少，有的研究并没有对各个城市和地区进行多方面的对比和分析。本节主要对法国、日本、新加坡、德国四个国家从法律法规、管理方法以及监督管理模式三个方面进行分析。

（1）法律法规

法国是世界上最早建设综合管廊的国家。1894年政府发布法律，规定将巴黎所有饮用水供应采用封闭形式纳入下水道，形成一个完整的给水排水系统，在管道中收容自来水、电信电缆、压缩空气管道以及交通信号电缆等五种管线。法国于2006年前后就开始酝酿推进统一立法的工作，不断化解各类法律法规中存在的冲突问题，实现法律法规之间的协调统一。2012年5月颁布了一项新法令，即《燃气、碳氢化工类公共事业管道的申报、审批及安全法令》，新法令运用通用性条文对管道的设计、建设、施工、运行及经营、监管等方面进行了明确规范。目前，法国已制定了在所有有条件的大城市中建设综合管廊的长远规划。

日本是目前有关城市地下空间开发利用立法最为完善的国家。其在开发利用规划的整体化与系统化、工程设计施工技术应用、国家行政综合协调推进管理等方面均处于世界领先水平。

从20世纪20年代开始出现了共同沟和地铁，但还没有相应的法律规范。1963年，日本就制定《综合管廊实施法》，颁布了《关于建设综合管廊的特别措施法》，有效解决了综合管廊建设中城市道路范围及地下管线单位入廊的关键性问题。1991年，日本政府制定了《地下空间公共利用基本规划编制方针》，提出地下空间是城市空间构成的重要组成部分，地上地下空间规划同等重要，试行统一规划、合理布局，最大限度地提高城市空间的利用效率。2001 年颁布的《大深度地下公共使用特别措施法》强化了大深层地下空间资源公共性使用的规划、建设与管理，使地下空间开发利用的法律由单一管理向综合管理推进。

新加坡滨海湾地下综合管廊自 2004 年投入运营至今，全程由新加坡 CPG 集团 FM 团队（以下简称"CPGFM"）提供服务。CPGFM 编写了亚洲第一份保护严密及在有人操作的管廊内安全施工的标准作业流程手册，建立起亚洲第一支地下综合管廊项目管理、运营、安保、维护全生命周期的执行团队。关于操作手册就多达 30 本，内容涵盖了质量、运维、计费、安全与健康等方面，有助于提前排查故障，降低运营维护成本，带来更高的投资回报。

1986 年，西德联邦议会在《联邦建设法》和《城镇建设促进法》的基础上颁布了新的《建设法典》，将管廊运维管理前置到设计阶段，对地下综合管廊进行系统的规划、建设、运维和安全监督。德国根据《城市建设法典》等有关法规，统筹地下管道系统的规划、建设、运维与安全监管等相关事务。德国每个城市都以立法的方式对地下管道建设问题做了明文规定：在城市主干道一次性建设公用市政综合管廊，包括电力电缆、通信电缆、给水和天然气管道等，并设立专门入口，供维修人员出入。1995 年通过的《室外排水沟和排水管道》对雨污水的排放标准、应具备的基本设置规范等方面作了详细规定。

（2）管理方法

城市地下管线综合管廊项目在政府公共管理中的职能定位直接决定了它的发展和所能发挥的作用。国外对综合管廊设施的定位是社会公共产品，与城市道路、下水道、公园等公共设施处于同等地位，并以法律的形式予以规定，它的管理归属部门也有统一的规定。就国内而言，综合管廊的职能定位较模糊，更没有国家统一的法律法规予以规范，建成后的综合管廊的归口管理也较混乱，从目前来看，有属于城市道路管理部门的（浦东张杨路综合管廊），有属于政府管理部门的（世博园区综合管廊），也有属于各开发公司管理的（松江新城综合管廊）等。

① 法国

创新信息化管理，运用先进的机器人技术和现代化污水处理技术，加强管廊施工和运维管理。

管廊设有专门的水处理技术部门（STEAP），下雨时，安装在主要下水管道中的传感器会持续检测水位，并能自动发出预警。同时还设有信息管理系统，先进的管理系统能全面收集运维管理信息，确保了管网系统的高效运转。

在清理大型管道中的淤泥和污物时，采用人工操控的以水流为动力的下水道清淤船。在管道检修与建设检查时使用先进的光缆铺设机器人和管道检测机器人，以提高工作效率。地下管道的每个区域每年要检查两次并记录在案。

离心的污泥干燥后经过处理，最终得到成品化肥或建材添加剂应用于工业。污泥干燥所需要的能源是由存放在封闭池中污水所含细菌产生的可燃性气体和过滤分离出来的污泥存放后产生的可燃性气体提供的。如图 5-2 所示。

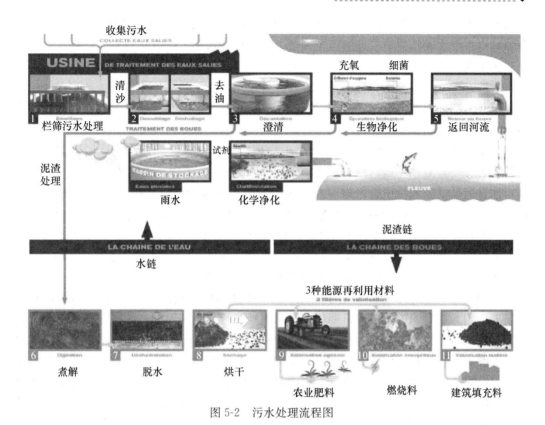

图 5-2 污水处理流程图

② 日本

在综合管廊运维管理方面，日本长期坚持高水平的财政投入，在管理中大量采用信息化手段，注重构建精细严谨的预警应急机制。

日本政府每年投入大量国家预算用作污水收集和处理设施的建设及运营，而各地方政府也普遍将下水道设施的建设和管理作为重要工作，并为此投入巨大资源。日本各地通常设有降雨信息系统来预测和统计各种降雨数据，并运用多种特殊处理措施防范、应对一些容易积水的区域或进行排水调度。以细致入微的日常维护手段保障排水管道通畅。东京下水道局规定，一些不溶于水的洗手间垃圾必须经垃圾分类系统处理后才能排放到下水道，并通过专设介绍健康料理的教室和网页、宣传少油健康的食谱，告诫民众不要将烹饪产生的油污直接倒入下水道，以免腐蚀排水管道。

通过网络对管廊进行自身变形监测，在管廊内壁墙壁内埋设多点位移计、倾斜仪等传感器，实时监测其变化。

通过严格的预警体系，做到管廊系统的精细化管理。

③ 新加坡

a. 运维管理贯穿管廊周边地块开发建设的始终

综合管廊建设及运营的时间早于周围许多建筑的建设，所以在管廊运维管理期间经常会出现附近土地开挖打桩而影响管廊结构稳固的问题。为解决这个问题，CPG FM 提出了两种解决办法：一是要求所有在管廊附近开挖的施工单位必须提交一份打桩的施工图纸给 CPG FM；二是由 CPG FM 的管理人员进行专业分析后才能开始施工。以上办法大大减少了管廊外部维修等不必要的花费和麻烦，有效地节约了运维成本。CPG FM曾通过审查管廊周围建筑工地的施工图纸，发现该建筑施工会破坏管廊的结构，立即给予制止从而减少了损失。

另外，由于综合管廊在地下，很多沙井进出口很容易被其他建筑施工所覆盖。为了避免这个问题，CPG FM建议在沙井盖周围装上传感器，以便当沙井被覆盖时，工作人员能在最短的时间做出反应。

b. 系统化、精细化管控综合管廊全生命周期。在综合管廊运维管理所涵盖的接管期、缺陷责任监测期、运营维护工作期，所包括的人员管理、设施硬件管理、软件管理，均有标准的流程手册进行指导及严格的考核机制作为保障。在多达30本的操作手册中，《质量保证SOP》和《主要通讯程序SOP》是根本要求，《运营和维护SOP》《计费与征收管理SOP》《结构SOP》《安全与健康和环境SOP》《特殊程序SOP》是支持系统。系统的、精细化的管理方法有利于提前预测、排查、解决故障，延缓了设备、设施老化，延长了设备、设施的寿命，为投资方带来了更好的回报。

c. 打造智慧运维平台。智慧平台是一个高度自动化的系统，从操作人员进廊前的保安工作到入廊后的人员追踪，都可用闭路电视或传感器了解他们的行动且能自动分析报警。例如，运用装有探测头和GPS定位系统的自动飞行器。此飞行器不受天气限制且可以设定飞行路程，使管理人员足不出户就能完成日常巡查，而且此飞行器上的探测头还可以进行智能拍摄，检测到管廊周围有异常能自动报警，使管理人员在最短的时间了解管廊安全状况并能立即作出适当的反应；运用人工智能闭路电视分析仪。此闭路电视分析仪适用于管廊内所有一般的摄像头，如果摄像头拍摄到任何廊内工作人员不正常的活动情况或者超过其工作活动范围，闭路电视分析仪可以立即分析并报警，监控室内工作人员可以立即作出反应。这样既可以保证廊内工作人员的安全，也可以保证管廊内不会发生任何违规的行为。

用智慧运维平台保证管廊安全运行，包含以下四个方面：一是集中式的绩效管理平台，包括智能能源监测、智能照明、智能运营等；二是可持续的管廊内部环境技术，包括环境监测、空气质量监测、施工条件监测等；三是集中式数据库解决方案，包括智能数据存储、提高能效方法等；四是智能监控仪表盘，可以融合所有监控系统，只显示管理人员所需要的信息。

新加坡CPG集团从设计阶段就开始运维咨询，并将管理贯穿于接管后的管廊生命周期中。对综合管廊全程、全生命周期的管理是新加坡综合管廊管理的最大亮点，也是它得以安全、平稳运维，令管廊投资方获得最大收益的可靠保证。

④ 德国

德国在管廊管理方面有以下几个要点。

a. 一次性挖掘共用市政管廊。依靠先进的地下挖掘技术及高效的防渗材料，如泥水平衡盾构技术和各种可灌性好、凝固时间可调节的浆材，在城市主干道一次性挖掘共用市政管廊，并设专门入口，供维修人员出入。

b. 大量采用信息化管理技术，实现全天监控维修。在建设共用管廊的过程中，大量使用信息管理技术，包括三维显示资料、先期数值仿真、三维动态管理等，对管廊建设和维护管理进行大数据统计和分析。

管道内设施宽敞，工作人员能够直接将作业车开进管道或携带工程机械对综合管廊进行全面检查、监控，并设有水质监测中心对管廊内全部管道实行全天监控，随时分析水质和洪汛状态以防发生内涝。

c. 推行社会化的管线全周期管理以及市场化运营模式。德国各城市均成立由城市规划专家、政府官员、执法人员及市民代表等组成的"公共工程部"，各利益相关方借助此平台可对相关建设工程的多个方面进行讨论。在管道运营模式上，德国大多数城市地下管道系统采用由多家企业参股的市场化方式共同经营。

d. 通过完善的政策法规及相关标准实施监管。德国通过强化或完善立法及制定体系化的标准、规范对地下管网的各类主体实行政府监管，规范其行为。例如，基于欧盟的相关政策法规，实施天然气输送、配送业务与管网运营业务之间的相互分离，实现管网运营的相对独立，推行管网第三方准入政策，通过突破管网和地域的局限促进天然气的自由流通。

e. 借助非政府的行业性组织实施管道运行管理。在德国，非政府的行业组织在某些方面承担了不少的公共管理职能，其在城市地下管线的安全平稳运行过程中发挥了不可或缺的积极作用。例如，德国排水管道的统计调查工作就是由德国污水技术联合会（ATV-DVWK）推动实施的。

f. 运用各种政策杠杆，引导鼓励社会配合政府实现公共利益。通过有效运用各种政策杠杆，从而推动全社会实现公共利益也是一个极为重要的因素。例如，征收雨水排放费就是一项很有效的政策杠杆，此政策一方面是为雨水管道设施项目的投资进行资金筹集，另一方面则是为了引导、鼓励全社会站在经济利益角度，选择雨水循环利用相关技术或产品（如洼地-渗渠系统）。

（3）监督管理模式

① 法国

在法国大约半数以上的管线安全事故均由施工破坏导致。针对此现象，法国内政部、生态能源及可持续发展部以及其他相关部门制订了一个新的行动方案，实施了一系列相关措施。

为配合立法统一的进程，积极推进有关机构的整合力度，增强不同机构之间的协调关系，以实施更有效的政府监管活动。设立专职部门，帮助施工单位掌握管线网络的确切位置；建立一个观察机构，负责管理信息的传递以及宣传活动等，通过强化政府监管力度来防范管道施工破坏。

② 日本

a. 通过立法明确了国会、政府和社会三方的责任。日本国会和政府全面参与管理地下空间的开发利用管理，由政府相关部门全面负责，同时借助专家委员会力量咨询，专业性高、分工明确、决策透明。形成国会、政府和社会专家三方共同参与地下空间开发利用的管理体制。日本政府的管理有一个明显的特点，就是政府有健全的咨询参谋和信息组织，能够实现行政组织的科学化、合理化和法治化。

b. 基于对自身国土面积及大都市圈日渐聚集这种状况的认识，日本从单一的地下管线管理逐步转向整个地表以下空间的综合开发与管理。

③ 新加坡

a. 新加坡综合管廊运维管理模式是强力组织确保管廊有序与可控、全程管理确保运维的可持续性、系统运维确保管廊安全与效率、鞭策机制确保运维的与时俱进。其运维管理理念为：维护最佳城市宜居形象；可持续性运作；确保运营过程无中断；确保管廊的安全性；所有设备都经常处于良好的工作状态。

④ 德国

a. 德国各城市成立了由城市规划专家、政府官员、执法人员及市民等组成的"公共工程部"，统一负责地下管线的规划、建设、管理。所有工程的规划方案，必须包括有线电视、水、电力、煤气和电话等地下管道的已有分布情况和拟建情况，同时还要求做好与周边管道的衔接。对于较大的地下管线工程，还必须经议会审议。

b. 在经营上，德国大多数城市的地下管道系统采用由多家企业参股的市场化方式共同经营。投资企业对所建的地下管道及设施享有一定年限的管理权和收益权。若投资企业自身资金有困难，政府可引导社会资金、企业和个人闲置资金积极投入。但是，地下管道系统的产权必须归国有。

c. 在德国，非政府的行业组织在某些方面承担了不少的公共管理职能，其在城市地下管线的安全平稳运行过程中发挥了不可或缺的积极作用。通过非政府的行业性组织实施管道运行管理，有效运用各种政策杠杆，从而推动全社会实现公共利益。

四个国家的地下综合管廊运维管理，情况详见表 5-1。

表 5-1　四个国家运维管理对比的异同

	法律法规	创新管理方法	监督管理模式
相同之处	非常注重在法律法规方面的建设和完善，以法律条文规范运维管理行为，以此保证综合管廊安全运行	最为突出的是都用到了信息管理化方法，对管廊数据进行整合和分析，并且对其采用实时监控，从而确保管廊高效运转	对综合管廊设施的定位是社会公共产品，它的管理归属部门也有统一的规定，并且都以政府监督管理为主，各分部门协助政府协调发展
不同之处	由本国统一出台法律，新加坡有一点不同的是 CPG 集团 FM 团队所编写的规范也起到了引领和监督作用	因地制宜搞发展 （1）法国发生过多起燃气泄漏大型事故，所以在对气体管制方面较为重视。且法国雨水堆积较多，雨水和清淤则成为管理的重中之重 （2）日本是一个发生地震灾害较为频繁的国家，对管廊耐震性监测则尤为重要，在管廊建设时对自身抗震性要求更为严格，对管廊监测、维修也提出更高要求 （3）新加坡不同于在于滨海湾地下综合管廊自 2004 年投入运维至今，全程由新加坡 CPG 集团 FM 团队提供服务。管理模式较为先进，侧重于通过智慧运维平台，系统化、精细化管控综合管廊全生命周期 （4）德国比较注重的是城市的洁、静、美，为减少路面破坏，采用一次性挖掘共用市政管廊，对管廊的维修也提出更高要求	（1）法国为推进有关机构的整合力度，设置了专职部门，协助政府工作。建立观察机构，负责管理信息传递 （2）日本明确了国会、政府和社会三方的责任，形成三方分工明确、共同参与的开发机制。基于自身发展已经从单一的地下管线管理逐步转向整个地表以下空间的综合开发与管理 （3）新加坡有 CPG 集团 FM 团队，CPG 集团 FM 团队是亚洲第一支综合管廊项目管理、运营、安保、维护全生命周期的执行团队。在监督管理中起到了重要作用。新加坡注重城市宜居性、管廊建设的环保性及运维管理的可持续性 （4）德国较大的地下管线工程，必须经议会审议，还借助非政府的行业性组织实施管道运行管理，实现公共利益

2. 国内综合管廊运维状况

国内综合管廊与日本、欧美等国家相比建设和运营相对落后，有经验的综合管廊运维管理队伍更是少之又少。综合管廊监控运维管理涉及专业较多，包括安防、消防、通风、排水、电力、信息化系统等多元技术领域，这些将为综合管廊百年运维的开端带来不小的难度。近年来在我国城市地下综合管廊实现了市政工程管线的集成化、规模化管理，增强城市的抗风险能力得到了快速发展。但目前我国综合管廊发展也面临着诸多考验，例如，综合管廊的建设成本比较高、监督制度不完善、后期运维管理跟不上等。其主要行业问题包括以下几个方面。

（1）传统的运维管理方式导致管理水平落后，即运营成本投入高、应急响应速度慢、责任不清，以及事后扯皮等现象频频发生。

（2）目前运维管理智能化水平低下，巡检手段落后，工作效率低下，应急处置能力薄弱，监控维护漏洞多。

（3）综合管廊智慧化监控与运维管理系统是一个综合性、复杂性很强的控制与管理系统，各子系统之间由于采用的技术体系与标准不同导致兼容互通困难、集成复杂多变。

我国内地对于综合管廊的建设和设计起步较晚，存在缺少先进经验、法律法规不健全、标准滞后等问题，尤其是综合管廊规划设计、运营管理以及对入廊管线的服务没有相应的标准支撑，导致在建和即将建设、进入和即将进入运营服务期的管廊项目无章可循。没有行业上规范统一的设计、施工、验收方面的规范标准，大多数设计只是参照相近的技术标准，并经常采用其他规范来进行综合管廊的设计，或者依据别人的建设经验进行设计，经常出现的情况是：各地在建和已经建好的综合管廊往往都是设计单位依据单位内部或者地方性的建设规范，再根据设计经验来完成综合管廊的设计和建设任务，并没有一个完整的理论体系和统一的指导意见，这在一定程度上加大了我国综合管廊建成后的运维管理的难度。

针对这些问题，国家也出台了一系列关于综合管廊建设、设计、施工、运营等方面的法律法规，1997 年颁布了《城市地下空间开发利用管理规定》，随后又颁布了《城市综合管廊工程技术规范》（GB 50838—2015）、《城市综合管廊运行维护技术规程》（T/BSTAUM 001—2016）、《城市综合管廊监控与报警系统工程规范》（GB/T 51274—2017）、《城市地下管廊工程设计规范》2018 年（T/ZS 0003—2018）、《综合管廊安全运行监控量测技术规程》（T/BSTAUM 004—2018）、《城市综合管廊施工技术标准》2019 年（T/CCIAT 0006—2019）、《城市地下综合管廊运行维护及安全技术标准》（GB 51354—2019）、《城市综合管廊运营服务规范》（GB/T 38550—2020）。与此同时，一些地方也颁布了地方性的规范性文件，例如，2009 年杭州市颁布了《杭州市城市地下管线建设管理条例》，2011 年厦门市颁布了《厦门市城市综合管廊管理办法》，2014 年深圳市颁布了《深圳市地下管线管理暂行办法》，又于 2017 年颁布了《深圳市地下综合管廊管理办法（试行）》，2016 年武汉市颁布了《武汉市城市地下综合管廊管理办法》，2017 年苏州市颁布了《苏州市地下管线管理办法》，2017 年西安市颁布了《西安市城市地下综合管廊管理办法》，2018 年石家庄市颁布了《石家庄市地下综合管廊运营管理办法》。这些标准整理汇总国内外管廊规划设计、施工技术、运营管理等方面的先进经验，弥补了综合管廊在设计理念和管理运营方面的空白状态，为管廊科学建设及运行管理提供依据，确保了综合管廊主体结构、附属设施、入廊管线的安全，对提高我国综合管廊管理服务水平具有重要的作用。

5.2.3 隧道运维现状

传统的隧道运维管理系统以隧道监控为核心，主体功能定位在交通和重要设备的基础实时信息采集。目前隧道运维类系统以实时监控系统为主，数据较为零散，缺乏有效的分析手段；结构病害管理研究正转向全生命周期的信息整合，在充分利用隧道全生命周期数据方面的研究较少。

1. 目前隧道运维管理突出的问题

（1）养护工作人员流动性大，技能匹配度低。

（2）隧道养护经费紧张，资金缺口较大。

（3）养护设备机械化、自动化程度较低。

（4）信息技术较落后，数据记录利用率低。

（5）预防性养护停留在理念阶段，可操作性差。

2. 隧道运维特点

（1）管理对象众多

公路隧道运维管理主要涉及结构安全维护、设备健康保障以及日常运营管理三个方面：①结构方面，包括隧道主体结构以及道路、护墙板等附属设施；②设备方面，包括高低压柜、风机、水泵等机电设备以及计算机控制、通信广播和照明等其他系统设备；③日常运营管理方面，包括隧道交通管理和隧道外保护区巡视以及对隧道内光照、温度和空气质量等的管理。

（2）信息分散异构

公路隧道监测和管理往往需要多个信息采集系统相配合。以上海大连路隧道为例，除了用于实时和定期巡检的设备点检定修管理系统、隧道养护管理系统、中央控制系统、视频监控系统、隧道光纤光栅报警系统、风机监测系统和结构健康监测系统等多个信息系统外，还有许多人工检测、保养、维修的纸质文本信息。信息具有典型的异构、分散存储特征，会给隧道动态监视和管理决策带来不便。

（3）时空特性复杂

隧道内设施设备具有显著的时空关系。如隧道结构病害与周边结构和施工期均有关联，但传统管理方式下，施工信息缺失和异形空间描述困难，使得决策者无法了解结构全生命周期的演变规律以及分析其发展趋势，给隧道巡检和维养方案的制定带来不利影响。

（4）决策方式落后

在管理决策方面，目前主要还是由管理人员结合一些局部数据的统计和分析，根据经验完成隧道日常管理决策和年度养护方案设计。由于缺乏对隧道长期性能的分析能力，使存在安全隐患的一些设备和设施未被及时发现，导致隧道养护经费使用不合理等情况时常发生。

5.3 城市地下空间智慧运维理论架构

5.3.1 系统框架结构

城市地下空间运维管理系统由下到上分为 4 层，分别为信息模型层、数据库层、功能模块层、用户层。运维管理系统框架结构如图 5-3 所示。其中最底层的模型信息层是 BIM 运维模型与设备、资产、业务数据的集合，主要提供地下位置几何空间关系、设备设施属性信息等。数据库层的功能主要是对下层数据进行采集、存储，并保证数据能够在系统与模型之间实现共享。功能模块层建立在数据库层基础上，并直接面向用户层，根据不同的功能需求开发不同的模块。用户层通过在电脑中安装客户端软件或通过浏览器对城市地下空间运维进行查看和管理。

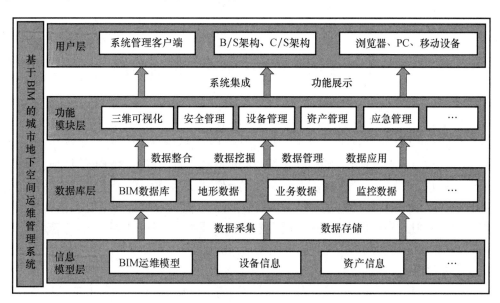

图 5-3 运维管理系统框架结构

5.3.2 系统架构与开发

理论上，运维 BIM 完整存储了建筑的所有设计和施工数据，而为了更直观方便地应用运维 BIM，需要开发相应的应用平台和系统。BIM 运维系统可提供给运维单位一个可操作 BIM 数据的界面，同时便于在整个运维阶段实现设备信息、安全信息、维修信息等各种数据的录入，在此基础上，用户能够以一种从宏观到微观的效果使维护人员能够更清楚地了解设备信息，同时以三维视图的方式展示设备及其部件以指导维护人员的工作，避免和减少由于欠维修或过度维修而造成的消耗，充分发挥 BIM 技术的优势对于提升运维管理系统的技术水平乃至运维管理的水平都具有重要的意义。目前，用于运维管理的 BIM 平台系统主要有三类：①直接应用商业软件产品；②基于商业软件进行二次开发；③研发具有自主知识产权的平台系统。

5.3.3 商业软件产品

目前，使用较为广泛的商业运维管理软件有 Archibus 和 Allplan Allfa。Archibus 是全球占有份额最高的运维管理软件，它可以提供集成化的管理解决方案，组织各参与方的协同，适用于房地产、公共建筑、设备管理等应用场合。Archibus 覆盖运维管理的大多数功能，如财产租赁管理、空间计划、维护维修管理、设备状态评估等。目前这款软件已广泛运用于世界各地的项目，涉及约 700 万名从业人员。然而，此产品目前尚不能和 BIM 模型很好地结合，主要采用基于平面数据的运营管理模式。

Allplan Allfa 是德国 Nemetschek 公司 Allplan 系列的产品之一，提供综合的计算机辅助建筑设备管理功能。软件的功能有数据标准化的信息管理、空间管理、设备文档管理、暖通和防火预警等。相比于 Archibus，Allplan Allfa 的优势在于该公司旗下已有一套基于 BIM 技术的系列软件，覆盖了设计、施工和成本管理，可以完成一定程度的信息集成，更符合 BIM 技术的理念及全生命期管理的要求。其不足主要是功能不够完善，覆盖面较低。

5.4 城市地下空间智慧运维的实施

5.4.1 隧道运维技术应用

随着隧道建设规模的增大，成熟、可靠的隧道运维技术是保证隧道安全畅通的前提条件。参考南京扬子江隧道运维情况，其隧道长度长，双层行车空间小，排烟、消防空间局促，并且纵坡大、曲线半径小，给隧道的运维管理和防灾救援带来了一系列难题。隧道运维技术主要包括运维管理和防灾救援这两个方面。运维管理主要包括管理机构、隧道运维环境和运营管理等，防灾救援主要包括救援机构、隧道防灾和应急管理等。隧道运维技术框架构成如图 5-4 所示。

1. 运维管理

隧道管理机构设置形式取决于隧道规模、位置分布、施工方式和运维管理规模等。过江隧道或隧道群宜建立隧道管理中心，特长隧道或孤立隧道宜建立隧道管理站，中短隧道应建立隧道现场控制室。

隧道满足不同工况运维要求和良好的运维环境是车辆在隧道内安全行驶的前提条件。环境要求在隧道建造阶段已经确定，并结合环境条件和工况要求确定隧道照明灯具、风机、摄像机、环境检测器和交通控制器等设备的数量以及安装位置。路面和结构完好也是隧道良好运维的前提条件。

运维状态监测和评价是隧道安全运维必不可少的环节，其主要包括土建结构、交通环境、交通工程与附属设施技术状态、交通状态的监测和评价以及交通工程与附属设施配置合理性评价等。隧道内设备配置如图 5-5 所示。

2. 防灾救援

隧道救援机构设置取决于隧道规模、位置分布、交通量、车型组成和救援需求等。过江隧道、隧道群或特长隧道应独立设置消防中队和事故救援队，中短隧道消防中队和事故救援队可借用市政配套救援机构。

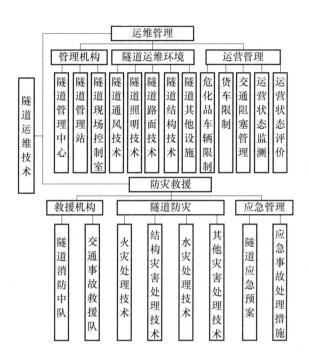

图 5-4 隧道运维技术框架构成

图 5-5 隧道内设备配置

隧道运维管理机构应结合所管辖路段内隧道规模和分布等建立规范化、标准化的应急体系与预案。应急体系与预案应包含隧道交通事故和火灾事故等一系列可能发生的应急事件，并借助大数据、云计算、互联网技术分析隧道事故位置和种类等，完善隧道应急体系与预案。

3. 智慧运维技术

隧道智慧管养技术是在新一代信息技术环境下对传统隧道交通工程设施的全新演绎，是未来隧道运维管理的发展趋势。为解决隧道管养过程中隧道设备运行状态、环境、结构等管养监测不到位的情况，应利用云计算、大数据、物联网和互联网等技术，建立起智慧化隧道管养平台。隧道智慧管养案例见表 5-2。

表 5-2　隧道智慧管养案例

隧道名称	建设方法	建设规模/km	智慧管养	管理效果
南京建宁西路长江隧道	盾构＋明挖	3	交通管控	有效控制隧道交通流量
南京应天大街长江隧道	盾构＋明挖	3	智能管理	监测隧道交通运行状态
青岛胶州湾隧道	钻爆＋明挖	6	交通管控	有效控制隧道交通流量
苏州中心地下环路	明挖	1.4	智能管理	有效保障交通有序

5.4.2　铁路隧道维护管理

1. 运维体系

隧道设施的安全运营需要定期检查、健康诊断、维修加固等养护管理工作。1974年以前，日本铁路运维采取"事后处置"，随着老龄隧道的增多，养护费用逐年增加，以延长寿命为目标的"预防型"运维便成为基本体系，所有隧道的运营维护都必须遵照铁路结构等养护管理标准。铁路设施养护管理标准流程如图 5-6 所示。

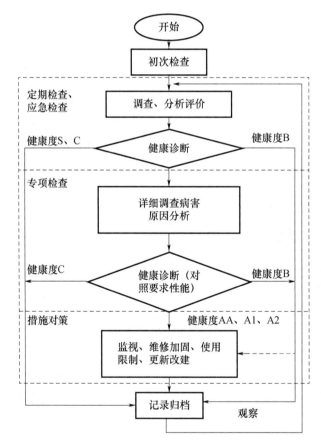

图 5-6　铁路设施养护管理标准流程

2. 隧道检查

铁路隧道检查基本体系如图 5-7 所示，分为初始检查、定期检查、专项检查和应急检查，其中定期检查分为常规检查和特别检查。

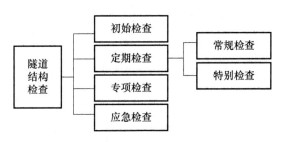

图 5-7　铁路隧道检查基本体系

　　初始检查是对新建、改建隧道所实施的检查，记录隧道初始状态作为运营管理的初始资料。定期检查需要全面把握隧道的健康状态，以判断是否需要专项检查，常规检查每 2 年 1 次，特别检查原则上对于新干线每 10 年 1 次，其他铁路至少每 20 年 1 次。专项检查是针对健康度为 A 的设施实施的更加详细的调查，通常用于推断病害成因、精细判定健康度及决定维修加固措施。应急检查是在地震、大雨及大雪等引起的洪水、火灾等突发性灾害后所实施的隧道性能调查。此外，当隧道受邻近施工、地面施工等外界影响可能引发隧道病害时也需要应急检查。

　　3. 健康诊断

　　隧道健康诊断可采用定量分析法或半定量分析法，评定方法有单项评价法与综合评价法。定量分析法是利用劣化预测公式或数值分析的计算结果来判定健康等级，而半定量分析法是根据检查结果判断病害演变阶段（潜伏期、发展期、加速期及劣化期），进而判定健康度。

　　根据裂缝、渗漏水、材料劣化、钢筋锈蚀、道床病害等多项评价结果，采用最严重等级作为隧道健康度的评价方法为单项评价法，而通过综合各项评定结果来确定隧道健康度的方法为综合评价法。一般情况下，对于重要的隧道设施还需要采用数值分析的方法，通过建立病害损伤模型，定量分析结构性能，评定健康度。表 5-3 为铁路隧道健康度分级与处置措施。

表 5-3　铁路隧道健康度分级与处置措施

健康度		损伤、病害程度	对列车、旅客及公众安全的影响	处置
A	AA	重大	现在有危险	紧急采取措施
	A1	状态恶化、性能降低	将来有危险	迟早采取措施
	A2	有危害结构性能的病害	迟早有危险	适时采取措施
B		再恶化将降级至 A 级	可能有危险	必要时监视
C		轻微	目前没危险	下次重点检查
S		无	没危险	不需要

　　由表 5-3 可知，健康度根据隧道损伤、病害及危险程度来评定。

　　4. 措施对策

　　对于健康度为 A 级的隧道，必须综合考虑隧道结构性能及对列车运行安全的影响，采取监视调查、维修加固、运行限制与更新改建等措施，具体可根据病害情况采取其中一项或多项措施。维修加固可恢复与提高隧道的耐久性和承载力，具体方法包括防止材料劣化的表面处理法、处理剥落的断面修复法、防渗漏水的排水或止水法、防冻融的隔热保温法及抗外力的内衬加固法等。由于隧道外有围岩土体、内有轨道设备，维修加固作业困难，因此在工法选择上需充分考虑施工对象、作业时间及空间等要素。

5. 记录存档

隧道的性能评价、病因分析、养护方案制定都离不开结构、材料、病害及其演变信息，因此，除了收集设计施工资料外，还必须及时记录每次隧道检查、诊断评价结果以及所采取的处置措施，并整理成档案长期保管。隧道建设资料包括勘察设计资料、地质调查结果、施工记录、邻近施工情况、降雨和气温等周边环境信息。运维记录需要描述衬砌状况以及有无病害、病害演变、措施效果等。对于裂缝、变形等需要记录测量时间、地点，并整理成图表。如今，为了提高记录的精确性，便于长期保管，大多数管理单位都建立了运维管理信息数据库，可实现线上查询、现场记录及健康度判定等。

5.4.3 高速公路运营隧道检测及维修

1. 隧道检测

目前，对营运期间的高速公路隧道检测分为日常检查、定期检测、特殊检测和专项检测。隧道定期检查是按照相关技术规范、标准的要求进行，应该布置详细且专业的安全疏导和交通管制措施，检测过程中如果发现病害或缺损，应详细准确地记录并描述其类别、范围、分布特征和严重程度，绘制成隧道展示图，分析成因，评判其发展趋势，对隧道结构的技术状况和功能状况进行评定，提出处置措施及建议，具体的检查内容和方法见表 5-4。

表 5-4　隧道定期检测内容及方法

部位	检测内容	方法
洞口	护坡、挡土墙、边坡及周围地质情况	人工检测
洞门	倾斜、沉降、墙身变形、墙背填料流失等	人工检测
衬砌	背后空洞、厚度、渗漏水、变形、开裂	人工检测法、地质雷达法、检测车法（非接触三维激光红外扫描系统）
路面	路面拱起、沉陷、错台、开裂、积水、结冰等	人工检测或检测车法
检修道	检修道毁坏、盖板缺失、栏杆变形、锈蚀、缺损等	人工检测或检测车法
排水系统	结构缺损、中央窨井盖、边沟盖板、边沟开裂漏水状况、排水沟（管）、积水井等	人工检测或检测车法
吊顶	吊顶板变形、缺损；吊杆质量；漏水（挂冰）	人工检测或检测车法
内装	脏污、缺损、变形	人工检测或检测车法
交通标志标线	缺损、脏污、光度	人工检测或检测车法

根据隧道各部位的破损情况，分别对其进行技术状况评定，并给出相应的评定等级，并依据隧道评定结果决定检测类型。

2. 维修处置方法

排水沟堵塞、沉沙池盖缺损或者排水沟损坏、电缆沟盖板的缺损以及内装（防火层）的损坏在营运隧道病害中出现尤为普遍，对隧道营运的安全影响不大，但是对隧道耐久性有很大的影响，其主要措施是替换或修补。

对于排水沟堵塞必须对其进行彻底的清理，建议使用联合管道疏通吸污车，采取高压吸污和冲洗的方法，结合电动式疏通机将疏通管以旋转方式插入各排水管道内排水系统堵塞部分；在较长的堵塞时用穿缆器将线缆疏通胶管来回抽动将淤积物冲散，以彻底疏通；对严重渗漏水区段需反复多次疏通。

隧道渗漏水一般采用竖排和防堵结合的方法。

（1）对于出水量大、出水点集中、问题突出情况的处置措施：

一般采用管棚钻斜向上在隧道两侧边墙打设泄水孔，孔深建议 5m 以上穿透至围岩，孔内设置软式透水管，泄水孔数量根据出水量确定，泄水孔出口一般高于边沟盖板 0.5m 左右；从泄水口出口自上而下凿泄水槽，一直延伸至排水边沟内，并在泄水槽内铺设 PVC 半管，最后用防水砂浆人工封闭泄水槽，抹平。

（2）对于三缝（施工缝、沉降缝、变形缝等环向裂缝）渗漏水的处置措施：

一般采用切割机沿着裂缝环向设置 U 形槽，并采用高压水和钢刷清洗，U 形槽延伸至电缆沟底部，槽内铺设 PVC 半管，管采用 PVC 专用胶水进行黏结，由上至下进行铺设，然后用防水砂浆充填；在电缆沟底部和边沟间凿设排水软管，将水引至边沟。

（3）对于纵、斜裂缝渗漏水的处置措施：一般先找到渗漏水最为严重的位置，再用第一种方法进行钻孔引排，再沿着裂缝采用第二种方法将水引至钻孔出，集中引排至边沟。

对于隧道裂缝宽度小于或等于 0.2mm 的裂缝，属于细微裂缝，只需要涂裂缝修补胶进行封闭。对于宽度大于 0.2mm 的裂缝应该先沿着裂缝凿 V 形槽，建议槽宽和槽深在 15mm 左右；然后沿着裂缝钻设注浆孔间距 30～50cm，深度根据裂缝深度进行确定；从下向上，采用灌注环氧树脂进行注浆加固，建议注浆压力为 0.2～0.3MPa，保持压力 20s；注浆完成或清理表面恢复内装层。

对于严重变形开裂已经无法正常使用的隧道衬砌，先根据隧道净空断面情况，在断面允许的情况下，优先考虑套拱的措施，如果断面不允许应该对先注浆加固然后凿除二衬重筑。而对于隧道墙角变形、隧道隆起等病害，增设墙角锚杆、扩大基础以及加设仰拱的措施也时有出现。

5.4.4 城市轨道交通工程施工设备维护维保

现阶段城市轨道交通工程设备维修管理通常采用一级控制和三级管理的方式。我国的城市轨道交通已经形成了定期维修、状态维修和事后维修三种主要的维修方式。对于一些极容易出现问题的小零件，可以采用定期维修的方式；对于发生故障次数较少，但出现故障就危害较大的零件，可以采用状态维修的方式；对于一些发生故障次数较少，且故障情况不是特别严重的小零件，可以采用事后维修方式，减轻预防性维修的工作量。设备维护过程中，可以按维修等级以及保养周期，将其分为日常检查、周检、双周检、月检、季度性检查以及年检等不同的检测等级。在检测过程中，可以根据实际需要以及设备的特性来进行区分，选择最合适的维修等级维修以降低故障率。

5.5 城市地下空间智慧运维实例

5.5.1 太原地铁车辆智能运维系统

车辆智能运维系统为整个列车的全自动运营调度中心和车辆段车务中心、自动化中心等各专业检修团队提供数据支撑及相应的决策支持，高效地为 DCC 中心车辆检修调度和 OCC 中心车辆调度指挥车辆运营和生产业务管理提供帮助，从而提高列车的运营可靠性、行车安全性，逐步提高检修的质量和效率，缩减人员投入和压缩管理成本，进而过渡实现"状态修"，实现列车全自动高效运行。

整个车辆智能运维系统主要由四部分组成，由硬件和软件相结合，通过运维平台来综合实现系统功能。车辆综合监控系统主要是依托列车控制系统和车地无线通 WLAN 车地无线通信网络，实现整车和零部件运行状态的信息采集、数据解析处理、数据融合后上传至智能运维云平台。通过数据的挖掘和分析，采用各种预测模型、智能诊断和数据算法等方式，实时实现列车及重要部件的健康状态、故障诊断及预警、故障的趋势预测和评价（图 5-8）。

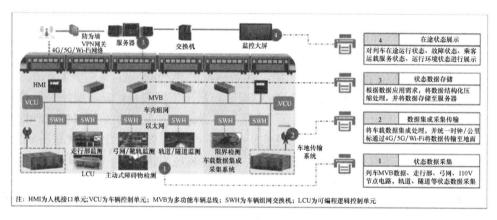

注：HMI 为人机接口单元；VCU 为车辆控制单元；MVB 为多功能车辆总线；SWH 为车辆组网交换机；LCU 为可编程逻辑控制单元

图 5-8　车辆智能运维系统架构图

轨旁车辆综合检测系统主要是在车辆段入线处和正线处部署基于机器视觉、红外和激光等传感技术的智能化检测系统设备，在车辆经过时自动检测车辆的外观及关键零部件和磨耗件的尺寸等数据信息，将相关数据经过清洗和整理后推送到智能运维平台，经过分析后实现对车体外观、走行部、弓网系统的图像自动检查，进而实现自动预警，有针对性地对车辆进行维护作业。轨旁车辆综合检测系统的组成如图 5-9 所示。

车辆检修管理系统从车辆段智能化检修过程入手，从人员、设备、备件、工艺和检测等方面进行管控。首先是接受车辆、轨旁的综合检测系统的数据及预警实施针对性的维护；其次是根据全自动运行无人区的特点，对停车列检库和联合检修库采用智能管控系统对停送电、人员进出、安全防护等环节流程进行有效管理，串联工作场景，规范检修过程，保障安全；最后通过各系统将检修维护结果反馈到车辆和轨旁综合检测系统反向验证，使得维修维护过程实现闭环管理，将结果反馈到系统和员工 App 终端。

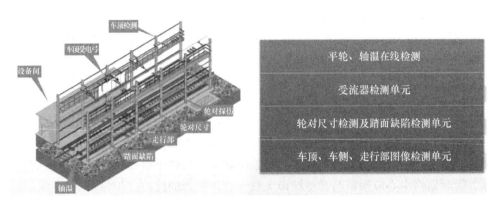

图 5-9 轨旁车辆综合检测系统

太原地铁全面推行云平台系统架构，实行安全生产网、内部管理网、外部服务网的三网隔离建设，同步在车辆段、车站、控制中心进行了部署。车辆综合检测系统、轨旁检测系统数据通过安全生产网进入运维平台，检修管理系统数据通过内部管理网进入运维平台，最终实现数据的汇流。智能运维平台主要实现车辆状态的监控，包括故障的报警、应急的处置、故障的诊断、故障的预警、故障的预测等功能，如图 5-10所示。

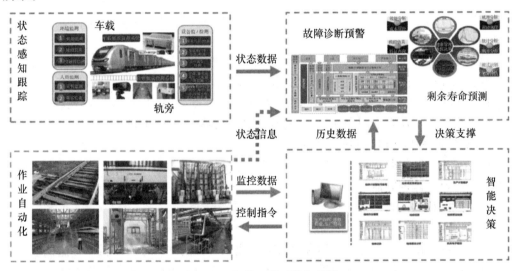

图 5-10 智能运维系统拓扑图

太原地铁车辆智能运维系统经过系统化规划，按照全自动运行的要求，统一考虑了车载、轨旁、检修三个环节的特点和衔接，整体搭建了车辆智能运维系统，在运行调试期间，实测效果良好，完全满足了全自动运行车辆控制方面的要求，同时也针对性地提高了检修效率，后续值得再推广和完善。

5.5.2 呼和浩特市丁香路综合管廊智慧监控与管理

呼和浩特市丁香路综合管廊项目通过智能信息化手段建立智慧化监控和运维管理系统实时地了解地下管网的情况，方便综合管廊的日常管理、增强其安全性和防范能力。

该综合管廊工程全长约为 6.14km，以约 200m 长作为一个监控与报警区段，工程共包括 31 个监控与报警区段，每个区间中部设置投料口、人员出入口。综合管廊综合监控与运维管理系统主要由以下部分组成。

1. 统一管理平台

在综合管廊控制中心设置一套监控与运维管理平台，硬件包含一台计算机、一套服务器、组合显示屏和 100/1000Mbit/s 工业以太网交换机。统一管理平台需满足以下功能：管理平台需与控制中心管廊上位监控系统进行系统集成；需与电力、热力、给水、供排水、燃气等公司监控平台和管线监控系统联通；与城市市政基础设施地理信息系统联通。管廊监控中心应预留与智慧城市大数据管理平台的接口。

2. 环境与附属设备监控系统

在控制中心设置一套监控工作站、一套数据库服务器、一套核心通信柜（内装工业以太网交换机）、两台打印机、一套 UPS 柜。监控工作站显示器上能生动形象地反映出综合管廊建筑模拟图、管廊内各设备的状态和照明系统的实时数据并报警。监控计算机同时还向现场 ACU 控制器发出控制命令、启停现场附属设备。附属设备监控系统与火灾报警系统联网。在每个分变电所内设置一套 ACU 柜，柜内安装一台千兆监控工业以太网交换机、一套千兆安防工业以太网交换机、一套可编程控制器、一套 NVR、一套 UPS，负责所在变电所供电半径内各区间监控系统的信号汇聚和视频存储。同一片区内的几个分变电所 ACU 柜把各自汇聚的监控信号发送至控制中心，并下发控制命令。

每个路段的每个监控与报警区间中部的投料口处设置一套 ACU 柜，柜内安装一台千兆监控工业以太网交换机、一套千兆安防工业以太网交换机、一套可编程控制器、一套 UPS，负责对应监控与报警区间内的信号采集。区间的 ACU 柜配置：现场 ACU 柜内安装一台千兆工业以太网交换机、一套可编程控制器、一套 UPS。

现场 ACU 柜内 PLC 控制的设备如下：

（1）风机；区间照明系统；出入口控制装置；排水泵；电力井盖；H_2S、CH_4 气体探测器；可燃气体控制器。

（2）区间检测仪表。

3. 附属设备联动要求

当某区间温度过高或有害气体含量过高，或氧气含量过低时，控制中心监控计算机启动强制换气，保障综合管廊内设施和工作人员的安全。当投入式液位仪检测到液位排水区间地势最低处设置爆管液位检测装置，启动相关应急预案。当区间内发生安防报警或其他灾害报警等，自动打开相关区间的照明，控制中心显示大屏自动显示相应区间的图像画面。

4. 火灾自动报警系统

（1）系统构成：管廊火灾自动报警系统由下面两层组成：

① 控制中心：分别设置一套火灾报警及联动主机于控制中心消防控制室内；

② 监控与报警区间：在综合管廊工程的每个分变电所和每个监控与报警区间的投料口设置一套火灾报警控制柜（内含火灾报警控制器 1 台、电气火灾监控器 1 台、若干控制模块、若干信号模块、一套 24V 电源），负责本区间内消防设施的控制及信号反

馈。区域火灾报警控制柜完成所管辖区间的火灾监视、报警、火灾联动及将所有信号通过网络上传至控制中心。电气火灾监控器联网后接入控制中心图形显示装置或火灾报警及联动主机。

（2）系统配置：区间火灾报警控制柜、手动报警按钮、声光报警装置、感烟探测器、感温电缆。

（3）系统联动：应由同一防火分区任一只感烟火灾探测器与舱室顶部线型感温火灾探测器的火灾报警信号，作为自动灭火系统的联动触发信号，由超细干粉灭火装置控制自动灭火系统的启动；或由同一防火分区内任一只火灾探测器或手动报警按钮的火灾报警信号，作为联动触发信号，由消防联动控制器联动启动安全防范系统的相关摄像机监视报警现场。

5. 安防系统

（1）入侵报警系统：在每个进风、出风及投料口处设置红外线双鉴探测器装置。其报警信号送至控制中心安防工作站。

（2）视频监控系统：在管廊内投料口设备安装处设置一套网络摄像机，同时管廊内每个舱内设置黑白一体化低照度网络摄像机两套。在每个分变电所设置 NVR，负责存储对应管理区域内的视频信号。当某区间有报警信号时，安防工作站及大屏应能自动显示相应区间的图像画面。摄像机信号送至控制中心安防工作站。

（3）出入口控制系统：管廊人员出入口设置出入口控制装置（电控井盖），出入口控制装置状态信号送至控制中心安防工作站。

（4）电子巡查系统：在管廊每个舱内下列场所设置离线电子巡查点：综合管廊人员出入口、逃生口、吊装口、进风口、排风口；综合管廊附属设备安装处；管廊内管道上阀门安装处；电力电缆接头处。

（5）人员定位系统：有在线式电子巡查系统的综合管廊，可利用该系统兼做人员定位系统。有无线通信系统的综合管廊，人员定位系统宜与无线通信系统结合。当采用基于 RFID 技术的人员定位系统，应在综合管廊出入口及舱室内设置读写器，监控中心应能实时显示综合管廊内人员位置。

6. 通信系统

（1）电话系统：该系统实现管廊内工作人员与外界通话和控制中心对管廊内人员进行呼叫的功能。在控制中心设置光纤电话中心主站。在每个区间的投料口区设置光纤电话主机一台。同时，在每个区间的每个舱内设置光纤电话副机。

（2）无线对讲系统：无线对讲系统主要由监控中心的无线控制器 AC、工作站、光纤环网、管廊现场无线 AP 及手持设备 VoIP 手机组成。管廊里每个防火分区每 60～70m 配置一台无线 AP，分变电所及投料口设备层分别设置一台无线 AP，手持设备 VoIP 手机根据运维人数而定。

5.5.3　南京地铁智慧运维

南京地铁线网指挥中心（NCC）采用的是基于数据仓库物理架构的大数据平台，包含数据采集、数据治理、数据仓库、数据集市以及上层决策系统服务等模块，其架构如图 5-11 所示。

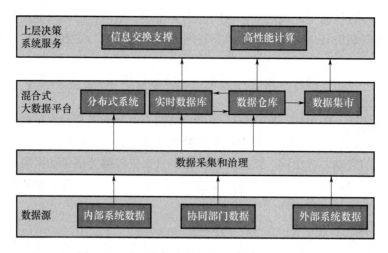

图 5-11 线网指挥中心大数据平台的总体架构

南京地铁 NCC 系统通过数据接入平台，与线路综合监控系统（Integrated supervisory Control System，ISCS）、数据采集与监视控制系统（Supervisory Controland Data Acquisition，SCDA）建立基于 TCP/IP 协议的冗余网络连接，与移动支付系统建立基于 HTTP 协议的实时行程传输，与 ACC 建立基于 FTP 协议的历史客流数据传输，与区域线路中心（Zone Line Center，ZLC）建立基于 Modbus TCP/IP 协议的冗余网络连接。此外，还预留与地铁公司其他相关系统（集团办公自动化 OA，资产管理系统等）、企业外部单位的信息接口。

南京地铁线网指挥中心采用自上而下的方法，基于企业级数据仓库，为数据存取频繁的信息系统构建从属型数据集市，提高查询速度。在这种方法中，数据在进入数据仓库之后都进行清洗和整理，之后才分发到数据集市中，这对于维护全局数据的一致性十分有利。

南京地铁线网指挥中心大数据平台设计了当事人、路网、设备设施、行车、票务、渠道、OD、客流、清分、事件、能耗 11 个主题，各个主题之间存在着密切的关联。其中，票务主题包含产品、交易、库存、关系、票价等信息，客流主题包含多维基础客流信息、修正信息、路径集信息等，设备设施主题包含履历表、分类、配置点、状态检测、关系、故障等信息，事件主题包含周边环境、突发事件、天气、节假日、应急预案等信息。

南京地铁线网指挥中心大数据平台采用 Kafka 分布式消息发布订阅系统、MPP 大规模并行处理架构数据库和 Hadoop 分布式系统，作为轨道交通大数据平台的物理架构。其中，Kafka 用来进行实时数据采集和处理，MPP 数据库用来进行结构化数据存储，Hadoop 用来提供非结构化数据存储和结构化数据备份，以实现轨道交通海量多源异构数据存储和高效分析。

目前，南京地铁线网指挥中心大数据平台在列车运行图编制、视频目标检测和识别、线网客流仿真、客流分析和预测等具体应用场景中，能够提供高性能计算资源。例如，视频分析系统运用高性能 GPU 集群，实现多路视频实时智能分析（包括人员计数、人群密度分析、异常事件检测等模块）；客流分析和预测系统利用分布式存储和运算资源，将复杂问题分解为许多小部分，分配给不同的计算机处理，从而节约了整体计算时间，极大地提高了计算效率。

5.5.4　大连路隧道消防智慧运维

1. 火灾监测与预警

大连路隧道火灾自动报警系统主要由感温光缆、计算机火灾信息的处理与自动报警系统、集中消防控制箱、水喷雾系统（含水喷雾泵）、消火栓系统、现场灭火机箱、消防接合器等组成。感温光缆接收到火灾预警信号后，自动报警系统能即联动 CCTV 大屏显示火灾报警在隧道中的位置，并能根据消防要求开启对应排风机。隧道内设置多处手动报警器，与消火栓、灭火器等设施共同设置，用于事故的当事者或发现者启动手动报警器，把事故通知隧道中心控制室。

在隧道内发生火灾事故或交通事故的情况下，因受狭窄空间的限制，会引发交通混乱、火灾蔓延等情况。通过隧道内外的一系列紧急警报设施，迅速反映隧道内状况，使车辆停止进入，防止事故扩大。在隧道入口情报板第一时间更改显示内容，警告外部车辆隧道内有火灾发生，改道通行，以便于驾驶员看到其显示字幕后即可掌握隧道内的状况，并能在行驶途中做出适当处理。隧道内部同样将火情及时通报给各驾驶员，引导司机迅速安全地离开隧道。隧道内发生异常事故时，设置播音区，发出预案广播，提醒驾驶员迅速安全离开隧道。

2. 隧道火灾救援组织计划

（1）大连路隧道一旦发现火情，可通过监视器确认火场情况，判断火灾类型通知巡检车、交警，说明确切位置，要求巡检车立即赶往现场视情况判断是否需要打开卷帘门或联络通道并报告中控现场情况。

（2）确认火灾后立即拨打 110、119 报警电话，说明具体位置和情况，通知现场人员在保证自身安全的情况下，利用现场消防设备积极参与灭火救援。

（3）中控通知各部门隧道发生火灾启动应急预案，要求相关道口配合交警对进入隧道的车辆进行劝阻并封闭隧道，并为消防救援车辆进入隧道预留车道。

（4）通知隧道应急抢险人员进入现场，协助交警疏散现场车辆和人员，并对逃生人员指引逃生方向。

（5）更改相应隧道入口的情报板"隧道内发生火灾，请驾驶员听从指挥"，更改隧道内情报板"听从指挥，快速撤离"。更改相应隧道入口、车道信号灯为红灯，在隧道内播放火灾预案的广播，通知隧道内驾驶员及乘客根据现场情况进行自救和互救，并按照逃生指示牌进行逃生。

（6）查看消防喷淋系统、排风系统、水泵系统、照明系统工作情况，并确认消防联动系统工作是否正常，如无法自动启动，则进行远程遥控启动，如仍未启动，则采取就地启动方式。

（7）开启隧道通风设备进行排烟，按照出口往事件发生地点的顺序逐步开启风机进行排烟，严禁使用正面风机吹风。开启隧道逃生通道风机进行正压送风，防止烟雾进入安全逃生通道。

（8）确保消防系统正常工作，加强对事故地点照明、通风、水泵供电电源巡视，确保隧道照明系统供电，防止火灾引起的电源短路造成跳闸事故。

（9）火灾灭火救援结束，洞内受损设施恢复，现场抢救人员、车辆及设施撤离后，可恢复发生火灾隧道的正常交通。

5.5.5　上海大连路隧道智慧运维管理

大连路隧道（图5-12、图5-13）是上海市第一条运用 BOT 方式建设的盾构法越江隧道，隧道的投资、设计施工总承包、运营管理养护维修均由上海隧道工程股份有限公司承担。

图 5-12　大连路隧道浦东引道段　　　　　图 5-13　大连路隧道盾构段车道层

根据现有设计图纸与施工资料，结合隧道实际情况建立大连路隧道的 BIM 模型，建模范围不仅包括隧道主体结构（明挖段、工作井、圆隧道段、附属结构）和内部的机电设备，还针对隧道沿线保护区的建筑物、道路等市政基础设施以及黄浦江等建立精细模型，最大限度地还原大连路隧道及周边环境的原貌（图5-14～图5-17）。

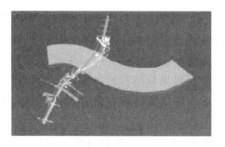

图 5-14　隧道整体模型　　　　　　　　图 5-15　隧道周边环境模型

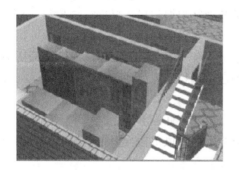
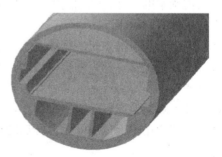

图 5-16　机电设备模型　　　　　　　　图 5-17　隧道结构模型

将大连路隧道设计、施工以及运维至今的所有数据（包括报表、图纸、图片、照片等）进行电子化处理（图 5-18），结合隧道规划、设计、建设与运营数据集的特点，建立 22 位的编码体系，构建元数据模型及标准体系。大连路隧道 BIM 运维平台，以隧道设施设备编码规则为基础，建立隧道"健康档案"，将设计基础信息、周边环境信息、建设施工信息、运维管理信息、结构与设备的检测及监测信息、设施设备维修记录及隧道 BIM 模型整合在一起，实现虚拟巡检、故障诊断和报警、病害追溯、危险源提示和养护方案比较等诸多功能，为隧道管理者提供可视化和智能化的辅助决策服务。整个平台采用 Visual Studio. NET2012 编码，Oracle 作为数据库软件，Unity 引擎进行三维展示，采用 R 语言进行智能算法编写。平台分为"数据中心""模型中心""监控中心"和"决策中心"四大功能板块。

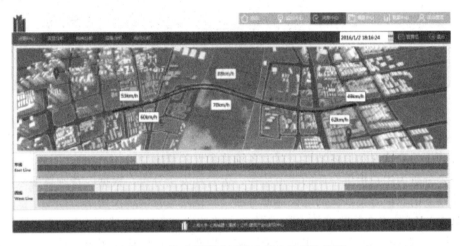

图 5-18 大连路隧道运维决策支持系统首页

监控中心以可视化交互的方式为隧道运维员工提供身临其境的决策服务。监控中心分为全景监控、隧道实景和变电所三个情境。全景情境下用户可以观察隧道与周边构建筑物的相互关系，了解隧道周边活动，实现隧道全面监控。在隧道实景下，运营养护管理人员能细致地监控隧道中每一个结构件的健康状况、风机和水泵等主要设备的运行状况，快速发现异常情况，利用内在关联性，通过图表、动画等各种形式为用户提供多角度的信息，实现可视化决策。变电所情境下，用户可以在浦东、浦西两个变电所之间自由穿梭，实现虚拟巡检和故障处理（图 5-19）。

决策中心包括运营分析、结构分析、设备分析和综合分析四大功能。运营分析包括交通状况、环境状况和能源状况。交通状况主要对即时交通情况进行判断、对下一时段交通趋势进行判断、对交通事故进行分析，为管理者进行交通诱导和应急措施提供帮助。环境状况主要从温度、湿度、PM2.5、CO、照度和亮度等多个指标对隧道环境进行全面评估，结合其他运营信息，对风机和光控台的控制调整给出建议，确保隧道环境健康和舒适。能源状况主要是监测隧道用电情况，对出现低功率因素给予报警，确保能源的利用率。

结构分析包括对断面收敛、裂缝宽度、联络通道相对位移、纵向沉降和接缝张开多个关键指标项的历史和实时监测数据进行分析，对异常波动或超标现象进行分析，给出建议。结构分析还包括结构评估，在对病害进行细致统计分析和逐一评价的基础上，对于劣化的结构段给出针对性维养建议，提升隧道整体结构健康程度。

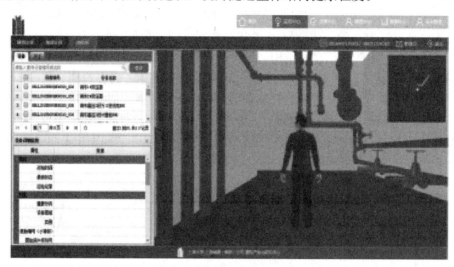

图 5-19　大连路隧道运维平台监控中心

设备分析根据射流风机、集排风机和水泵的实时监测数据对设备异常及时报警并根据设备历史故障情况和设备特性，对设备维修和保养给出意见。

综合分析为用户提供全面的隧道监控、运营和安全分析，根据经费预算要求，给出不同策略下的养护方案，从而延长隧道寿命，降低隧道长期维护费用。

基于 BIM 技术与物联网技术研发的"大连路隧道 BIM 运维平台"，满足隧道基础数据查询与信息共享的需要，实现隧道运维管理海量数据便捷使用与展示的需要。此运维平台不仅为隧道的运行安全提供保障，而且标志着隧道运营养护已经进入"大数据"和"互联网＋"时代，为城市运行安全拓展新思路。

6 城市地下空间施工风险与防控

6.1 概　述

　　随着我国城市化进程的持续加速，城市地下空间开发利用的数量和规模不断增多、增大，其面临的安全问题也越来越突出。近些年，城市地下空间工程的施工事故频繁发生，造成了严重的经济损失、人员伤亡。例如，2017 年 5 月 11 日深圳市轨道交通 3 号线三期南延工程基坑发生塌方事故，造成 3 人死亡、1 人受伤，直接经济损失约 345 万元［图 6-1（a）］；2018 年 2 月 7 日佛山市轨道交通 2 号线一期工程湖涌站至绿岛湖站盾构施工区间突发隧道和路面坍塌，造成 11 人死亡、1 人失踪、8 人受伤，直接经济损失约 5323.8 万元［图 6-1（b）］。

(a) 深圳5.11基坑坍塌　　　　　　　　(b) 佛山2.7地铁塌方

图 6-1　城市地下空间施工事故

　　因此，城市地下空间实行施工风险与防控管理具有重要的工程价值，对确保工程的组织施工、顺利完成有着至关重要的作用。本章结合城市地下空间的特点，针对施工过程中的风险管理问题，详细介绍了城市地下空间施工风险的种类、风险源辨识、风险评价、风险监测以及风险控制技术等方面的内容。

6.2　城市地下空间工程施工风险

6.2.1　施工风险的定义

　　风险（Risk）广泛应用于工程科学、经济学、社会学、环境科学以及灾害学等众多领域。其基本含义是指未来结果的不确定性，在最一般的情况下，可以将风险看作是实际结果与预期结果之间的偏离。虽然大家对"风险"一词并不陌生，但要给它下一个精确的定义并非易事。由于各个领域对风险所关注的重点不同，所以对风险的定义也各不相同，时至今日，无论是文字描述还是数学表达，对风险都没有一个统一的定义。

国际隧道协会（ITA）给出的风险定义为：风险是灾害事故对人身安全及健康可能造成损害的概率。我国《城市轨道交通地下工程建设风险管理规范》（GB 50652—2011）对风险的定义为：风险是不利事件或事故发生的概率（频率）及其损失的组合。

虽然各领域风险定义模式不同，但其中均包含了风险的两个基本要素，即风险发生的概率和可能造成的损失。目前，比较通用的数学语言表达的风险函数定义，见式（6-1）：

$$R=f（p，c）\tag{6-1}$$

式中　R——风险；

　　　p——风险事件发生的概率；

　　　c——风险事件造成的后果。

城市地下空间工程与其他工程相比具有隐蔽性、施工复杂性、地层条件和周边环境不确定性的突出特点，从而增加了其工程施工的风险。对于大规模的城市地下空间工程来说，其施工风险可表示为：在地下空间工程施工过程中，如果其中某项活动的发生会导致工程发生各类直接或间接损失的可能性，那么就称这项活动存在风险，由该项活动引发的不良后果就是风险事故。

6.2.2　施工风险的特点

由于城市地下工程所面临的地质条件以及地面、地下环境的复杂，使得城市地下工程在施工过程中面临较大的安全风险，其基本特点如下。

1. 客观性

风险是客观必然存在的，任何活动都存在风险。由于地基岩土性质、工程水文地质等条件复杂，地下工程的施工风险是客观存在的。

2. 隐蔽性

由于城市地下工程隐蔽于地下，其施工过程中需要改变原有的地物地貌。而且，在地质勘探过程中并不能全面详尽地勘探，因而在土体开挖之前并不清楚地下岩土的全貌，隐蔽性强。

3. 不确定性

城市地下工程所面临的环境复杂多变，工程水文地质不稳定，地上建筑物密集和地下管线密布，且管线和建筑物基础分布具有明显的不确定性以及一定程度的未知性，使得风险事故的发生也难以确定。

4. 加剧性

城市地下结构埋深小，通常在 30m 以内，随着施工的开展，作用在土体上的荷载增加，这样在地下工程施工中必然会对地表造成较大的影响，沉降量明显增大，与地面结构物的作用关系不确定性增加，安全风险增大。

5. 严重损害性

由于城市中心人员分布特别集中，尤其是大城市多为国家或区域的政治、经济及文化中心，一般发生施工风险事故将造成非常严重的经济损失和社会影响。

6.2.3　施工风险的分类

不同的分类标准，风险分类也不同。对不同风险分别采取针对性的应对方案，从而最大程度地降低甚至避免风险损失。因此，对风险进行分类显得尤为重要。工程风险具体分类，见表6-1。

表 6-1　工程风险分类

风险分类依据	风险分类
风险损失产生的原因	自然风险、人为风险
工程项目建设阶段	规划风险、可行性研究风险、设计风险、招投标风险、施工风险等
工程项目建设目标和承险体	安全风险、质量风险、工期风险、环境风险、投资风险等
风险损失	人身风险、财产风险、环境风险
风险来源	自然风险、技术风险、社会风险、政治风险、经济风险、文化风险、行动风险
风险管理层次关系与技术影响因素	总体风险、具体风险

城市地下空间工程的施工，受到施工场地、复杂地质条件和周边环境的影响，同时因其施工的特殊性，其风险性更高。按照其施工方法的不同，主要可以分为暗挖施工风险和明挖施工风险。

1. 暗挖施工风险

城市地下空间暗挖施工主要包括浅埋暗挖法和盾构法，受地质条件、周边环境和工法本身影响较大。施工风险主要为隧道塌方、涌水、冒顶、影响周围建（构）筑物安全、物体打击、火灾、触电、中毒窒息等，如图6-2所示。

(a) 隧道塌方

(b) 隧道涌水

(c) 管线断裂

(d) 隧道火灾

图 6-2　城市地下空间暗挖施工风险

2. 明挖施工风险

地下空间明挖施工主要是基坑工程开挖问题，土体开挖过程中会存在较多风险，如基坑坑底凸起、边坡移动、岩土体坍塌以及承压水突涌；同时，围护结构也存在相应的风险，如围护结构开裂、围护结构倒塌、支撑扭曲变形；对于周边环境的影响，引起建筑物沉降、倾斜、倒塌、管线破损等，如图 6-3 所示。

(a) 土体坍塌

(b) 承压水突涌

(c) 围护结构坍塌

(d) 邻近建筑坍塌

图 6-3　城市地下空间明挖施工风险

6.3　城市地下工程施工风险源辨识与风险评价

6.3.1　施工风险源

施工风险主要由风险源（风险因素）、风险事故和风险损失三个方面组成。

风险源即风险因素，是指引起风险事故的发生、增加风险事故发生的概率或影响损失严重程度的条件或因素。风险源种类和数量众多，一般包括实质性风险源（有形因素，如施工荷载等）和人为性风险源（无形因素，如人的疏忽与过失、恶意行为等）。

风险事故又称风险事件，是指直接导致损失（不利结果或后果）发生的偶发事件。风险事故使风险的可能成为现实，以致造成损失的发生，它是造成损失的直接原因或外在原因，是损失的媒介物，即风险只有通过风险事故的发生才能导致损失。

风险损失又称风险后果，是指由风险事故造成的非故意的、非预期的、非计划的不利结果或负面效果。风险损失的产生与风险源的存在以及风险事故的发生有着密切的关系，风险损失的发生概率和大小具有不确定性，它是表征风险大小的决定性因素。

风险源、风险事故和风险损失三者相互关联，导致风险的发生，其过程如图 6-4 所示。

6.3.2 风险源辨识

风险源辨识是风险评估的基础、风险管理的第一步，也是非常关键的一个步骤。这一步的主要任务是确定城市地下空间项目中存在什么风险，评价风险对项目的影响，并确定哪些风险可能是对项目产生严重影响的关键风险。在此阶段，需要考虑的主要问题如下：

有哪些风险需要考虑？风险发生的主要根源及原因是什么？风险后果有哪些以及严重程度有多大？

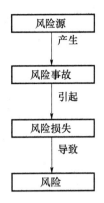

图 6-4 施工风险产生的过程

风险辨识工作需要丰富的工程经验和科学的辨识方法，其结果的全面性和合理性将直接影响后期风险管理的科学性和有效性。下面简单介绍几种主要的风险辨识方法。

1. 专家调查法

专家调查法又包括德尔菲法和头脑风暴法两种，是常用的定性的风险源辨识方法。在城市地下空间风险辨识时，通常使用该方法进行初步辨识，为后续的风险分析奠定基础。

（1）德尔菲法

该法最早是由美国兰德公司在 20 世纪 50 年代为进行一项美国空军委托的预测而命名的"德尔菲计划"。依据系统的程序，采用匿名发表意见的方式，只与调查人员直接联系，经过反复征询、归纳、修改，最后形成专家基本一致的看法，作为预测和识别的结果。其分析步骤，如图 6-5 所示。

（2）头脑风暴法

头脑风暴法是一种吸收专家参加，根据事物的过去、现在及发展趋势，以专家的创造性思维获取未来信息的一种直观预测和识别方法。其分析步骤，如图 6-6 所示。

专家调查法的优点是简单易行，得到的结论比较全面、客观，能对不确定的问题做出较为准确的回答；缺点是结论容易受到专家个人的主观因素影响，从而使得结果产生偏差。

2. 安全检查表法

安全检查表法是分析人员依据相关的标准、规范，对工程、系统中已知的危险类别、设计缺陷以及与一般工艺设备、操作、管理有关的潜在危险性和有害性进行判别检查。该方法既可用于简单的快速分析，也可用于更深层次的分析，是识别已知危险的有效方法。

安全检查表法的优点是能够事先编制，可以系统化、科学化地查找导致事故的风险源；按照实践中的重要顺序排列，有问有答，通俗易懂，简单易学，容易掌握。缺点是只能对已经存在的对象进行评价，编制安全检查表的难度和工作量大。

3. 工作-风险分解法

工作-风险分解法是将工作分解构成工作树，风险分解形成风险树，然后以工作分解树和风险分解树交叉构成的工作-风险矩阵进行风险识别的方法。该方法风险源识别使定性分析过程细化，比较容易全面地识别风险，适用于比较复杂的工程风险识别系统。

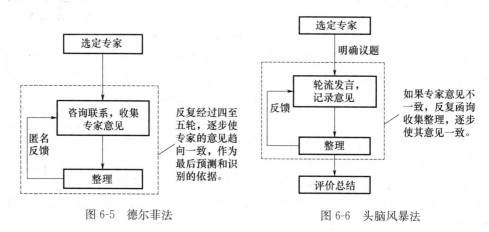

图 6-5　德尔菲法　　　　　　　　　　图 6-6　头脑风暴法

　　工作-风险分解法的优点是，通过风险源逐级分解，系统地识别风险源；经过分解把作业和风险的初始状态细化，在一定程度上规避了其他方法笼统地凭借主观判断辨识风险的弊端。缺点是工作与风险的分解过程较复杂，用于复杂工程容易产生遗漏和错误。

　　4. 情景分析法

　　情景分析法又称前景描述法，是通过有关数字、图表和曲线等对未来的某个状态进行详细的描绘和分析，从而识别引起工程风险的关键因素及其影响程度的一种风险识别方法，如图 6-7 所示。

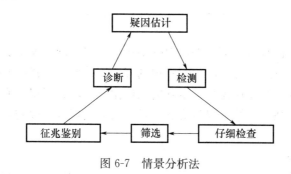

图 6-7　情景分析法

　　情景分析法的优点是使战略能够适应备用的环境脚本，同时拓展管理者的思路，开阔视野，提高他们对环境威胁的警惕，不失对长期机遇的把握。缺点是情景的形成费时间，而环境的渐变很难被察觉。

　　5. 故障树法

　　故障树法是以树状图的形式表示所有可能引起主要事件发生的次要事件，揭示风险源的聚集过程和个别风险事件组合可能形成的潜在风险事件，如图 6-8 所示。通过该方法能够掌握施工事故的发生规律，针对最小割集采取预防措施。

　　故障树法的优点是可将导致事故的风险源及逻辑关系简洁、形象地描述出来，易查明各类风险因素，为施工提供科学依据。缺点是在国内外数据较少的情况下，进行定量分析的工作量较大。

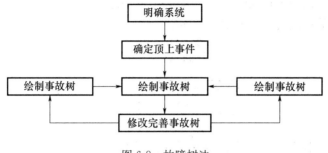

图 6-8　故障树法

6.事件树法

事件树法是从原因到结果的过程分析，利用逻辑思维的规律和形式，分析事故的起因、发展和结果的整个过程。利用事件树分析，是以"人、机、物、环境"综合系统为对象，分析各环节事件成功与失败的两种情况，从而预测工程可能出现的各种结果，如图 6-9 所示。

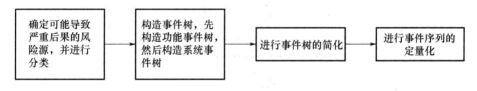

图 6-9　事件树法

事件树法的优点是图解形式能清楚、简洁地描述事件的发展过程；可定性、定量地识别初始事件发展的后果及严重程度。缺点是在复杂工程的应用过程中容易产生遗漏和错误。

为了保证城市地下空间复杂结构工程施工风险识别的准确，在风险辨识中还应遵循以下原则。

（1）完整性原则

指在对城市地下空间工程施工进行风险辨识的时候要全面完整地将所潜伏的所有风险辨识出来，不能遗漏其中工程风险因素，尤其是可能对工程施工产生重要影响的因素。为了保证风险识别的完整性，可以采用多种风险辨识方法，从多个角度进行风险的辨识，从而达到相互补充的作用。

（2）系统性原则

城市地下空间工程施工风险辨识是规模巨大、结构复杂的系统工程，在进行风险辨识的时候应该系统、全局地考虑问题。进行风险辨识时，应该按照地下空间工程的施工顺序和各因素之间内在结构联系来进行。系统性原则保证了工程风险辨识的效果，而重要性原则保证了工程风险辨识的效率。

（3）重要性原则

指在对工程进行风险辨识时要有所侧重。一是侧重风险的属性，对那些可能带来风险损失较大的风险花大力气将它们辨识出来，而对于影响较小的风险，则不必花费太多的人力、物力去进行风险辨识，可以直接忽略不计，坚持重要性原则可以提高风险辨识的效率，节约成本；二是侧重风险载体，在风险辨识时要花大力气对那些对整体工程项目都有重要影响的结构进行风险辨识，确保整个系统安全。

风险源辨识的一般流程，如图 6-10 所示。

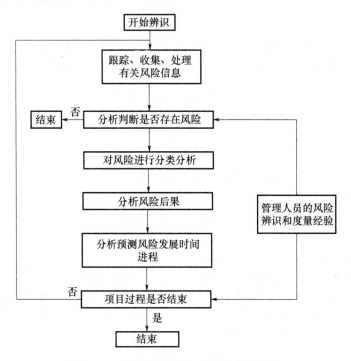

图 6-10　城市地下空间工程风险辨识流程

6.3.3　施工风险评价

城市地下空间工程具有隐蔽性、复杂性和不确定性等特点，工程地质及水文地质条件复杂并缺少历史经验和统计资料，因此在风险辨识过程中，尤其是在收集和研究资料、确定主要风险类型、基本风险的构成中主要采用头脑风暴法、德尔菲法、故障树法等。在风险辨识和初步分类之后就要对风险进行评估。风险评价的主要内容是在全面分析和权衡城市地下空间工程施工中潜在的一切风险因素的前提下，综合评估出工程的整体风险水平。

城市地下空间工程的风险评价方法包括定性评价、定量评价以及定性与定量相结合的风险评价三种方法，通常实际操作中采用定性与定量相结合的方法。下面列举了两种常用的风险评价方法。

1. 层次分析法

层次分析法，是 20 世纪 70 年代美国学者 T. L. Staaty 提出的，它是一种在经济学、管理学中广泛应用的方法。层次分析法可以将无法量化的风险按照大小排列顺序，把它们彼此区别开来。该方法的基本步骤如下。

（1）确定评价目标，再明确方案评价的准则

根据评价目标、评价准则，构造递阶层次结构模型。递阶层次结构模型一般分为

三层：

　① 目标层：最高层次，或称理想结果层次，是指决策问题所追求的总目标；

　② 准则层：评价准则或衡量准则，是指评判方案优劣的准则；

　③ 方案层：也称对策层，是指决策问题的可行方案。

（2）采用两两比较的方法构造判断矩阵

比较判断矩阵中，上一层因素对下一层次因素具有支配作用，同一层次的各个因素通过两两比较得到这一层次因素对上一层次因素的相对重要性。

$$A = \begin{bmatrix} C_k & A_1 & A_2 & \cdots & A_n \\ A_1 & a_{11} & a_{12} & \cdots & a_{1n} \\ A_2 & a_{21} & a_{22} & \cdots & a_{2n} \\ \cdots & \cdots & \cdots & \cdots & \cdots \\ A_n & a_{n1} & a_{n2} & \cdots & a_{nn} \end{bmatrix} \tag{6-2}$$

判断矩阵中，A_i（$i=1, 2, \cdots, n$）表示隶属于同一因素并且处于同一层次上的各个指标。a_{ij}（$i, j=1, 2, \cdots, n$）表示指标 A_i 和 A_j 对于它们的上层次因素的相对重要程度的标度。显然，a_{ij} 具有以下性质：

　① $a_{ij}>0$；

　② $a_{ij}=1/a_{ji}$；

　③ $a_{ii}=1$；

由上面的性质可知，比较判断矩阵具有对称性，在对其进行赋值时，一般先把 $a_{ii}=1$ 部分填写完成，再对三角形或下三角形的 $n(n-1)/2$ 个元素进行比较赋值，然后按对称性对另一半进行赋值。

确定 C_k 层次下的 a_{ij} 的值，通常采用 Saaty 教授提出数字 1～9 及其倒数作为标度来取值，具体见表 6-2。数字 1～9 及其倒数的标度方法是将我们抽象的思维转化为具体数字表示的一种方法，便于对风险的量化评价。

表 6-2　重要性标度含义

标度值	（a_{ij}）含义
1	i 因素与 j 因素同等重要
3	i 因素比 j 因素稍微重要
5	i 因素比 j 因素重要
7	i 因素比 j 因素重要得多
9	i 因素比 j 因素绝对重要
2、4、6、8	介于上述相邻判断之间

（3）计算各因素的权重

通过对比较判断矩阵进行计算，可以得到各风险源对城市地下空间工程施工影响的权重，下面我们进行权重计算，使比较判断矩阵 **A** 按列规范化。

$$\bar{a}_{ij} = \frac{a_{ij}}{\sum\limits_{i}^{n} a_{ij}} \quad (i,j=1,2,\cdots,n) \tag{6-3}$$

将正规化后列向量按行相加得和向量,

$$w_i = \sum_{j=1}^{n} \bar{a}_{ij} \, (i=1,2,\cdots n) \tag{6-4}$$

将相加得到的向量正规化,就可得到比较判断矩阵 $\boldsymbol{A}$ 的权重向量

$$\bar{w}_i = \frac{w_i}{\sum_{i=1}^{n} w_i} \quad (i=1,2,\cdots,n) \tag{6-5}$$

计算比较判断矩阵最大特征值 $\lambda_{\max}$

$$\lambda_{\max} = \sum_{i=1}^{n} \frac{[A\bar{w}_i]}{n \, (\bar{w}_i)_i} \tag{6-6}$$

因为在计算权重向量时先对比较判断矩阵按列进行了规范化,所以矩阵每列和为 1,并且比较判断矩阵内所有元素之和等于 n(行数或列数)。因此对权重向量的计算和最大特征值计算其实就是求平均运算。$\bar{w}_i$ 可得风险源各因素对地下空间工程施工安全的影响权重,即权重系数。

（4）一致性检验

上文所求的 $\bar{w}_i$ 就是同一层次上的风险因素对于它们所隶属的上一层次风险因素相对重要性权重值,为保证比较判断矩阵的最大特征值和最大特征向量可以使用,必须对比较判断矩阵进行一致性检验。由成对比较矩阵性质可知,如果比较判断矩阵是完全一致的成对比较矩阵,那么应该满足以下条件。

$$a_{ij} a_{jk} = a_{ik}, \ 1 \leqslant i, \ j, \ k \leqslant n \tag{6-7}$$

矩阵绝对值最大的特征值等于矩阵的维数。

实际上,在构造成对比较矩阵时,要使比较判断矩阵完全满足上述要求是不太可能的。所以允许比较判断矩阵存在一定的不一致性,但是前提是这种不一致性要非常小,要满足一定的条件即要求比较判断矩阵的绝对值最大的特征值和上述矩阵的维数相差不大。在规定的范围以内进一步计算比较判断矩阵的一致性指标 CI。

$$CI = \frac{\lambda_{\max}(A) - n}{n-1} \tag{6-8}$$

如果 $CI=0$,那么比较判断矩阵满足一致性,如果 $CI \neq 0$,那么比较判断矩阵不满足一致性,那么查平均随机一致性指标 RI 表,求一致性比例。平均随机一致性指标 RI 表见表 6-3。

表 6-3　平均随机一致性指标 RI 表

n	3	4	5	6	7	8	9	10	11
RI	0.52	0.89	1.12	1.26	1.36	1.41	1.46	1.49	1.52

比较判断矩阵的一致性比例,即为

$$CR = \frac{CI}{RI} \tag{6-9}$$

若 $CR < 0.1$,那么就认为比较判断矩阵的一致性满足要求;如果不满足要求,那么就需要对比较判断矩阵进行修正。

2. 模糊综合评价法

模糊集合论是美国加利福尼亚大学的 Zadeh 教授于 1965 年提出来的。风险评估实际中，有许多事件的风险程度是不可能精确描述的，如风险水平高、技术先进、资源充分等，"高""先进""充分"等均属于边界不分明的概念，即模糊概念。对于既难以有物质上的确切含义，也难以用数字定量而准确地表达出来的模糊事件可以用模糊综合评价法进行项目风险评价。

模糊综合评价法虽然计算过程比较客观，但隶属函数或隶属度的确定、评价因素对评价对象的权重的确定都有很大的主观性，因此，其结果也存在较大的主观性，通常其评价流程，如图 6-11 所示。

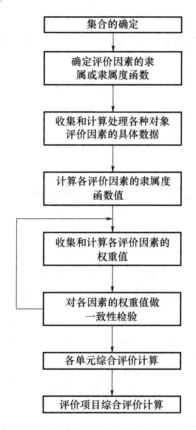

图 6-11　城市地下空间工程风险辨识流程

模糊综合评价分为单因素模糊综合评价和多层次模糊综合评价，多层次模糊综合评价的主要步骤如下。

（1）确定底层因素集

底层风险因素的集合，即：

$$U=\{X_1,\ X_2,\ \cdots,\ X_n\} \tag{6-10}$$

（2）给定各因素的权重

由于评价指标体系具有明显的层次性，可采用层次分析法或由专家确定各层风险因素的权重，一般用权重向量 $W=\{w_1,\ w_2,\ \cdots,\ w_n\}$ 表示。

底层风险因素相对上层风险因素的权重向量可表示为：

$$w_i = (w_1, w_2, \cdots, w_n) \tag{6-11}$$

（3）建立评价等级集

评价集是评价者对评价对象可能做出的各种评价结果所组成的集合，即 $V = \{V_1, V_2, \cdots, V_n\}$。例如，$V = \{V_1, V_2, \cdots, V_n\} = \{$轻微的，较重的，严重的，很严重的，灾难性的$\}$。

（4）确定隶属关系，建立模糊评价矩阵

从 U 到 V 的一个模糊映射，可以确定一个模糊关系 R，它可表示为一个模糊矩阵：

$$R = \{r_{ij} \mid i = 1, 2, \cdots n, j = 1, 2, \cdots, n\} \tag{6-12}$$

式中　r_{ij}——隶属度，即第 i 个指标隶属于第 j 个评价等级的程度。

采用模糊统计的方法构造隶属度函数，可得到 R 为如下矩阵：

$$R = \begin{bmatrix} r_{11} & r_{12} & r_{13} & r_{14} & r_{15} \\ r_{21} & r_{22} & r_{23} & r_{24} & r_{25} \\ r_{31} & r_{32} & r_{33} & r_{34} & r_{35} \\ \cdots & \cdots & \cdots & \cdots & \cdots \\ r_{n-1,1} & r_{n-1,2} & r_{n-1,3} & r_{n-1,4} & r_{n-1,5} \\ r_{n1} & r_{n2} & r_{n3} & r_{n4} & r_{n5} \end{bmatrix} \tag{6-13}$$

（5）进行一级模糊矩阵的运算，得到一级模糊矩阵 B，即：

$$B = \begin{bmatrix} b_{11} & b_{12} & b_{13} & b_{14} & b_{15} \\ b_{21} & b_{22} & b_{23} & b_{24} & b_{25} \\ \cdots & \cdots & \cdots & \cdots & \cdots \\ b_{n1} & b_{n2} & b_{n3} & b_{n4} & b_{n5} \end{bmatrix} \tag{6-14}$$

进行二级模糊综合评价，得到模糊综合评价集 C，即：

$$C = W \cdot B = (w_1, w_2, \cdots, w_n) \cdot \begin{bmatrix} b_{11} & b_{12} & b_{13} & b_{14} & b_{15} \\ b_{21} & b_{22} & b_{23} & b_{24} & b_{25} \\ \cdots & \cdots & \cdots & \cdots & \cdots \\ b_{n1} & b_{n2} & b_{n3} & b_{n4} & b_{n5} \end{bmatrix} = (c_1, c_2, c_3, c_4, c_5) \tag{6-15}$$

即可根据评价集采用加权平均法确定风险事件后果等级。关于城市地下空间施工风险的评价方法还有灰色关联度分析法、人工神经网络法、贝叶斯概率法、蒙特卡罗法、可靠度方法等，评价方法越来越趋于系统化、科学化、全面化。

6.4　城市地下空间工程施工风险监测

运用监测预报技术对城市地下空间工程施工风险进行预知预判，是确保项目安全施工的重要保障措施。监测是指在地下空间工程施工中对围岩、地表、支护架构以及周边环境动态进行的观察和量测工作，对于采用浅埋暗挖法、明挖法、盾构法或盖挖法等方法进行设计施工的城市地下空间工程一定要实施监测。

6.4.1　施工监测原则

城市地下空间工程施工风险监测项目应符合以下原则。

（1）结合工程实际，对需要监测的对象进行实地考察，编制符合该工程的监测方案。

（2）监测元件的埋设，应确保埋设位置的稳固性和准确性，编制符合该工程便于数据采集和确保事故分析时数据的真实合理，从而降低施工风险。

（3）监测元件布设要及时，确保在开挖之前的15天左右埋设好监测元件。

（4）确保监测仪器的时效性和精确度，合理规划监测费用，既不能浪费资源，也不能偷工减料。同时要实现可视化信息管理技术的应用，做到快、准、静。

（5）制订的监测方案要遵循国家现行有关规范、规章，参考相关工程的监测经验。

6.4.2　暗挖施工风险监测

采用暗挖法施工的城市地下空间工程项目通常会对岩土层产生多次扰动，一般的风险监测项目包括：地表及支护状况观察、地表沉降、拱顶沉降、净空收敛、建（构）筑物沉降以及围岩压力的量测等。

1. 地表及支护状况观察

城市地下空间工程一般离地面比较近，部分土层中可能含有滞留水，因此，对路面和洞内开挖情况观察记录很重要。通过安全巡查可以了解到以下几个方面：开挖过程中观察洞内土层的变化情况；判断隧道围岩和支护结构稳定与否；地表出现裂缝来判断是否发生在掌子面附近，在掌子面附近说明支护薄弱，需要提高支护的可靠性。

除了每天的观察，还要做安全巡查日记，要记录隧道的开挖进度、掌子面附近的土层描述、具体的渗漏水位置、洞内环境如何等内容。每天安排专职人员从记录或绘制当天的施工状态，在巡查中发现安全问题，要及时记录发生的具体位置。

2. 地表沉降监测

城市地下空间工程一般都属于浅埋工程，在开挖的过程中会对土体产生扰动引发地表沉降，而且工程穿越的地段通常为繁华市区，地表沉降过大会对穿行的车辆和附近的建（构）筑物造成影响，所以要重视地表沉降的监测。监测之前，必须在受沉降影响之外的范围布设水准点，水准点须牢固可靠，而且是经过第三方严格布设的监测点，用于监测人员平时进行监测数据使用，要定期对水准点进行联测。

地表沉降测点布设按照如下规则进行：沿隧洞中心线两侧每纵向 10～50m 间距布设两排测点，测点纵向布设间距为 3～5m，布设位置处于两隧洞中心线正上方。横向以 25m 为一个监测断面，布设在同一断面的监测点间距一般为 2～5m，从隧洞的中心线向两侧逐渐加大分布间距。选择钢筋作为地表沉降监测点材料，钢筋埋设长度要大于 1m，监测点要稳固耐用，不出现松动现象。

地表沉降监测的频率与周期：

（1）当掌子面到监测断面的距离 $L \leqslant 2B$（B 为隧洞宽度）时，每 1d 监测 1 次；

（2）当掌子面到监测断面的距离 $2B < L \leqslant 5B$ 时，每 2d 监测 1 次；

（3）当掌子面到监测断面的距离 $L>5B$ 时，每 7d 监测 1 次；

（4）当监测断面变形基本稳定后，30d 监测 1 次。

3. 拱顶沉降监测

对地下隧洞拱顶进行监测时需要事先从地面把水准点引入洞内，在洞内比较稳定牢靠的位置埋设基准点，基准点需要长期使用并确保数值稳定可靠。拱顶沉降测点的布设一般要求纵向间距 5m，位置在拱顶正中间或附近位置。测点要及时跟进掌子面，以免错过最佳数值采集时间。具体的测点布置位置如图 6-12 所示。

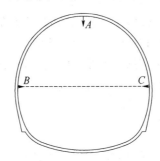

图 6-12　拱顶沉降和净空收敛测点布置

拱顶沉降监测的频率与周期：

（1）当掌子面到监测断面的距离 $L \leqslant B$（B 为隧洞宽度）时，每 1d 监测 1～2 次；

（2）当掌子面到监测断面的距离 $B<L \leqslant 2B$ 时，每 1d 监测 1 次；

（3）当掌子面到监测断面的距离 $2B<L \leqslant 5B$ 时，每 2d 监测 1 次；

（4）当掌子面到监测断面的距离 $L>5B$ 时，每 7d 监测 1 次；

（5）当监测断面变形基本稳定后，15～30d 监测 1 次。

4. 净空收敛监测

净空收敛监测也是洞内监测一个重要项目，可以反映隧洞开挖过程中围岩的相对位移情况，进而判断初期支护和围岩的受力特征。一般有拱顶沉降点的同一个断面就要布设净空收敛点，纵向布设间距和拱顶沉降一致，布设位置靠近两侧拱腰。当掌子面达到需要布置测量点的要求时，根据布置规则，应立即布设收敛点，方便采集初始值，具体的测点布置位置如图 6-12 所示。

净空收敛监测的频率与周期：

（1）当掌子面到监测断面的距离 $L \leqslant B$（B 为隧洞宽度）时，每 1d 监测 1～2 次；

（2）当掌子面到监测断面的距离 $B<L \leqslant 2B$ 时，每 1d 监测 1 次；

（3）当掌子面到监测断面的距离 $2B<L \leqslant 5B$ 时，每 2d 监测 1 次；

（4）当掌子面到监测断面的距离 $L>5B$ 时，每 7d 监测 1 次；

（5）当监测断面变形基本稳定后，15～30d 监测 1 次。

5. 地下管线监测

在城市道路地下埋设的众多管线中，一般认为污水管和燃气管地下空间工程施工的影响很大。因为，污水管破坏会引起隧洞内渗漏水，燃气管破坏会给洞内施工人员带来安全隐患。地下管线的监测采用的方法与地表沉降一样，在其相应的管线位置埋设钢筋。地下管线的测点一般沿纵向布设在管线上方，横向布设与地表沉降布设方法一样，以 25m 为一个单位。监测点布设完毕之后，要在开挖前 15d 进行初始值的采集。

地下管线监测的频率与周期：

(1) 当掌子面到监测断面的距离 $L<2B$（B 为隧洞宽度）时，每 1d 监测 1 次；

(2) 当掌子面到监测断面的距离 $B<L<5B$ 时，每 2d 监测 1 次；

(3) 当掌子面到监测断面的距离 $L>5B$ 时，每 7d 监测 1 次；

(4) 当监测断面的变形基本稳定后，30d 监测 1 次。

6.4.3 明挖施工风险监测

采用明挖法施工的城市地下空间工程主要为基坑工程，施工监测范围通常为 $3H$（H 为基坑开挖深度），该范围内的建（构）筑物均需进行监测，主要分为支护结构和周边环境两大类，监测内容包括：围护结构水平、纵向变形，基坑底部及周围土体变形，基坑周围邻近建筑物变形，基坑外地下水位变化，侧向土压力，围护结构内力等。

1. 围护结构水平、纵向位移

基坑分段开挖，在开挖冠梁浇筑混凝土后，采用冲击钻在对应桩号处冠梁上成孔，然后安装位移监测点。监测点采用统一规格的钢制监测点，用钢锤打入孔中。对于沿基坑周边围护结构顶部设置水平位移观测点，在监测点处应标示监测点号，并设置警示牌。监测点根据现场施工进度分批布设。

2. 围护结构倾斜变形

在基坑围护结构内安装测斜管，沿基坑纵向每 20m 布设，深度等同围护结构长度。将测斜管拼接后放入钢筋笼迎土侧，并按 0.5m 左右间距用扎丝或者扎带固定，顶底用盖子封堵，并保证测量槽与基坑边垂直。测斜孔安装完成后测定初始值。每次观测完毕后将测斜管口密封，防止泥沙和异物进入。如果测斜管内有泥沙异物堵塞，应及时清理。围护结构倾斜变形一般用基坑围护测斜仪（图 6-13）进行测量。

图 6-13 基坑围护测斜仪

图 6-14 钢尺水位计

3. 基坑外地下水位

沿基坑周边、被保护对象周边布置，当存在止水帷幕时，宜布置在止水帷幕的外侧约 2m 处。一般设置于基坑角点及中部，距离围护结构约 2m，孔间距取为 30m。采用机器钻孔方式将水位管埋设至基坑底板以下 5m 处，埋设过程应该注意采用土工布保护包裹水位管外侧，防止泥沙堵塞水位管的孔眼。地下水位采用钢尺水位计（图 6-14）进行量测，精度≤2mm。水位管在基坑开始降水前至少 7d 埋设，埋设完成后每天观测，连续观测 3d，取稳定值作为观测初始值。

4. 支撑轴力

支撑结构通常分为两种，一种是混凝土支撑，一种是钢支撑。混凝土支撑采用钢筋计［图 6-15（a）］测定轴力值，钢支撑采用反力计［图 6-15（b）］测定轴力值。为了了解在基坑开挖及结构施工过程中支撑的轴力变化情况，结合围护体的位移测试对支护结构的安全和稳定性做出评估。

对基坑的支撑结构设置轴力监测点，在每个断面的支撑结构上布置 1 个测点，每个断面共 3 个。轴力计须在支撑安装后施加预应力前安装好，至少测量 3 次，取其稳定值作为初始读数。混凝土支撑根据钢筋计频率读数计算所测截面受力。钢支撑根据反力计算出所测钢支撑截面的内力。

(a) 钢筋计　　　　　　　　　　　(b) 反力计

图 6-15　反力计

5. 侧土压力

沿基坑四周中心处及代表性部位设置侧向土压力监测点，每个断面布置土压力盒 4 个，4 个测点距桩端的距离分别为 3m、7m、11m、15m，均贴近土层面。土压力盒的安装既可以在围护桩成型过程中采用挂布法进行安装，也可以在围护桩施工完毕后采用钻孔法进行安装。第一种方法安装方便，但是由于水下混凝土浇注的不确定因素较多，保护较为困难；第二种方法虽然安装复杂，但是安装过程可控，传感器的成活率高，具体安装方法根据现场施工条件确定。振弦式土压力计如图 6-16 所示。

图 6-16　振弦式土压力计

6. 地表沉降监测

地表沉降点沿基坑纵向每 10m 左右进行布设，具体位置根据现场情况确定，并布设成断面形式，利于沉降数据分析。在测点位置挖长、宽、深均为 200mm 的坑，然后放入地表测点预埋件，测点一般采用 $\phi 20 \sim 30mm@200 \sim 300mm$ 的平圆头钢筋制成，测点四周用混凝土填实。若不便于挖坑，在设计位置使用电锤埋设一沉降监测标点，若埋设不便，也可用红漆标记。

利用水准仪提供的水平视线，在竖立在基点与地表沉降监测点上的水准尺上读数，以测定两点间的高差，并与初始高差进行比较，从而得到该监测点的沉降值。沉降监测控制网布置成水准闭合环，并按照二级水准观测要求进行观测。

7. 土体侧向变形

土体测斜孔采用钻机成孔，孔径 110mm，监测点沿基坑纵向每 20m 左右进行布设，埋设前检查测斜管质量，测斜管连接时保证上下管的导槽相互对准、顺畅，各管接头及管底采用胶带密封。安装测斜管时应在测斜管内注入清水，防止测斜管上浮。最后调整测斜管内槽垂直基坑边。安装完成后，采用砂石回填测斜管与钻孔之间的空隙。测斜管埋深超过基坑底部 4m，保证测斜管底部处于稳定不动的土层中，测斜数据以底部作为起算位置。

8. 基底回弹监测

在基坑底部，选定基底隆起观测断面，每个断面相应测点。点位选择好以后，放置观测标志，保证观测标志高度与基坑开挖底面在同一高度，稳固与周边土体结合。按照沉降观测方法进行观测。

9. 围护结构内力监测

在钢筋笼绑扎后，将一根主筋相应长度截下 30cm 段，然后用焊机把钢筋计和连接杆焊在原部位，代替截去的一部分。记下钢筋计编号和位置。注意将导线集结成束钢筋绑扎好，线露头端部保护好。桩钢筋应力量测使用频率计，根据钢筋计的频率—轴力标定曲线可将量测数据直接换算得到相应的轴力值，进而由钢筋直径可换算钢筋应力，并可根据截面形状计算出所测截面的内力。

10. 建筑物沉降

根据基坑的安全等级，如安全等级为一级时，基坑开挖深度大，结合基坑周边环境特点确定施工监测范围为 $3H$（H 为基坑开挖深度）范围内的建（构）筑物均需进行监测。建筑物沉降监测点布设在建筑四角、沿外墙每 $10 \sim 15m$ 处或每隔 $2 \sim 3$ 根柱基上，且每侧不少于 3 个监测点。倾斜观测采用经纬仪及水准仪进行观测，根据现场情况采用差异沉降法和投点法进行观测。监测警戒值为 $\pm 8mm$，每天发展不超过 2mm。

11. 裂缝监测

裂缝调查是基坑监测前期重要的基础工作，调查的对象包括基坑周边的建筑物裂缝，调查手段包括拍照、制作裂缝标示和编号、录像等。基坑施工过程中随时对裂缝进行调查，发现裂缝即做好记录，并做好观测标识进行观测。当原有裂缝增大或者出现新裂缝时，应及时增设裂缝监测点。每条裂缝的监测点至少布设两个，设置在裂缝的最宽处和裂缝末端。裂缝监测点材质使用钢片，固定在裂缝两边，钢片上刻有测量标志。

6.5 城市地下空间工程施工风险控制技术

6.5.1 施工风险决策

根据风险评价结果，对城市地下空间工程的风险处理方式进行决策。风险决策一般包括风险回避、风险规避、风险转移、风险分散和风险接受 5 类。

1. 风险回避

风险回避的实质就是将风险发生的概率减小到零，一般是通过系统地修改完善来实现的。例如，对于非施工人员伤亡风险，可以通过严禁非施工人员进入现场的方法进行回避。

2. 风险规避

风险规避往往是通过减少风险的损失和概率的方法来实现，通常是对考虑的系统进行物理上的完善。例如，对于基坑失稳坍塌的风险，可以通过提高设计安全系数、优化施工方案等方法来减小。

3. 风险转移

风险转移一般是通过保险或者其他财务上安排来让第三方承担相应风险，通常要支付一定的费用。因此，不会造成经济（造价）损失的风险一般不采用风险转移的方法。

4. 风险分散

风险分散，即将风险较大的分项工程转包给第三方的风险处理方式，该方法不能从根本上消除风险，仅仅是风险责任主体的转移。

5. 风险接受

在确定没有办法避免风险时，风险接受将作为最后一个选项，如果风险不能满足接受准则，而且其他的方法没有很好的效果，风险接受可能是唯一的选项。一般是在存在不可接受的经济风险，而且风险回避或减轻措施的费用要大于其效果的时候采用的。当要考虑人身危险，并且风险仅仅存在于相对有限的时间内，风险接受一般是不能采用的。

6.5.2 施工风险控制

城市地下空间工程的施工风险控制是一个动态的过程。进行风险评价决策时，对风险因素的预测后果与实际产生的结果不一样，使得项目风险的控制措施有所偏差，因此，需要时时对风险因素加以防范，从而降低风险事故发生的可能性，减少风险事故造成的损失，达到对地下空间工程施工风险控制的目的。下面介绍一些地下空间暗挖施工和明挖施工特定风险的控制措施。

1. 暗挖施工风险控制措施

（1）突水突泥防治措施

对地下空间工程周边的断层水进行超前预报、定位，应采取止水为主、排水为辅的方式；可以采用压注的方式，向地层压注水泥浆、水玻璃等浆液，使土体固结，填充岩土体裂隙，达到止水效果。

（2）岩爆防治措施

处理岩爆的措施有围岩加固，防护措施，完善施工方式，改善围岩应力条件和改变岩体性质。（1）围岩加固，是指对地下洞室周边岩体进行加固。例如，在清除掉开挖岩体周边的松动石块后，在岩体表面喷射混凝土或喷射钢纤维混凝土，从而将暴露的围岩及时封闭，减小岩爆的发生，避免对施工人员、机械的伤害。施作系统锚杆，锚杆长度要达到两倍爆破进尺长度，这样可以在每次爆破循环结束后，仍有部分锚杆嵌在围岩中，从而起到防止岩爆发生的作用。在岩爆发生较剧烈、且发生频繁的地层，钢支撑可以架在岩爆易发部位起到支撑作用，钢丝网可以安装在钻孔车上或掘进机上，避免岩爆砸坏施工人员和机械设备。（2）改善围岩应力条件。爆破开挖时尽量采取短进尺、多循环的方式；采用应力超前接触法，在主应力方向上而且离洞壁一定距离上用钻孔爆破法爆破出一定宽度的人工破碎带，减小主应力，改善岩体应力条件，减小岩爆发生。（3）改善岩体性质。对可能发生岩爆的干燥岩体表面洒水，提高岩石的湿度或在干燥岩体中预注水的方式软化围岩，改善岩体性质。

（3）大变形防治措施

在挤压围岩、膨胀围岩、断层破碎带、高地应力条件下等软弱围岩中，施工过程中可能会出现大变形现象。可以通过掌子面喷射混凝土、打超前锚杆、钢筋等加强工作面的稳定；采用增大加长锚杆（锚杆长度要超过塑性区范围），缩短台阶长度，施作临时仰拱，及时闭合成环防止横断面围岩挤入等。

（4）塌方的防治措施

大规模塌方的发生前是有预兆的，如地下空间工程顶板开裂，洞内裂缝有粉尘喷出或无缘无故有很多粉尘，工程拱顶裂缝变大、掉块，支撑拱架变形等。车站进行施工之前就要对工程周边的地质进行超前预报，提前了解地质中的不良状况，提前做好预防措施。城市地下空间工程在开挖后要加强支护措施，及时喷射混凝土封闭工作面。在比较松散、破碎的岩体周边施工，要进行超前锚杆支护，开挖后要喷射早强型混凝土，从而保证开挖面安全。同时，要加强施工过程中对岩体、支护结构的监测，并将监测信息及时汇总反馈给施工人员，以便及时发现可能发生的坍塌事故，减少损失。

（5）防火灾措施

在城市地下空间工程，如地铁车站施工洞口、井口、施工区周边都要设置消防防火器材，并每天由专人检查；施工区域一定范围内要配备一名具有专业消防知识的消防员；严格认真地培训施工人员使用消防器材，以便他们能沉着冷静地处理事故；施工地点处在林区的应设置隔火带。

（6）粉尘防治措施

粉尘会引发职业病、进入设备中会加快设备损耗，甚至可能导致爆炸等，因此必须加强对地下空间工程施工过程中的粉尘治理。钻眼作业时，尽量采用湿式凿岩机凿岩，在不适宜采用湿式凿岩机的情况下，应尽量采用捕尘设备，防止出现粉尘污染、粉尘不达标情况；喷射混凝土时，采用湿喷法；且在除渣前，应将渣土用水淋湿后再装车、再运输。爆破时，在距爆破面附近设置喷雾洒水设备洒水；做好地下施工场所通风，使新鲜的气流不断经过开挖工作面，并且施工人员要做好个人防护，如工作前穿戴防尘口罩、定期检查身体等。

（7）噪声振动防治措施

噪声会给施工人员带来不舒适感，导致工作效率低下，注意力难以集中，从而引发机械、施工事故。可通过在地下通风机等器械前后设置消声器降低噪声，为了减少通风机等对周边环境的噪声影响，可将风机放在消声箱内。处理振动时，选择低振动或者是带有防震动的机械设备进行施工，减小振动对施工人员和周边环境的影响。

2. 明挖施工风险控制措施

（1）空间几何条件风险防治措施

① 软弱土层地区的基坑在开挖时很容易发生变形，这会对周围的土体产生扰动，基坑隆起是常见的施工事故；挡土墙缝隙还有可能会发生水土流失。因此，必要时加固基坑周围土体。

② 要加强监测，严格执行信息化施工以预防坑底隆起，当出现坑底隆起现象时及时对坑底土体进行加固。

③ 深基坑工程施工的首要环节是基坑开挖。有效地避免基坑周围土体变形的方法是分层分区开挖。开挖的时候让基坑受力均匀，以满足对称和均衡的原则。开挖要注意开挖顺序、支撑及时和不要超挖，避免事故的发生。

（2）围护支撑结构体系风险防治措施

在做好支护结构施工的同时，要注意周围土体的变形，在保证支护结构安全的前提下，还要控制好成本，并且尽量不要延误工期。最有效的围护结构形式是地下连续墙，明挖基坑施工的关键环节是控制地下连续墙的施工质量，必须做好地下连续墙的关键工序才可以确保连续墙施工各项步骤能够顺利实施。

（3）施工条件风险防治措施

① 由于止水帷幕、降水开挖引起的明挖基坑周围路面和建（构）筑物下沉或者倾斜时应立即停止降水和开挖，并堵住渗漏，然后再在基坑外用高水位回灌，同时抢救建（构）筑物，最后强化对周围地面和建（构）筑物的监测工作。

② 由于桩的质量问题引起的断桩和缩径时，应停止基坑开挖和降水工作，再采取注浆和补桩等加固方法。

③ 如若井点降水产生涌砂，则需要更换包砂网和滤料，然后把已打的井点中泥砂洗出来后暂停洗井。

（4）施工荷载风险防治措施

若在明挖基坑旁边搭设钢筋棚、工棚或堆放施工材料导致发生失稳或者桩墙内倾时，要先给桩卸载，然后用砂石或者土料反压，最后对承受被动土压力的区域进行加固处理。加固处理已开挖面的同时，还应该对周围建筑物的监测加强力度或对其进行加固。

（5）大型起重机械设备吊装风险控制措施

① 起重机械吊装前，严格按照方案中确定的机组进场路线停放场地，吊机停放位置以及吊装拖运通道，现场工作人员应及早清理，防止在之后的设备搬运过程中造成事故的发生。在吊装前应该对施工条件进行再次确认，及早落实吊装拖运中所需的电源和照明。

② 在施工开始前，项目部的专职安全人员应该针对现场的操作人员进行安全技术教育和安全培训。吊装前必须确保所有的操作人员熟知该工程的吊装方案，且管理层委

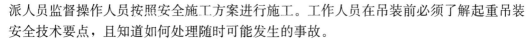

派人员监督操作人员按照安全施工方案进行施工。工作人员在吊装前必须了解起重吊装安全技术要点，且知道如何处理随时可能发生的事故。

（6）机电设施设备安装风险控制措施

由于机电安装是一项技术性较强的工作，机电工人必须具备较高的机电专业知识和熟练的操作能力，对安装步骤、安装技术、安装要求熟练掌握，从而有效地解决机电安装过程中遇到的问题。机电工人在上岗前，必须进行岗前培训，对安装标准、要求熟记于心，经考核安装技术合格后才可进行机电安装。

7 城市地下空间灾害与防控

7.1 概　述

在城市化进程的推动下，我国城市的人口密度在不断增长，城市建设规模在不断扩大，城市地上空间已不能满足城市发展的需求，从而带来了城市地下空间开发和利用的全新模式，不仅城市地下空间的功能越来越多样化，其利用率也有着明显且持续的提高。据统计，近年来我国地下空间开发的强度和速度在世界上首屈一指，各种用途的地下工程迅猛发展，处于地面以下的建筑日益增多，如地下商区、地下通道、地下综合管廊、地下交通系统、地下仓储等公共基础设施已成为城市不可缺少的组成部分。城市地下空间工程可以增大土地的利用效率，减少对耕地的占用，相对于地上有更好的隐蔽性、密封性。但与此同时，城市地下空间工程在运营管理过程中也存在诸多风险，如火灾、爆炸、空气污染、洪涝、地震及施工事故等。因此，必须建立健全城市地下空间的灾害预警和防控机制，首先要了解城市地下空间工程特点和其可能发生的灾害，地下空间内部发生灾害具有较强的突发性和复合性，地下空间内部环境的一些特点使地下空间内部防灾问题更复杂、更困难，例如，地下空间良好的密封性使灾害容易在内部快速扩散并且会影响上部建筑结构，出入口少与外部空间取得联系困难，通风和照明条件差使灾害发生时容易使人恐慌，内部结构复杂、方向难辨等特点，给防灾救灾带来困难。因此，只有了解清楚城市地下空间工程的灾害详情才能对风险事件做到及时预警并在发生事故后及时做出应急响应，达到城市地下空间防灾减灾的目的，有效保障人民生命财产的安全。

近几年，随着新技术的不断发展，特别是人工智能化、信息可视化、数据互联互通等一些新智慧技术得到了快速的发展，将这些新的智慧技术应用于城市地下空间的建造、运营过程中的灾害预警，将有助于城市地下空间开发、运营过程中的灾害隐患预防及运营管理模式的改变，增强城市地下空间灾害综合防控能力。本章在总结国内外发生过的城市地下空间工程灾害的基础上分析地下工程常见灾害的引发因素、特点和常规防治措施，并结合实际工程案例介绍新兴的城市地下空间工程智慧防灾预警方法，为城市地下空间防灾减灾系统的构建提供新的思路。

7.2 城市地下空间灾害种类

城市地下空间在开发运行过程中面临的灾害类型主要包括自然因素引起的灾害

和人为因素引起的灾害，前者包括地震、洪水、风暴等；后者主要包括火灾、人为造成的事故、恐怖袭击等。城市地下空间内的一些灾害，如火灾、爆炸、洪涝、地震等在灾害的破坏形式和所造成的损伤等方面与在地面建筑中的同类灾害有着明显的不同。

相对于地上建筑物及构筑物存在于以空气为介质的环境中，城市地下建筑设施则存在于以岩土体和地下水为主的环境中。因为建筑所处环境的特殊性，造成了城市地下空间内部发生的灾害具有较强的封闭性、突发性、难控性和复合性，事故难以救援。这些特性往往会造成地下空间一旦发生事故灾害，就会产生严重的后果，并且救援协调沟通困难、后果难以恢复。所以城市地下空间开发运营过程中的一个重要课题就是在研究各种常见灾害性质与特点的基础上，提出相应措施以防控城市地下空间灾害使其安全运行的问题。

本节主要对地下建筑内部常遇到的火灾、洪涝、地震的灾害特点以及防控措施做一些简单介绍。

7.2.1　城市地下空间火灾事故

一旦在城市地下空间内部发生火情，由于地下空间固有的特性，会导致含氧量急剧下降、发烟量大、排烟排热差、火情探测和救援困难、人员疏散困难等致灾特性，极易酿成大灾。2000 年 12 月 25 日，洛阳东都商厦地下家具商场火灾事故，造成 309 人死亡。2006 年 1 月 21 日，内蒙古包头市东河区劝业地下商城火灾，烧毁摊位 200 多个，直接经济损失 80 多万元。可见，地下空间火灾危害性极大，它不但会导致设施瘫痪和人员伤亡，还会造成地下结构的损毁，其修复耗费巨大，是最不容忽视的地下空间灾害。通过收集的国内外 2000—2019 年间的地铁火灾事故，如图 7-1 所示。

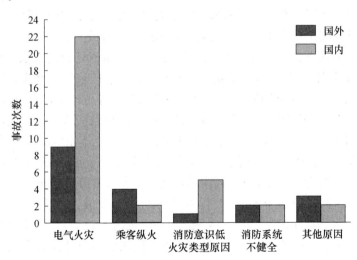

图 7-1　2000—2019 年间地铁火灾事故统计图

通过对地铁等地下工程的调查分析表明，城市地下工程发生火灾的原因主要有设备因素、管理因素、人为因素。引起火灾的设备因素包括电气设备故障、供电线路故障等。引起火灾的人为因素包括工作人员操作不当、乘客故意纵火、消防意识低等。管理因素主要是消防安全管理不到位、消防系统不健全等。

1. 电气火灾

地下工程的采光主要依赖于人工照明，一般都设置大量通风和空气调节设备，因此电气设备多，用电负荷大。如果电气设计不合理，采用不合格的电线电缆和接插件，甚至私搭乱接，很容易引起电线电缆短路、用电设备过热，引燃临近的可燃物而发生火灾。

2. 违章操作

各种危险品存储不当、随意改变电气线路以及违反其他安全生产和管理规定等在地下工程火灾中占了较大的比例。

3. 用火不慎

地下商场、地铁站等地下场所人员密集，商品、摆设、装修等可燃物较多且分布广泛，如果用火管理不善，如随处抽烟、随意丢弃烟头、使用电炉等危险电器等，很容易引起火灾，并导致大面积的火灾蔓延。

4. 消防系统不健全

大量的火灾案例表明，消防系统不完备或消防系统管理维护不当，导致火灾时不能及时报警，都是小火演变成大火，最终造成重大火灾损失的重要原因。

5. 其他原因

人为纵火、自燃、停车场内车辆碰撞等其他原因也是导致地下工程发生火灾的因素。虽然这类火灾发生的频率不一定很高，但是往往会造成重大人员伤亡或财产损失。

7.2.2　城市地下空间工程洪涝事故

由于地下空间工程的地势特点和水往低处流的特性，地下空间容易受到洪水内涝的影响。一般性洪涝灾害具有季节性和地域性，虽然很少造成人员伤亡，但一旦发生，就会波及整个连通的地下空间，造成巨大的财产损失，严重时还会造成地面塌陷，影响地面设施。2007 年 7 月 18 日，济南泉城广场银座地下购物广场发生水灾，经济损失过亿元。2008 年 7 月 4 日，北京地铁 5 号线崇文门站因暴雨导致进水，造成部分线路停运。2010 年 5 月 16 日，广州地铁 2 号线磨碟沙站连续暴雨导致隧道进水，造成整条线路停运 6 小时。2012 年 7 月 21 日，北京遭遇特大暴雨袭击，地下室倒灌 70 余处，地铁机场线部分停运，北京地铁机场线一列车在三元桥站发生故障停运，地铁 6 号线金台路工地发生路面塌陷。2021 年 7 月 20 日，河南郑州地铁 5 号线 04502 次列车行驶至海滩寺站至沙口路站上行区间时遭遇涝水灌入、失电导致停运，造成 14 人死亡。郑州京广快速路北隧道发生雨水倒灌事故，造成 6 人死亡、247 辆汽车被淹，其中隧道内 18 辆、隧道出口道路上 142 辆、引坡段 87 辆。两起地下空间洪涝事故造成较大人员死亡和重大财产损失。可见，与地面空间相比，地下空间极易受到水灾内涝的影响且容易造成更为严重的后果。这些事故也凸显了我国地下空间工程运营过程中对于洪水灾害安全管理上的短板。

表 7-1　国内外城市地下空间洪涝灾害事故

时间	地点	事件	受淹原因
2021-07-17	河南	郑州地铁 5 号线暴雨倒灌地铁隧道 郑州京广快速路北隧道发生雨水倒灌	极端暴雨天气引发严重城市内涝，洪水冲毁五龙口停车场挡水围墙，造成积水灌入地铁隧道
2012-10-28	美国新泽西州	飓风导致地铁、隧道被洪水淹没	
2012-07-21	北京	地铁 6 号线金台路工地发生路面塌陷	
2011-06-23	北京	古城车辆段与正式连接线隧道口处进水、陶然亭站进水	地铁车站出入口进水
2011-07-18	南京	暴雨导致地铁站倒灌	地铁出入口进水
2010-05	广州	降雨导致地下车库进水	出入口进水
2010-05-16	广州	地铁 2 号线进水造成整条线路停运 6 小时	连续暴雨导致隧道进水
2008-08-25	上海	暴雨造成区域内涝，地下室、地铁车站进水	8 号线人民广场 14 号出入口进水，9 号线漕河泾开发区站车站 3 号口因联通地下车库积水导致进水
2008-07-04	北京	地铁 5 号线崇文门站进水造成部分线路停运	暴雨导致地铁出入口进水
2007-07-18	济南	暴雨导致护城河河水外溢，山洪暴发，地下人防商场被水淹	地下商场出入口进水
2005-09-12	上海	台风暴雨造成中山公园地铁站进水	地铁出入口进水
2005-08	上海	台风暴雨造成中山公园地铁站、1 号线区间隧道进水	地铁出入口进水
2005-06	广州	暴雨导致施工地铁隧道进水	
2003-07-05	南京	暴雨导致在建地铁隧道进水	
2001-09-06	中国台北	台风暴雨造成地铁、地下空间被淹	地铁出入口进水，地铁隧道出地面口进水
2001-08	上海	暴雨造成静安寺地铁车站泥浆倒灌	地铁出入口进水
2000-09	日本名古屋	暴雨导致河流决堤，水进入地铁站	地铁出入口进水

　　通过调查统计分析国内外城市地下空间重特大水灾事件，见表 7-1，总结城市地下空间工程发生洪涝灾害的原因主要有以下三个方面：环境因素、设备因素和管理因素。

　　1. 环境因素

　　近年来，全球气候变暖，水循环加速，同时城市的高速发展大规模扩张导致热岛效应频发，各地极端暴雨天气增加，增加了城市地下空间工程发生洪涝灾害的可能。城市的大规模建设也导致原有地表下垫面形式的改变，地表水的入渗量急剧减少到近乎为零，从而使下垫面对洪水的调节及储存能力大大降低，近乎全部的降水都要依赖于市政排水管网，由此地面径流量增大，雨水汇集速度提高，洪峰出现时间提前。

2. 施工设计因素

地下工程出入口设计标高不满足或者出入口所处位置为室外道路坡度最低点，当雨水季节降雨量短时间增大、道路排水不畅时，洪水将会优先进入地下空间。在施工建设过程中擅自变更设计，不符合相关设计规范导致防排水措施不完备，排水条件变差。在建设防水设施过程中违反基本建设程序，对防水工程建设质量把关不严，导致挡水围墙等防水设施的施工质量不合格。设备不完备，地下空间内部配置的抽排设施数量不足，只配备了简单的地下抽水设备，用来抽排渗透水及地下空间冲洗水，抽排能力有限，在洪涝灾害发生时积水外排能力不足。部分地下空间周边市政道路排水管网建设标准偏低，在发生强降雨时易引起区域内涝，给地下空间带来水淹隐患。

3. 管理因素

运营管理欠缺，雨季时未做好充分准备，只能依靠一些简便堵水措施如沙包、挡板等进行保护，防洪能力有限。部分已建地下空间出入口多数未设置挡水设施，即使设置了挡水设施，由于内部抽排设施能力不足也会引发水淹。应对处置不力，对于紧急情况未及时采取预警响应行动，接收到气象部门发布暴雨红色预警后，未及时按提前制定的预案要求加强检查巡视，对运营中的地下工程存在的雨水倒灌隐患排查不到位。在发生雨水倒灌后，未及时对群众展开安全疏导工作。

7.2.3 城市地下空间地震事故

地下空间结构包围在围岩介质中，地震发生时，地下结构随围岩一起运动，与地面结构约束情况不同，围岩介质的嵌固改变了地下结构的动力特征（如自振频率），人们一般认为地震对于地下空间结构的影响很小，同时由于以前城市地下空间开发利用得不够，地下空间结构在规模和数量上相对于地面结构都比较少，受到地震灾害，特别是中震、大震考验的机会也少，加之地下空间结构的震害相对地面结构也比较轻，因此，人们长期以来都认为地下空间结构具有良好的抗震性能。然而，1995年，日本阪神里氏7.2级地震中以地铁车站、区间隧道为代表的大型地下空间结构首次遭受严重破坏，充分暴露出地下空间结构抗震能力的弱点。2008年，我国汶川8.0级地震中，都江堰汶川多座隧道损坏严重。随着城市地下空间开发利用和地下结构建设规模的不断加大，地下空间结构的抗震设计及其安全性评价的重要性、迫切性愈来愈明显。因此，地下结构的抗震问题越来越受到关注。根据目前已有的研究，地震对于城市地下空间工程破坏的程度主要有以下因素。

1. 地震烈度

大量震害资料表明地震烈度对地下结构的震害有显著影响。大烈度造成明显破坏。通过对在不同烈度区对地下管道平均震害率进行调查，结果显示在相同场地土条件下，平均震害率随地震烈度的增加而增加。一般情况下，地震烈度达到7度以上可对地下建筑造成明显的破坏。

2. 建筑埋深

在大多数情况下，地下建筑的破坏随埋深的增加而减小，从能量角度看，地下结构埋深越大，由地震面波导致的能量越小，震害应较轻。但因地层构成及地下建筑结构对地震作用有影响，所以深埋的地下建筑在特殊情况下也有可能出现破坏较严重的情况。

3. 空间方位

在历次大地震的震中区，地下管道由地震波动效应造成损坏是最常见的现象。对地下管道震害的分析表明：平行于地震波传播方向的地下管道比垂直于地震波传播方向的地下管道损坏严重。地下管道在地震波作用下损坏的原因，主要是管段两点之间的运动不同。导致管道两点间运动不同的原因，首先是沿管道土性不同和衰减作用等造成地震波形的改变；其次是地震波到达的时刻不同，两点的运动相位也不同。垂直于地震波传播方向的建筑因相位基本相同，故震害较轻；平行于地震波传播方向的地下管线因有相位差，震害通常相对严重。由此我们可以推测出地铁隧道等城市地下建筑同样，当地下建筑主体的走向与地震作用方向吻合时损坏最大；垂直时，损坏不明显。

4. 场地条件

资料表明场地条件对地下建筑的震害率影响很大。根据地下管道在地震中受损情况发现，在烈度较低的软弱场地中的管道的震害率甚至可大于烈度高的坚硬场地中的管道的震害率。原因可能是软弱场地容易产生较大的相对位移，以及软弱场地在地震中容易产生场地破坏，由此加重地下建筑的破坏。

根据地震灾害破坏形式，我们可以将地下空间地震灾害分为三种。

（1）主体结构损坏灾害

从地震的作用机制上观察，导致地下工程的主体结构发生破坏的主要原因为地震作用下所产生的惯性力和位移差异。根据灾害强度的差异，可以将地下工程主体结构灾害进一步分为三个类型。其一为地下工程的内部被完全覆层，继而出现了大规模的隆起、错位和坍塌的情况。其二为工程的内部建筑出现断裂和损坏，砖砌的隔墙或是挡墙出现倒塌的情况。其三为因为地震引起的泥石流、山体滑坡等问题导致地下工程的出入口被完全掩埋或是堵塞，也极易使地下工程的头颈部被冲垮，地下工程出入口出现泥石流倒灌或暴露悬空的情况。

（2）配套设备损坏灾害

对于现阶段主要的地下工程而言，都会设置供配电系统、通风系统、给排水系统、自动化指挥控制系统以及通信系统等众多的配套设备。从结构硬度上观察，这些配套设备是地下工程比较脆弱的地方，因此在面对地震灾害时便极易出现被损害的情况。按照损害程度的不同，可能造成地下工程的配套设备出现设备机体被破坏、线路中断开裂、管网扭曲变形、吊装设备塌落等损害。当地下工程配套设备出现较为严重的损害时，会导致地下工程配套设备内部功能系统丧失部分功能，甚至彻底瘫痪，使该地下工程不能正常使用。

（3）次生灾害

在地下工程地震灾害中的次生灾害主要有三种：第一种为水油泄漏次生灾害，即因为地震导致地下工程中的水库、油库损坏，继而出现水油外泄的情况。第二种为引发水灾，当地下工程所处地区的地下水十分丰富时，地震可能会导致覆层外的地下水汇集，继而使其集中性地冲向工程内部，出现冲毁的情况。第三种为产生火灾，即在地下工程内的各种电路因为地震而出现短路起火，如处理不当也会导致大型火灾。

7.3 城市地下空间灾害的分析与评价

7.3.1 城市地下空间火灾事故特点

城市地下空间工程发生火灾与地面建筑相比具有不同的特点,其危害更大。

1. 地下工程空间封闭性好

地下工程的出入口少,发生火灾时室内热量不易排出且散热困难,使得环境温度很高起火房间温度可达 800～900℃,火源附近温度往往高达 1000℃ 以上。在高温的长时间作用下,混凝土容易发生爆裂,使得结构变形甚至坍塌。高温也使得可燃物较多的地下工程内部发生轰燃,导致火灾大面积蔓延。另外,高温对地下工程内的人员造成灼伤甚至死亡,研究表明人类在空气温度达 150℃ 的环境中只能生存 5min。

2. 人员疏散困难

地下工程发生火灾事故时,由于人员相对集中,人员的安全疏散问题至关重要。火灾事故发生在营业时间内,大量流动的人员需要紧急疏散到安全区域,但是地下工程不像地面建筑有窗户、阳台、屋顶等,在火灾中无法从窗户、阳台、屋顶进行疏散,只能从有限的疏散出口疏散出去,短时间内通过限定的出口难度大。同时烟气对疏散会发生影响,一是烟雾挡光线,影响视线。地下工程属于封闭空间内,自然采光困难,其采光照明完全依赖电力供给,火灾时往往断电,地下照明无保障,地下工程内供电停止,能见度降低,影响人员的判断能力,人员辨不清方向,易引起被困人惊慌失措,从而无法选择逃生方向,使得疏散速度慢,造成人员伤亡;二是烟气中的有毒气体,直接威胁到人身安全,使人中毒或使人的神经中枢麻痹。

3. 易产生有毒气体

由于地下工程直接对外的门窗口或其他开口比较少,通风和排烟条件差,因此,发生火灾时容易产生大量的烟气且烟气滞留在地下空间内不易排出。地下工程火灾中氧气大量消耗,燃烧的氧气主要是通过与地面相通的通风道和其漏风点提供的,但这些通道面积狭窄,空气中的氧含量急剧下降,在燃烧不充分的情况下易产生大量的浓烟。长时间的阴燃容易产生大量的一氧化碳等有毒气体。一氧化碳含量剧增,容易导致人员窒息或中毒死亡。

4. 排烟和排热差

地下工程被土石包裹,热交换十分困难,发生火灾时烟气聚集在建筑物内,无法扩散,会迅速充满整个地下空间,使温度骤升,较早地出现"爆燃",烟气形成的高温气流会对人体产生巨大的影响。

5. 火灾扑救难度大

由于地下工程密闭等特性,使得外部救援人员不容易掌握内部火灾情况,只能通过地下建筑设定的出入口开展灭火救援工作,加上事故中照明程度较差,对起火位置的判断无法准确快速,不利于迅速接近起火源,形成火灾扑救的难点,且很多适用于地面建筑火灾救援的设备和工具在地下工程的火灾救援中无法发挥作用;救援人员救援路线与室内疏散人员的疏散路线相对,矛盾突出,不利于快速到达起火点;灭火救援人员为了自身安全，需佩戴空气及氧气呼吸器，同时携带一些灭火器材。由于负重大，通道狭窄，难以接近火源，从而影响火灾的扑救。同时，由于起火地下建筑内部高温浓烟久聚不散，影响视野，导致火灾初期起火点不易被发现，内攻消防指战员无法第一时间有效扑灭火势，只能通过在起火建筑入口处射水或使用高倍数泡沫灌注灭火的方法扑灭火灾，这就导致地下建筑火灾的用水量不断增加，也相应增大了火场供水的难度。随着用水量的增多，反而会使起火建筑发生沉降或结构损毁，进一步增加了火灾扑救和疏散被困人员的难度。

6. 火灾蔓延速度快范围广

地下工程中楼梯间、管道、风道、地沟及通道与地面大气相通，一旦起火，这些部位成了火灾蔓延的主要途径。管道、楼梯间等垂直扩散速度比水平扩散速度大3~5倍，如发生火灾时未能及时控制通风空调等设备，会加快火灾的蔓延速度。大型地下工程的采光通风等全部依靠电力设施，封闭潮湿的环境易对电线、电缆等造成损害，加之部分电力设备的产品质量有待加强，容易引发电气火灾或者使火势加速蔓延。有些地下工程与地上的建筑连为一体，火灾时，火易通过疏散通道、管道竖井、缝隙向上扩散和蔓延，造成灾害事故的进一步扩大，使火场情况更复杂，从而增大救援难度。

7.3.2　城市地下空间洪涝灾害的特点

随着城市地下空间规模的迅速扩大，功能、结构和相邻的环境呈现多样性和复杂性，导致地下空间水灾的成灾特性具有不确定性、难预见性和弱规律性。

1. 地下空间洪涝成灾风险大

地下工程具有一定的埋置深度，通常处在城市建筑层面的最低部位，对于地面低于洪水位的城市地区，由洪涝灾害引起的地下空间成灾风险高。如目前在我国的江河流域内有100多个大中城市，其中大部分城市的高程处于江河洪水的水位之下，其中65%以上的城市设施不能满足20年一遇洪水标准。例如，河南郑州"7.20"特大暴雨，根据调查报告显示，此次极端暴雨远超郑州市现有排涝能力和规划排涝标准，郑州市主城区目前有38个排涝分区，只有1个达到了规划排涝标准，部分分区实际应对降雨能力不足5年一遇。而且一旦出现外围堤防决口或河道调蓄能力有限、内涝积水难以排出的情况，处于城市最低处的地下空间受淹风险将大幅增加。地面上的积水灌入地下空间，难以依靠重力自流排水，容易造成水害，其中的机电设备大部分布置在底层，更容易因水浸而损坏，如果地下建筑处在地下水的包围之中，还存在工程渗漏水和地下建筑物上浮的可能。此外，沿海城市还要面临风暴、潮汐的威胁。

2. 洪涝灾害发生具有不确定性和难预见性

根据已发生的地下空间受水灾的众多案例进行分析，其受灾因素多样化，有自然因素，也有人为因素，灾害原因具有多样性，灾害发生前难以预料。例如，2010年5月7日，广州特大暴雨，35个地下车库不同程度地被淹，1409辆车被淹或受到影响。2012年台风"海葵"期间，上海嘉定万达广场集水井部位发生冒水事故。2013年，上海嘉定城市泊岸小区由于片区河道通过小区内景观河道漫溢，造成4个地下车库被淹。历年来国内还发生过多起因地下空间内部自来水管爆裂造成的受淹事故。一个城市发生水灾后，即使地下工程的出入口不进水，但由于周围地下水位上升，工程衬砌长期被饱和土所包围，在防水质量不高的部分同样会渗入地下水，早期修建的人防工程，就是因为这种原因而报废，严重时甚至会引起结构破坏，造成地面沉陷，影响到近地面建筑物的安全。

3. 灾害损失大、灾后恢复时间长

随着大型地下城市综合体（如地下城）和大型城市公用设施（如地下变电站、综合管廊等）的出现，加上地下空间规划的连通性以及地下空间自身防御洪涝灾害的脆弱性，一旦发生洪涝灾害，地下空间内的人员、车辆及其他物资难以在短时间内快速转移和疏散，导致损失严重，甚至产生相关联的次生灾害。同时，一些地下空间日常运行管理的配套设备会被水灾损坏，进一步加剧灾害的损害程度和恢复难度。如已发生的一些地下空间受淹后排水设施无法启用或区域排水能力不足，需要临时调集排水设备或等外围洪水退去方可救援，造成灾损无法控制和灾后恢复时间延长。

7.3.3 城市地下空间地震事故特点

地下空间地震事故充满了不确定性，地下工程地震灾害风险不确定性源于地震灾害自身存在的不稳定性、地下结构震动响应耦合的动态性以及人类对震害风险认识的主观缺陷、难预见性和欠完备性。地震的孕育、发生、发展过程十分复杂，不同地质构造、地理环境、建筑结构、时段、震级的地震均显示出异常复杂且显著不同的系统演化过程。客观规律视角，地震动的时间、空间、强度以及余震波动，可能诱发的滑塌、火灾等次生灾害存在很大的不确定性；同时，人类社会认知规律的主观层面对地震缺乏有效的物理观测方法，致使认识局限，无法做出准确的地震预测预报。因此，地震造成地下工程区域损毁的时空分布及损失量具有很大的不确定性。为了更好地研究地下工程地震灾害风险，首先要研究城市地下空间结构在地震灾害中的破坏特征。

（1）隧道结构破坏特征

无论是盾构还是明挖隧道，地震对结构破坏的特征基本一致，主要是衬砌开裂、衬砌剪切破坏、边坡破坏造成隧道坍塌、洞门裂损、渗漏水、边墙变形等。衬砌开裂是最常发生的现象，主要包括衬砌的纵向裂损、横向裂损、斜向裂损，进一步发展的环向裂损、底板隆起以及沿着孔口，如电缆槽、避车洞或避人洞发生的裂损。对于衬砌剪切破坏，软土地区的盾构隧道主要表现为裂缝、错台，山岭隧道主要表现为受剪后的断裂、混凝土剥落、钢筋裸露拉脱。边坡破坏多发生于山岭隧道，地震中临近于边坡面的隧道可能会由于边坡失稳破坏而坍塌。洞门裂损则常发生在端墙式和洞墙式门洞结构中。渗漏水是伴随着地下结构破坏的次生灾害。

（2）框架结构破坏特征。从日本阪神地震中可以看出在混凝土框架结构中柱的破坏相对严重，中柱混凝土破坏、部分分离、钢筋露出，楼板和侧壁虽有破坏，但并不严重。由此可以看出混凝土中柱是地下空间框架结构抗震的薄弱环节。其中破坏方式既有弯破坏、剪破坏，也有弯剪复合破坏。

（3）根据对明挖地铁区间隧道在地震中的受损情况分析总结，发现城市地下空间工程在地震中受到损害的建筑都有以下特点：①主体距离地表较近，覆土厚度不到10m；②建筑位于烈度为7及以上的区域；③建筑的表层地基比较柔软。

7.4 城市地下空间工程灾害防治技术

7.4.1 火灾事故防治技术

城市地下工程有其特殊的功能和结构形式，因此，在防火设计中应具有比地面建筑更高的防火安全等级。针对城市地下空间工程中火灾事故发生的原因以及地下工程的火灾特性，总结出以下防范措施。

1. 防火墙划分防火分区

控制火灾规模，防止火灾大面积蔓延，把火灾的损失降到最低值，最有效的方法就是根据建筑面积或层次将地下室划分为若干个防火分区，同时在防火分区范围内再划分防烟分区，工程防火分区的划分，既要从限制火灾蔓延，减少经济损失方面考虑，又要结合平时的使用和维护管理综合考虑。

地下工程应采用防火墙划分防火分区，防火分区应在各出入口处的甲级防火门或管理门范围内；水泵房、污水泵房、厕所、盥洗室等用水、无可燃物的房间，其面积可不计入防火分区的面积之内，柴油机发电机房、直燃机房、锅炉房以及各自配套的储油间、水泵房、风机房等应独立划分防火分区。地下停车场防火分区允许最大建筑面积不应大于 20m²，停车场内设有自动灭火系统时，最大允许建筑面积可以增加 1 倍。高层建筑下的地下室防火分区允许最大建筑面积不应大于 500m²，当设置有自动灭火系统时，每个防火分区的允许最大值可增加 1 倍；局部设置时，增加的面积可按照该局部面积的 1 倍计算。若高层建筑内的商业营业厅、展览厅等，当设有火灾自动报警系统和自动灭火系统，且采用不燃烧或难燃烧材料装修时，地下部分防火分区允许的最大建筑面积为 2000m²。

2. 加强地下工程的用电管理

用电设备、线路是地下建筑火灾的重要危险源。因此，加强地下建筑的用电管理是对其火灾进行防控的重要措施。具体来说，首先在地下建筑的用电容量设计上，应考虑到日后用电负载不断增加的可能性，在设计上要留有一定的余量，确保电源设备以及线路运行的安全稳定；二是在地下建筑用电设备增加超过设计负载时，要提前进行扩容、线路改造以确保用电安全；三是对于地下建筑中大功率用电设备的增加，应严格实施设备准入与备案制度，严厉禁止不符合要求的用电设备的投入使用；四是要严格监控地下建筑的用电负载情况，对于用电波动要采用先进可靠的技术手段进行监测，避免发生危险。

3. 强化地下建筑防火施工设计

地下建筑特殊的空间条件决定了其在防火设计上一定要有针对性地加强，具体来说主要包括以下几个方面：一是要加强方案进行设计，强化暖通工程施工质量，提高施工管理效果。二是，针对已经审核确定的施工图纸，在进行施工操作的前期阶段，需要认真且详细地会审，具体包括：施工设备以及技术等操作是否到位，尺寸以及位置是否合理等。最重要的是，要严格地依照施工工艺和流程进行，以保证暖通施工工作的进行可以相对稳定。内部装修要采用以不燃和难燃材料为主，要求使用难燃材料，严禁使用可燃材料。装修应严格遵照执行《建筑内部装修设计防火规范》的要求，其施工应采用专业人员操作，其装修过程应符合消防安全的管理规定。

4. 设置火灾自动报警装置

在地下工程建设过程中设置火灾自动报警装置，对火灾事故做到早发现、早报警，便于及时扑救，减少国家和人民生命财产损失，保障地下工程安全。可采用控制中心报警装置，不但可对大范围、多区域火警进行监视和控制，同时还可自动启动火灾事故广播，火灾事故照明及各种防火分隔构件和自动灭火设备，帮助被困人员快速脱离险情。

5. 人员安全疏散

地下工程的防火安全疏散设计更应注重人流疏散路线的合理组织，不能只局限于疏散宽度和疏散间距等简单设计上。应在综合分析不同火灾位置的情况下，合理配置疏散线路、疏散通道、疏散出口，避免出现局部拥堵，同时，应结合人们日常疏散的行为特点，在有限的疏散出口和疏散宽度的条件下，设计出合理高效的疏散系统。要正确确定疏散时间、设计好简明的疏散路线、合适的疏散通道宽度、合理的安全出入口设置、设置导向性设施和事故应急照明措施，确保火灾事故发生时人员的安全有序疏散。

6. 特殊情况设置避难空间

当地下工程无法满足安全疏散距离时，应设置地下工程避难空间，可以在保证工程防火疏散安全的基础上使工程平面布置更加合理，为进一步减少出入口提供可能，为城市紧张的用地及城市环境改善提供更大的余地。

避难空间的设计，需要开展系统的研究，如避难时间的确定、避难空间的面积标准的确定、避难空间平面位置的选择条件、避难空间的耐火隔热要求，避难空间内空气、饮水、食品、照明、药品等保证条件，以及避难空间与外界的信息联络设备等一系列的问题，需要从技术上加以解决，保证其安全避难空间直通地面的安全疏散口不应少于 2 个，并应设置在不同的方向，出口的疏散人数不限。通向避难空间的各防火区人数不等时，避难空间的疏散最小宽度不应小于设计容纳人数最多的为一个防火分区通向避难空间各安全疏散口最小净宽之和。所有避难空间的维护结构要满足防火要求，耐火极限不低于 4h。为避免层与层之间的相互影响，在每层下侧应设隔热层。维护结构隔热性能要满足防火安全的要求。避难空间里应有单独的空气处理系统以及对某些区域加压，防止烟气进入避难空间，并向其他区域排风的装置。避难空间入口应设置醒目的长明标志灯。主要的内部通道和疏散出口之间的地面上，应设灯光型的指示标志。一旦烟气笼罩上部空间，人员看不清上部疏散指示或由于烟气影响必须在地面爬行时，可以利用地面的疏散指示进行疏散。

7.4.2 洪涝事故防治技术

发生于地下空间内部的洪涝灾害，应对策略从既有的地下建筑设计规范、标准、典型工程案例和灾害事件中总结策略如下。

1. 设定城市地下空间防洪排涝设防标准

城市地下空间防洪排涝设防标准应在所在城市防洪排涝设防标准的基础上，根据城市地下空间所在地区可能遭遇的最大洪水淹没情况来确定各区段地下空间的防洪排涝设

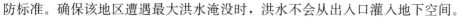

防标准。确保该地区遭遇最大洪水淹没时，洪水不会从出入口灌入地下空间。

2. 确定城市地下空间各类室外洞孔的位置与孔底标高

城市地下空间防灾规划首先应确保地下空间所有室外出入口、洞孔不被该地区最大洪水淹没倒灌。因此，防水灾规划须确定地下空间所有室外出入口、采光窗、进排风口、排烟口的位置；根据该地下空间所在地区的最大降水淹没标高，确定室外出入口的地坪标高和采光窗、进排风口、排烟口等洞孔的底部标高。室外出入口的地坪标高应高于该地区最大降水淹没标高50cm以上，采光窗、进排风口、排烟口等洞孔底部标高应高于室外出入口地坪标高50cm以上。

3. 核查地下空间通往地上建筑物的地面出入口地坪标高和防洪涝标准

城市地下空间不仅要确保通往室外的出入口、采光窗、进排风口、排烟口等不被室外洪水灌入，而且还要确保连通地上建筑的出入口不进水。因此，需要核查与其相连的地上建筑地面出入口地坪是否符合防洪排涝标准，避免因地上建筑的地面出入口进水漫流造成地下空间洪涝灾害。

4. 城市地下空间排水设施设置

为了将地下空间内部积水及时排出，尤其是及时排出室外洪（雨）水进入地下空间的积水，通常在地下空间最低处设置排水沟槽、集水井和大功率排水泵等设施。

5. 地下贮水设施设置

为确保城市地下空间不受洪涝侵害，综合解决城市丰水期洪涝和枯水期缺水问题，可在深层地下空间内建设大规模地下贮水系统，或结合地面道路、广场、运动场、公共绿地建设地下贮水调节池。不但可以将地面洪水导入地下，有效减轻地面洪水压力，而且还可以将多余的水储存起来。

6. 地下空间防水灾保护措施

为确保发生水灾时，地下空间出入口不进水，在出入口处安置防淹门或出入口门洞内预留门槽，以便遭遇难以预测洪水时及时插入防水挡板，设置截流沟，加强地下空间照明、排水泵站、电器设施等防水保护措施。

7. 加强预测预报与抢险预案

地下建筑运营方应密切关注极端天气气象预报，一般极端天气来临前的降雨量预报是非常重要的，运营人员应根据此信息及时做好防护措施，并积极在暴雨来临前做好防护专项检查。检查的内容重点包括：出入口防淹挡板设施是否完好，排污泵的阀门、泵体是否被损坏，建筑的排水组织是否畅通，建筑主体周边有无新增的进水风险，必要的防护物资（防汛专用沙袋等）及人员配置等，并且应细化和完善地下工程洪水预警体系，对洪涝灾害采取分级预警。根据灾害级别制定不同的应急预案，并且定期对相关运营人员进行培训和演练，在灾害发生期间，工程内的人员可以按照预案有序地实施救援和撤离，避免因经验不足和焦急造成的现场指挥混乱、人员相互踩踏、撤离缓慢的发生。

7.4.3 地震事故防治技术

地下建筑在抗震性能上优于地面建筑，但地震对地下空间结构造成损害是客观存在的。针对地下工程存在的地震灾害，需要从各个方面采取防治措施，尽可能地做到在地震发生时能够有效地避免严重灾害的发生，将地震导致的灾害控制在最小的程度。地下工程防震灾设计的主要内容包括以下几个：

1. 选址设计

首先在地下工程的选址环节便应当充分将地震因素考虑其中，在地下工程的选址阶段必须将当地的地质环境也充分考虑其中，宜避开对地下空间抗震不利的地段，即地震时可能发生地陷、地裂，以及基本烈度为 7 度和 7 度以上的地震高烈度地区、地震时可能发生地表错位的发震断裂带地段。尤其是在近期发生过断层断裂和现代构造运动强烈的地域要尽可能地避免建设地下工程。如果有特殊情况，必须在强地表区域建设地下工程时，应采取适当的抗震措施，要对该区域进行严格的勘测，尽可能避免和岩层走向平行建设工程，地下工程出入口的位置选择要避开断层、边坡，尽可能减轻地震对工程的影响。

2. 工程建设时要考虑到抗震需求

完成选址后，在地下工程的建设阶段也要充分地将工程的防震需求考虑其中，如果当地没有具体的防震设计规范，则必须在《建筑结构抗震规范》《中华人民共和国防震减灾法》的相关标准规定下满足抗震部分的建设，同时针对地下工程中较为薄弱的一些配套设施部分还要特别采取防震措施，对于油库、水库等区域要加强设施强度，使其在抗变形能力和抗压能力方面都更强，对于地下工程中的各个管线设备要预留出更多的伸缩节，保障在地下工程遭遇地震而主体结构出现断裂时管线部分有充足的伸缩量。对于地下工程中的接口部分应当尽可能地避免采用传统的刚性接口，而要采用震害率更低的柔性接口，提高地下工程中管线的延展性和变形性。对于地下结构内部的隔墙和挡墙要避免采用砖砌体，适于采用轻质结构。对于容易发生泥石流灾害和山体滑坡灾害的山体应当对工程出入口处的山体布置钢筋混凝土框格或者喷射混凝土进行加固。

3. 注重衬砌的强度

地下工程的衬砌应该更注重结构强度与刚度的协调一致和完整性。无论是动荷载段还是静荷载段的衬砌，都是采用钢筋混凝土的，尤其是基础底板更是需要加强，也应该采用具有一定厚度的钢筋混凝土现浇板，与墙体、拱顶一起形成一个封闭的拱形框架结构，与岩体一起能很好地抵御地震荷载对地下工程的破坏效应。

4. 地下空间的口部设计

地下工程出入口应满足防震要求。其位置与周围建筑物应按规范设定一定的安全距离，防止震害发生时出入口的堵塞。

5. 防治次生灾害设施

地下工程内部的供电、供热、易燃物容器遭受破坏引起火灾等次生灾害。地下空间内部应设置消防、滤毒等防次生灾害的设施。

6. 建立快速应急反应机制

对于负责地下工程日常维护的单位而言，可基于工程地震灾害的特点，制定出科学的应急预案，同时也建立起一个反应灵敏、指挥高效和业务精专的应急机动力量。在平时的维护阶段要注意演练，将应急措施程序化。一旦出现地震灾害时，保障维护管理单位可以高效精准地采取措施将地震灾害带来的影响控制在最小的范围内，尽可能地避免次生灾害的发生。

7.5 智慧防灾技术

城市地下空间智慧防灾系统基于三维地理信息系统（3D GIS）和建筑信息化模型（BIM）及物联网技术（IoT）的灾害预警系统和基于防灾减灾知识的灾害处理系统，通过实时动态监测地下空间开发运行过程中各种设施、管线及地下城市空间所处环境的各种环境信息，运用相关技术对监测得到的数据进行实时分析、汇总、模拟、决策，对地下空间监测对象的状态及发展趋势做出预警并及时处理。

城市地下空间灾害智慧预警系统构建原则：应用物联化、互联化、智能化作为城市地下空间灾害智慧预警系统构建的基本思想。

1. 物联化

采用不同类型的传感器对地下空间介质的湿度、温度、气压、建筑设施构件的应力、应变、尺寸、角度等实时数据信息进行提取，同时利用 GPS、RFID 等技术标识和定位地下空间的管线及其他设施，并以视频形式提供动态信息。

2. 互联化

通过网络通信、系统集成等技术汇集整合地下空间中各功能区域中的各类管线尺寸、车辆位置及尺寸、人员数量及位置、环境参数等信息，并反馈到一个参数控制显示平台，对相关信息进行整理、处理后传达给相关部门负责人从而实现不同住所人员的信息共享。

3. 智能化

通过利用灾害隐患的识别系统、安全预警系统及评价决策系统等智能模型，实现对隐患自动检查、识别、预报、评估等应用，使智慧系统呈现出虚拟模拟化、可视观测化、智慧处理化特点。

7.5.1 基于物联网和 GIS 技术的地下空间灾害预警

物联网（internet of things）技术是地下空间防灾减灾的有效技术手段，承担着广泛互联的职责，能够把感知层获得的信息无误、实时、安全地传送至更高层，是物联网的核心技术。物联网是一个动态的全球网络基础设施，其实质是在互联网的基础上，利用智能感知（如射频识别、传感器等）、无线通信、智能等技术实现物品的自动识别和信息的互联与共享。物联网中的物有其位置，位置是传感信息和执行信息的重要内容，如果没有位置信息，物联网将难以具有地点的针对性，会导致信息杂乱无序，难以处理和响应。物联网的前端感知层是由大量的离散的不同类型的传感器所组成的，所以采集回来的传感器数据具有数据量大、数据类型复杂、异构性强、高度动态性、时空特性等特点，这对数据的处理和存储都有着很高的要求。

而 GIS 特有的信息集成、可视化表达及强大的空间分析、查询定位等技术特点可以为物联网应用提供海量时空数据管理、时空关系与时空过程分析、时空信息动态可视化等强大能力。GIS 是一门综合了地理学与地图学的综合性学科，现在已经广泛地应用在许多领域，是用于输入、存储、查询、分析和显示地理数据的计算机系统。通过 GIS 的定位功能，就能完整地反映出地下空间的建造运营中的各种状态。GIS 主要由四个部分组成，分为计算机的硬件系统、计算机的软件系统、地理空间数据和系统的管理人员。其中核心部分是计算机的系统，空间数据库是反映 GIS 的地理信息的内容，而管理人员和用户则决定系统的工作方式和地理信息显示方式。

目前已有研究将物联网和 GIS 技术应用到地下燃气管网安全监测和地下商场火灾风险预警方面。

根据物联网的理论和原理的工作流程，地下燃气管网监测系统在设计上主要由感知层、传输层、展示层、应用层 4 层组成。感知层的物理设备负责监测数据，传输层进行数据传输，数据和服务层存储分析数据，并提供数据服务，通过展示层将应用层功能展示给系统用户。应用层是整个系统的核心功能，主要包括地下空间风险识别、动态监测、安全分析、预测预警和辅助决策支持五大应用系统，为地下燃气管网的安全管理提供从事前到事中再到事后的全面支撑。

地下燃气管网检查井布置对应的传感器，主要包括甲烷、乙烷、一氧化碳和硫化氢前端监测仪以及气体采集设备等，对地下燃气管网中可燃和有毒气体的浓度进行监测。通过物联网将检查井的"健康状况"及时传输到数据中心。将采集到包含位置空间信息和属性特征信息的数据，通过 GIS 进行综合处理和分析，利用空间信息可视化技术在三维模型中进行展示，实现管网地下空间安全风险辨识、风险源识别、风险等级划分、有害气体浓度检测等，从而辅助决策分析。

风险识别会根据风险等级，用不同颜色将燃气管网和窨井区分可视化，可以根据需要查看窨井或燃气管网的风险详情（包括监测曲线、特征曲线、风险等级、窨井和管网属性信息），如图 7-2 所示。监测报警能够实现动态实时监测，将所布置的传感器显示在地图上，可以实时显示前端的监测值及监测曲线。如果存在报警信息将根据报警级别发布报警，并及时与前端联系进行处理。报警分析将对报警点进行管线及扩散分析，对有可能爆炸报警点进行爆炸模拟。评估报告根据燃气管网和窨井的"健康"状态生成相应的评估报告辅助决策。数据管理和综合统计将对数据进行综合管理及分析，提供更为详尽的地下管网"健康"状况。

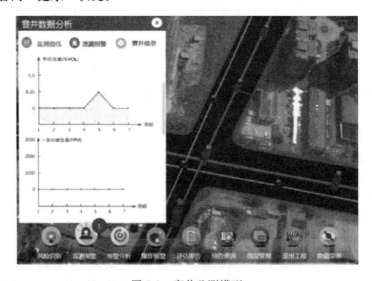

图 7-2　窨井监测模型

通过这种物联网为 GIS 进行数据采集处理，GIS 为物联网提供分析展示的系统，实现对地下燃气管网的动态监测，有效降低城市安全事故发生的概率，保障城市地下空间的安全运行。

还有将 GIS 技术应用到地下商场的火灾风险预警中，对西单文化广场 B1 层商铺进行了功能与地域分区，并对分区进行火灾危险性分析。

根据商场的火灾风险分区，结合 GIS 的二次开发技术，在 VB 平台下，搭建基于 GIS 的火灾风险预警系统。基于 GIS 的下沉式广场火灾风险预警系统主要涉及的是空间数据，空间数据往往含有大量信息，用户提供的商场平面图为 CAD 文件，空间数据的处理主要为地图型数据 CAD 到 MapInfo 数据，再由 MapInfo 细化处理后将数据添加到 MapX 中，实现对于西单文化广场 B1 层地下商场进行信息化处理，将各个商铺的布局，商场其他建筑物的布局，变电箱的位置，疏散通道等的空间信息添加到平面图层中，使其可以简洁明了地展现出来，并成功添加了火灾风险预警分区，如图 7-3 所示。根据火灾的危险性划分为四个等级，特别危险、危险、临界和安全，每一个预警等级用不同的颜色来表示，并针对每个不同的等级提出相应的应对对策，为地下商场火灾风险预警提供了科学的依据。

整个系统可操作强，运行简单，初学用户容易上手，在火灾风险预警中引用 GIS 技术，形成了信息技术化的研究，使计算机技术运用到传统的火灾风险评估上面，也为以后的地下工程灾害风险预警系统提供了重要的技术手段。

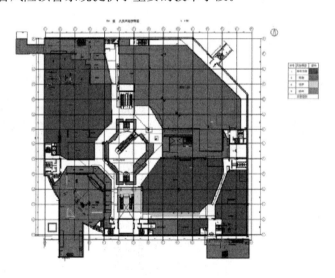

图 7-3　地下商场火灾风险预警分区

7.5.2　基于建筑信息模型（BIM）的地铁火灾监测系统

针对传统地铁火灾监测信息管理模式存在的存储方式相对分散、可视化水平低等问题，融合建筑信息模型（building information modeling，BIM）技术与数据库技术，探讨了地铁火灾监测信息的集成与管理方法。20 世纪 70 年代，Eastman 首先提出建筑信息模型（BIM）的理念，将建设项目的各项相关数据信息集成于三维模型中，不仅为数据信息的表达提供了一个良好的可视化表达环境，还为管理繁杂数据信息提供一个可能的信息交流与共享平台。

基于 BIM 的火灾监测信息管理系统是以数据库作为监测数据外部存储后台，为结构混杂的监测数据提供标准化、规范化的安全存储环境，以 Revit 为前端管理平台的监测数据信息耦合管理系统。系统以 BIM 模型为基础，以监测数据为核心，借助 Revit 二次开发技术将数据库管理功能嵌入 Revit 平台，搭建清晰友好的人机交互可视化信息管理界面，将 BIM 模型与监测数据进行关联，实现从 Revit 平台开展对监测信息的存储、删除、查看、修改和分析等管理工作，进一步提高了监测信息的集成与可视化管理水平。

以广西南宁创业路地铁车站的火灾监测信息管理试验为例，首先结合该车站的相关图纸，运用 Revit 车站进行实景建模，并将探测器族文件按照实际测点布置到 BIM 模型中。如图 7-4 所示，在该车站共设了 6 个监测点，分别为 A-1、A-2、A-3、B-1、B-2 和 B-3。随后运用"数据管理平台"管理火灾监测信息。通过"创建和删除数据库"功能按钮来创建火灾监测信息数据库，并把监测信息导入数据库中。

在数据管理模块，通过探测器列表，用户可查看不同监测点的实时监测数据和监测数据曲线图，实时掌握现场监测情况及火势走向。此外，用户还可将感兴趣或具有代表性的监测数据导出另存为 Excel 文件格式。在后台管理模块，用户可根据管理需求，对后台数据库进行增加、删除、查询和修改等操作，完成如数据库备份、还原等工作。

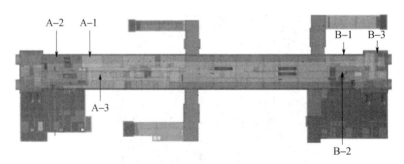

图 7-4　广西南宁创业路地铁车站 BIM 模型及监测点布置

针对传统地铁火灾监测系统所存在的问题和不足，融合 BIM 技术与数据库技术，其运用 Revit 二次开发技术，所搭建的地铁火灾监测系统有效缓解了数据冗余度，降低了 BIM 模型的信息承载量，提高了系统的运行效率，并且进一步提高了监测信息的可视化管理水平。通过广西南宁某地铁车站监测项目验证了该方法的可行性及实用性，可以在城市地下空间其他灾害的日常监测中得到更广泛的应用。

7.5.3　水动力全自动防洪闸应对地下工程倒灌水

目前，国内外地下工程防洪主要采用在地下工程出入口堆放防汛专用沙袋、安装防洪挡水板、设置截流沟；工程内设置集水井等方法。采用防汛专用沙袋和防洪挡水板挡水存在以下问题。

a. 难以及时设置到位。面对突然瞬时的降水，挡水装置难以及时保障到位并设置完好。

b. 当前防汛设施设置时需多人协作，费时、费力。

c. 需要有人员全时段值守。要求值守人员责任心强，时刻关注地下工程出入口水流状况。

d. 防护效果一般，只能应付小水流，并且易漏水、垮塌。

基于此提出一种新型的地下工程防洪装置水动力全自动防洪闸，该装置由地面固定底框、可绕固定轴转动挡水板和两侧墙端部止水橡胶软连接件组成。当大水流倒灌时，水流沿装置前端进水口流入挡水板下部空腔内，当水位超过装置高度，水浮力超过挡水板自重时，挡水板前端开始向上翻转，并随着水位增高，挡水板逐步立起，最终达到直立状态，实现可靠挡水；当水退去或正常情况下，挡水板伏卧在地面底框上，在平时情况中可以当成限速带使用，不影响车辆、行人通行。其具体进行挡水保护地下工程免受洪水损害的原理如图 7-5 所示，该装置无须电力驱动，无须人员值守。利用水浮力原理自动翻转，实现全时段自动挡水，挡水板翻转角度随水位高低自行调整，也可人工拉起，可应对汛期洪水倒灌、给水管网爆管等各类突发水灾状况，并且可以远程联网，将物联网技术等融入其中，采用互联网技术，实时上传水情，实现水位预警和智能监管。

该项技术已经在实际生活中得到了应用，在地铁、地下车库、地下商场等地下工程出入口安装使用，拦截洪水倒灌成功率达到 100%。2017 年 9 月 25 日凌晨，安装在南京银城东苑小区地下车库口部的水动力全自动防洪闸及时自动升起挡住了 56cm 高度外来洪水；2018 年 6 月 25 日，安装在桂林火车站地下车库口部的水动力全自动防洪闸及时自动升起挡住外部来水，勇保地下车库安全，减少财产损失，确保人员生命安全。

图 7-5　水动力全自动防洪闸原理图

水动力全自动防洪闸设计合理、技术先进，在应用过程中展现出了显著的效果，具有良好的经济效益、社会效益和环境效益。水动力全自动防洪闸适用于地下建筑（包括人防工程、地下车库、地铁站、地下商场、过街通道及地下管廊等）以及地面低洼建筑或区域的出入口，可有效避免给水管道爆管导致地下工程的被淹。

智慧化是当前及未来城市地下空间的灾害预警、决策发展的必然趋势。本节通过分析当前流行的物联网技术、GIS 技术、BIM 技术和新型的防灾手段水动力全自动防洪闸等，目的是向大家展示这些技术在地下空间开发利用中智慧化预警完全可以得到充分运用，实现城市地下空间防灾减灾智慧化管理的目标。但是要建立一个更加可靠、高效的城市综合防灾体系，在物联感知、智能建模和空间分析等多方面有待展开进一步深入研究。

参考文献

［1］张广泉．科学开拓地下空间　打造安全幸福城市：访中国工程院院士、工程地质与工程物探专家彭苏萍［J］．中国应急管理，2021（04）：30-33.

［2］李鑫龙．城市地下空间工程对城市安全与社会经济的影响［J］．防灾博览，2021（01）：28-33.

［3］宋一鸣，仇怡嘉，戎筱，等．国外城市地下空间实践历程与理论发展分析［J］．建筑与文化，2021（02）：182-183. DOI：10.19875/j. cnki. jzywh. 2021.02.060.

［4］高涛．城市地下空间结合人防工程的空间价值再挖掘研究［D］．乌鲁木齐：新疆大学，2020.

［5］荣冬梅．新加坡城市地下空间开发管理简析及启示［J］．中国国土资源经济，2020，33（02）：26-29.

［6］李涛，朱红．日本城市地下空间开发利用及对我国的启示［J］．华北自然资源，2019（05）：134-136.

［7］商谦．四个东亚发达城市高密度地区地下空间形态研究［J］．时代建筑，2019（05）：24-28.

［8］雷升祥，申艳军，肖清华，等．城市地下空间开发利用现状及未来发展理念［J］．地下空间与工程学报，2019，15（04）：965-979.

［9］程光华，王睿，赵牧华，等．国内城市地下空间开发利用现状与发展趋势［J］．地学前缘，2019，26（03）：39-47.

［10］彭芳乐，乔永康，程光华，等．我国城市地下空间规划现状、问题与对策［J］．地学前缘，2019，26（03）：57-68.

［11］张彬，徐能雄，戴春森．国际城市地下空间开发利用现状、趋势与启示［J］．地学前缘，2019，26（03）：48-56.

［12］油新华，何光尧，王强勋，等．我国城市地下空间利用现状及发展趋势［J］．隧道建设（中英文），2019，39（02）：173-188.

［13］油新华．我国城市综合管廊建设发展现状与未来发展趋势［J］．隧道建设（中英文），2018，38（10）：1603-1611.

［14］王成善，周成虎，彭建兵，等．论新时代我国城市地下空间高质量开发和可持续利用［J］．地学前缘，2019，26（03）：1-8.

［15］任彧，刘荣．日本地下空间的开发和利用［J］．福建建筑，2017（05）：31-35，40.

［16］RaymondL. Sterling，杨可，黄瑞达．国际地下空间开发利用研究现状：三［J］．城乡建设，2017（06）：54-56.

［17］RaymondL. Sterling，杨可，黄瑞达．国际地下空间开发利用研究现状：二［J］．城乡建设，2017（05）：52-55.

［18］RaymondL. Sterling，杨可，黄瑞达．国际地下空间开发利用研究现状：一［J］．城乡建设，2017（04）：46-49.

［19］卜令方，汪明元，金忠良，等．我国城市综合管廊建设现状及展望［J］．中国给水排水，2016，32（22）：57-62.

［20］李地元，莫秋喆．新加坡城市地下空间开发利用现状及启示［J］．科技导报，2015，33（06）：115-119.

[21] 高岩．城市地下空间工程施工安全影响因素分析［D］．长春：吉林建筑大学，2014.

[22] 李冰．城市地下空间利用问题研究［D］．西安：长安大学，2014.

[23] 胡清扬．新加坡地下空间开发浅析［C］//《市政技术》编辑部．2014 中国城市地下空间开发高峰论坛论文集．北京：《市政技术》杂志社，2014：28-31.

[24] 王波．城市地下空间开发利用问题的探索与实践［D］．北京：中国地质大学（北京），2013.

[25] 欧刚．南宁市城市地下空间开发地质环境适宜性评价［D］．南宁：广西大学，2008.

[26] 郝聪勇．中国城市地下空间开发与利用［D］．北京：对外经济贸易大学，2007.

[27] 崔曙平．国外地下空间开发利用的现状和趋势［J］．城乡建设，2007（06）：68-71.

[28] 钱七虎．中国城市地下空间开发利用的现状评价和前景展望［J］．民防苑，2006（S1）：1-5.

[29] 周伟．城市地下综合体设计研究［D］．武汉：武汉大学，2005.

[30] 何朋立，郭力，王剑波．论 21 世纪我国城市地下空间的开发利用［J］．隧道建设，2005（02）：13-17.

[31] 雷蒙·斯特令，束昱．美国地下空间利用的现状与问题［J］．地下空间，1992（04）：329-334.

[32] 康宁．中国地下空间发展史概述［J］．地下空间，1988（04）：70-76.

[33] 耿永常．地下空间规划与建筑设计［M］．哈尔滨：哈尔滨工程大学出版社，2019.

[34] 朱建明，宋玉香．城市地下空间规划［M］．北京：中国水利水电出版社，2015.

[35] 刘新荣，李鹏．地下建筑规划与设计［M］．武汉：武汉理工大学出版社，2018.

[36] 王曦，刘松玉．城市地下空间的规划分类标准研究［J］．现代城市研究，2014（05）：43-49.

[37] 范益群，裴琦．城市地下空间工程建设规范结构体系研究［J］．工程建设标准化，2014（04）：56-62.

[38] 方舟．城市地下空间开发分类与组合研究［J］．工程建设与设计，2016（08）：9-10.

[39] 冯萍．城市地下空间开发与城市防灾减灾［J］．建筑技术，2020，51（02）：175-177.

[40] 沈雷洪．城市地下空间控规体系与编制探讨［J］．城市规划，2016，40（07）：19-25.

[41] 徐洪秀，胡勤军．城市地下空间设施普查及测量技术研究［J］．测绘与空间地理信息，2021，44（06）：65-67＋71.

[42] 姬永红，王敏，朱忠隆，等．城市地下空间现行建设标准的梳理和分析［J］．地下空间与工程学报，2010，6（04）：682-687，700.

[43] 郭伟．大型地下水封石洞油库工程施工巷道规划与设计［J］．建设科技，2012（16）：94-95.

[44] 李冬雪，刘科伟．陕西省城市地下空间开发利用规划研究［J］．西北大学学报（自然科学版），2017，47（02）：277-282.

[45] 周奇才，张为，陈依新，等．上海地铁六号线备件自动化立体仓库规划方案［J］．物流科技，2008（07）：59-61.

[46] 油新华，王强勋，刘医硕．我国城市地下空间标准制定现状及对策［J］．建筑技术，2019，50（12）：1423-1427.

[47] 张婷．现代仓库的建设与规划［J］．中国储运，2009（08）：69-71.

[48] 卢平平．现代仓库规划设计应考虑的几大问题［J］．物流技术，2007（02）：122-123.

[49] 李庆．城市地下空间"五维规划管控"体系构想［J］．现代隧道技术，2020，57（S1）：1-5.

[50] 顾倩，李晓昭，孙利萍，等．城市地下空间多种需求预测方法对比分析［J/OL］．解放军理工大学学报（自然科学版），［2022-01-18］．

[51] 夏丹．城市地下空间规划编制若干问题的探讨［J］．智能城市，2019，5（06）：108-109.

[52] 李世强，候至群，解智强．城市地下空间开发利用规划设计探讨：以昆明市为例［J］．城市建筑，2015（35）：29-29，32.

[53] 苟长飞，叶飞，张金龙．城市地下空间需求预测及其分布体系建立［J］．长安大学学报（自然

科学版），2012，32（05）：58-64.

[54] 田野，王海丰，张智峰．城市地下空间与人防工程融合发展基于城市规划体系的综合利用［J］．中华建设，2018（12X）：12-14.

[55] 李微，陈志龙，郭东军．国外城市地下空间规划借鉴：以赫尔辛基为例［J］．国际城市规划，2016，31（03）：119-124.

[56] 王曦，刘松玉．基于组合评价方法的城市地下空间详细规划方案评价［J］．东南大学学报（自然科学版），2014，44（05）：1072-1077.

[57] 黄于凌．三维 GIS 技术在城市地下空间规划中的应用分析［J］．工程技术研究，2018（14）：53-54.

[58] 赫磊，戴慎志，王岱霞．上海城市地下空间规模需求预测的实证研究［J］．城市规划，2018，42（03）：30-40，58.

[59] 朱合华，骆晓，彭芳乐，等．我国城市地下空间规划发展战略研究［J］．中国工程科学，2017，19（06）：12-17.

[60] 彭芳乐，乔永康，程光华，等．我国城市地下空间规划现状、问题与对策［J］．地学前缘，2019，26（03）：57-68.

[61] 朱兆丽．新时期大城市地下空间规划与开发研究：以常州市为例［J］．城市规划学刊，2016（05）：112-118.

[62] 刘凯．城市地下道路网络规划的研究与实践［J］．交通运输工程与信息学报，2018，16（04）：50-56.

[63] 孙苗苗，蒋丞武，虞梦菲，等．伴随城市生长的地下交通空间布局与开发［J］．地下空间与工程学报，2019，15（04）：980-989.

[64] 缪东．城市轨道交通地下停车场的设计理念和探索［J］．铁道标准设计，2017，61（08）：166-170.

[65] 吴龙恩，林欣燕，刘智勇，陈健．城市轨道交通对我国城市空间的影响研究［J］．建设科技，2019（21）：27-30.

[66] 呆晓锋，董伟力，胡旭，等．城市轨道交通线网规划研究［J］．铁道运输与经济，2014，36（07）：78-83.

[67] 韩玲，孙明星，屈川，等．城市核心商务区地下车行交通系统规划研究［J］．交通科技，2019（2）：128-131.

[68] 魏艳艳．城市中央商务区地下交通系统规划［J］．交通与运输，2019，35（05）：5-8.

[69] 王婕，刘璇．地下交通枢纽交通衔接系统设计：以北京副中心站为例［J］．城市住宅，2019，26（04）：6-11.

[70] 王宝辉．地下交通系统规划方法研究［J］．城市道桥与防洪，2014（04）：14-17，1.

[71] 杨勇．轨道交通地下空间资源规划设计探讨［J］．经济研究导刊，2019（19）：153-154.

[72] 蔡晓敏，杨大亮，冉绍辉．轨道交通对城市空间发展的影响研究：以郑州市地铁为例［J］．中外建筑，2019（04）：119-122.

[73] 李渊．轨道交通与城市规划的整体设计［J］．科技与创新，2016（19）：24.

[74] 王其东．交通数据分析决策下的地下空间规划方法探索［J］．规划师，2018，34（07）：71-76.

[75] 张年国，王娜．沈阳市地下交通空间规划设计与实践［J］．城市住宅，2018，25（04）：24-28.

[76] 苗伟．市政综合管线规划在城市地下交通工程中的应用［J］．中国新技术新产品，2015（24）：148.

[77] 孙绪金，李宝萍．地下水库的建立与水资源可持续发展［J］．华北水利水电学院学报，2003（02）：1-3.

[78] 付晓刚，万伟锋，毛正君．地下水库及其在水资源开发和保护中的应用 [J]．地下水，2007 (01)：65-67，77.

[79] 王兴超．地下水库在海绵城市建设中的应用 [J]．水利水电科技进展，2018，38 (01)：83-87.

[80] 王行军．关闭矿井资源开发利用状况研究 [J]．中国煤炭地质，2021，33 (05)：20-24.

[81] 张村，贾胜，吴山西，等．基于矿井地下水库的煤矿采空区地下空间利用模式与关键技术 [J]．科技导报，2021，39 (13)：36-46.

[82] 孙蓉琳，梁杏．利用地下水库调蓄水资源的若干措施 [J]．中国农村水利水电，2005 (08)：33-35.

[83] 顾大钊．煤矿地下水库理论框架和技术体系 [J]．煤炭学报，2015，40 (02)：239-246.

[84] 顾大钊，颜永国，张勇，王恩志，曹志国．煤矿地下水库煤柱动力响应与稳定性分析 [J]．煤炭学报，2016，41 (07)：1589-1597.

[85] 师修昌．煤矿地下水库研究进展与展望 [J/OL]．煤炭科学技术，[2022-01-18]．

[86] 罗飞，黄奇波，巴俊杰．神奇的南方岩溶地下水库 [J]．中国矿业，2021，30 (S1)：482-485.

[87] 尚守忠．兴建地下水库是缓解城市缺水的重要途径 [J]．中国地质，1987 (06)：18-20.

[88] 王听兰．地下仓储的优势与前景 [J]．地下空间，1991 (03)：242-247，272.

[89] 袁光杰，夏焱，金根泰，等．国内外地下储库现状及工程技术发展趋势 [J]．石油钻探技术，2017，45 (4)：8-14.

[90] 韩晨平，黄旭麟，王新宇．深层地下物流仓储空间的设计策略研究 [J]．中外建筑，2020 (6)：144-17.

[91] 李地元，莫秋喆．新加坡城市地下空间开发利用现状及启示 [J]．科技导报，2015，33 (6)：115-119.

[92] 丛威青，潘懋，庄莉莉．3D GIS 在城市地下空间规划中的应用 [J]．岩土工程学报，2009，31 (5)：789-792.

[93] 苏小超，蔡浩，郭东军，等．BIM 技术在城市地下空间开发中的应用 [J]．解放军理工大学学报 (自然科学版)，2014，15 (3)：219-224.

[94] 吴守荣，刘倩．地下空间工程全生命周期 BIM 应用探讨 [J]．建筑经济，2015，36 (9)：126-128.

[95] 管向阳．基于 BIM 理念对智慧城市地下空间的规划探讨 [J]．四川建材，2016，42 (8)：64-65.

[96] 王芙蓉，窦炜，崔蓓，等．智慧规划总体框架及建设探索 [J]．规划师，2013，29 (2)：16-19.

[97] 宋玉香，张诗雨，刘勇，等．城市地下空间智慧规划研究综述 [J]．地下空间与工程学报，2020，16 (6)：1611-1621，1645.

[98] 甘惟．城市生命视角下的人工智能规划理论与模型 [J]．规划师，2018，34 (11)：13-19.

[99] 吴志强，甘惟，臧伟，等．城市智能模型（CIM）的概念及发展 [J]．城市规划，2021，45 (4)：106-113，118.

[100] 甘惟．国内外城市智能规划技术类型与特征研究 [J]．国际城市规划，2018，33 (3)：105-111.

[101] 娄书荣，李伟，秦文静．面向城市地下空间规划的三维 GIS 集成技术研究 [J]．地下空间与工程学报，2018，14 (1)：6-11.

[102] 吴志强．人工智能辅助城市规划 [J]．时代建筑，2018 (1)：6-11.

[103] 吴志强，甘惟．转型时期的城市智能规划技术实践 [J]．城市建筑，2018 (3)：26-29.

[104] 王建．多规融合的综合管廊规划研究：以桃浦科技智慧城为例 [J]．工程建设标准化，2017 (9)：17-23.

[105] 潘福超．上海桃浦科技智慧城地下空间规划设计思考［J］．中国市政工程，2016（5）：46-49，52，100-101.

[106] 李坚．谈佛山市智慧新城规划设计［J］．广东建材，2011，27（8）：44-47.

[107] 许利峰，李美华，丁伟．智慧规划设计系统的研究与实现［J］．建设科技，2016（24）：32-33.

[108] 曹净，宋志刚．地下空间结构［M］．北京：水利水电出版社，2015.

[109] 李志业，曾艳华．地下结构设计原理与方法［M］．成都：西南交通大学出版社，2003.

[110] 赵延喜．地下结构设计［M］．北京：人民交通出版社，2017.

[111] 耿永常，李淑华．城市地下空间结构［M］．哈尔滨：哈尔滨工业大学出版社，2007.

[112] 宋玉香，张诗雨，刘勇，等．城市地下空间智慧规划研究综述［J］．地下空间与工程学报，2020，16（6）：1611-1621，1645.

[113] 葛一鸣．智慧城市视角下的城市地下空间管理研究［D］．大连：东北财经大学，2016.

[114] 王梦恕，地下工程浅埋暗挖技术通论［M］．合肥：安徽教育出版社，2004.

[115] 王梦恕，等．中国隧道及地下工程修建技术［M］．北京：人民交通出版社，2010.

[116] 江玉生等．盾构始发与到达：端头加固理论研究与工程实践［M］．2 版．北京：人民交通出版社，2021.

[117] 许建聪．地下工程施工技术（地下工程方向适用）［M］．北京：中国建筑工业出版社，2015.

[118] 贺少辉．地下工程［M］．北京：清华大学出版社，北京交通大学出版社，2008.

[119] 关宝树．隧道工程施工要点集［M］．2 版．北京：人民交通出版社，2011.

[120] 江玉生，杨志勇．盾构 TBM 隧道施工实时管理信息系统［M］．北京：人民交通出版社，2007.

[121] 李新乐．地铁与隧道工程［M］．北京：清华大学出版社，2018.

[122] 城市地下空间开发利用"十三五"规划［J］．城乡建设，2016（07）：8-11.

[123] 魏吉祥．加强地下空间运维管理［J］．北京观察，2019（01）：42-43.

[124] 李维红．基于大数据的城市轨道交通运维信息化技术应用［J］．信息记录材料，2021，22（04）：196-197.

[125] 贺晓钢．基于 BIM 的城市地下空间运维管理研究与应用［J］．水电站设计，2019，35（04）：80-83，86.

[126] 黄俊，张忠宇，李志远，等．绿色隧道技术发展研究与应用［J］．现代交通技术，2021，18（03）：51-57.

[127] 于晨龙，张作慧．国内外城市地下综合管廊的发展历程及现状［J］．建设科技，2015（17）：49-51.

[128] 罗曦．巴黎地下管网初探［J］．法国研究，2011（03）：79-87.

[129] 王曦，许淑惠，徐荣吉，等．国外地下综合管廊运维管理对比［J］．科技资讯，2018，16（16）：115-118.

[130] 尚秋谨，刘鹏澄．城市地下管线运行管理的英法经验［J］．城市管理与科技，2014，16（03）：76-78.

[131] 尚秋谨，张宇．城市地下管线运行管理的德日经验［J］．城市管理与科技，2013，15（06）：78-80.

[132] 李春梅．全生命周期管理：地下综合管廊的新加坡模式［J］．中国勘察设计，2016（03）：72-75.

[133] 王曦，许淑惠，端木祥玲，等．台湾地区与大陆地区综合管廊运维管理对比分析［J］．四川建筑，2019，39（1）：218-220.

[134] 胡珉，刘攀攀，喻钢，等．基于全生命周期信息和 BIM 的隧道运维决策支持系统［J］．隧道建

设，2017，37（04）：394-400.

[135] 迈考尔·马立克，肖诗荣.地下工程养护与维修［J］.水利水电快报，2000（03）：11-13.

[136] 黄宇峰.隧道火灾的防范和控制［J］.城市道桥与防洪，2013（06）：296-299，3.

[137] 王剑宏，解全一，刘健，等.日本铁路隧道病害和运维管理现状及对我国隧道运维技术发展的建议［J］.隧道建设（中英文），2020，40（12）：1824-1833.

[138] 刘赟君，马小锋.高速公路运营隧道检测及维修处治探讨［J］.黑龙江交通科技，2019，42（11）：165-166，169.

[139] 王能林，汪小东，张欣，等.BIM技术在市政综合管廊建设运营中的应用探究［J］.建筑施工，2016，38（10）：1486-1488.

[140] 田永喜.太原地铁车辆智能运维系统研究与探索［J］.现代工业经济和信息化，2021，11（3）：51-53.

[141] 韩佳彤，周建国，郎世明.城市综合管廊智慧化监控与运维管理系统实践与探索：呼和浩特市丁香路综合管廊项目为例［J］.建设科技，2020（11）：92-94.

[142] 冯金义，宋君萍，廖岳泰，等.甘肃某高速公路隧道二衬裂缝成因及整治技术研究［J］.中国建材科技，2020，29（1）：87-89.

[143] 王健，徐炜，张宁，等.南京地铁线网指挥中心大数据平台架构［J］.都市快轨交通，2021，34（01）：138-143.

[144] 黄宇峰.隧道火灾的防范和控制［J］.城市道桥与防洪，2013（06）：296-299，3.

[145] 施永泉，胡珉，吴惠明，等.基于BIM的上海大连路隧道运维管理［J］.中国市政工程，2016（06）：62-64，68，98-99.

[146] 刘长隆，马衍东，逢震，等.浅谈城市地下综合管廊运维管理［J］.城市勘测，2018（S1）：176-179.

[147] 赵秋华.基于SVM的城市地下工程施工安全风险预测研究［J］.施工技术，2021，50（07）：113-115＋119.

[148] 吴波，陈辉浩，黄惟.基于模糊-熵权理论的铁路瓦斯隧道施工安全风险评估［J］.安全与环境学报，2021，21（06）：2386-2393.

[149] 仝跃，岳瑶，黄宏伟，等.钻爆法施工隧道塌方风险量化评估模型及其应用［J］.土木与环境工程学报（中英文），2021，43（05）：1-12.

[150] 卢鑫月，许成顺，侯本伟，等.基于动态贝叶斯网络的地铁隧道施工风险评估［J］.岩土工程学报，2021，43（12）：1-10.

[151] 郑俊飞.城市浅埋大跨暗挖工程施工风险评估研究［D］.北京：北京交通大学，2020.

[152] 王晓形.基于AHP及专家打分法的大跨度隧道风险评估［J］.现代隧道技术，2020，57（S1）：233-240.

[153] 张延杰，杨小兵，任孟德，等.山岭隧道施工期静态与动态风险评估方法及应用［J］.铁道科学与工程学报，2020，17（10）：2703-2710.

[154] 王立新，雷升祥，汪珂，等.城市地下工程施工监测新技术［J］.铁道标准设计，2020，64（12）：101-107.

[155] 尚超.城市地铁车站与区间隧道施工期实时变形控制和安全风险识别研究［D］.天津：天津大学，2019.

[156] 郭小红，姚再峰，马文著，等.山岭隧道洞口段工程地质灾害风险评价的数学模型及应用［J］.隧道与地下工程灾害防治，2019，1（04）：75-84.

[157] 王子超，雷克江，杨霜，等.基于模糊层次分析法的瓦斯隧道施工安全风险评估［J］.武汉工程大学学报，2019，41（06）：573-579.

[158] 王志杰，王如磊，舒永熙，等．高速公路特长隧道及隧道群运营安全风险评估研究［J］．现代隧道技术，2019，56（S2）：36-43.

[159] 邓宇．城市地下工程施工安全风险评价研究［D］．武汉：武汉理工大学，2018.

[160] 刘圣．地下工程施工安全风险分析与控制［D］．上海：上海应用技术大学，2018.

[161] 王龚．城市地铁隧道事故案例统计分析与风险评价方法研究［D］．北京：北京交通大学，2018.

[162] 李宜城，薛亚东，李彦杰．一种基于动态权重的施工安全风险评估新方法［J］．地下空间与工程学报，2017，13（S1）：209-215.

[163] 左自波，龚剑，吴小建，等．地下工程施工和运营期监测的研究与应用进展［J］．地下空间与工程学报，2017，13（S1）：294-305.

[164] 王路杰．浅埋暗挖地铁车站施工风险评价研究［D］．青岛：山东科技大学，2017.

[165] 叶明．城市地铁大断面隧道施工监测分析与风险评估研究［D］．南昌：南昌航空大学，2017.

[166] 代春泉，王磊，王渭明．城市隧道施工风险分析与控制技术研究［M］．北京：清华大学出版社，2016.

[167] 谢富东．浅埋暗挖大跨度地铁车站施工稳定性分析与风险评价［D］．济南：山东大学，2015.

[168] 李帆．钻爆法地铁跨海隧道工程施工风险管理研究［D］．青岛：青岛理工大学，2015.

[169] 李伟．层次可拓模型在隧道施工风险评估中的应用研究［D］．长沙：中南林业科技大学，2015.

[170] 徐征捷，张友鹏，苏宏升．基于云模型的模糊综合评判法在风险评估中的应用［J］．安全与环境学报，2014，14（02）：69-72.

[171] 郭昕．城市地铁施工周边环境形变监测及其信息处理分析［D］．长春：吉林大学，2014.

[172] 刘靖．高速公路隧道施工全过程风险动态分析与反馈设计方法研究［D］．西安：长安大学，2013.

[173] 韩润波．浅埋暗挖法隧道施工风险评估系统研究［D］．北京：北京交通大学，2013.

[174] 张晓峰，吕良海，白永强，等．城市地下空间模糊综合评价方法研究［J］．地下空间与工程学报，2012，8（01）：8-13.

[175] 解涛．地铁建设项目施工安全风险综合评价方法与案例研究［D］．北京：华北电力大学，2011.

[176] 王梦恕．中国隧道及地下工程修建技术［M］．北京：人民交通出版社，2010.

[177] 姚宣德．浅埋暗挖法城市隧道及地下工程施工风险分析与评估［D］．北京：北京交通大学，2009.

[178] 杨欣伟，温欣，杨欣超．物联网融合通信技术在城市地下空间防灾减灾系统中的应用研究［J］．物联网技术，2019，9（06）：44-45，49.

[179] 易荣，贾开国．我国城市地下空间安全问题探讨［J］．地质与勘探，2020，56（05）：1072-1079.

[180] 钱志坚，龚婧媛．基于物联网与GIS的地下燃气管网监测系统研究［J］．测绘地理信息，2019，44（01）：111-114.

[181] 邓朗妮，雷丽贞，黄静怡，等．基于建筑信息模型的地铁火灾监测信息集成与管理［J］．科学技术与工程，2021，21（04）：1574-1579.

[182] 朱佳沁．基于LoRa技术的智能消防监控系统在综合管廊中的应用［J］．现代建筑电气，2020，11（08）：49-51.

[183] 刘武．基于GIS商场火灾风险预警系统的设计与开发［D］．北京：中国地质大学（北京），2013.

［184］陈晓，秦昊，马林建，魏丽娟，张辉．地下工程施工智能化监测及灾害预警技术应用综述［J］．防护工程，2020，42（05）：70-78.

［185］范良凯，连小莹．地下工程采用水动力全自动防洪闸应对供水管道爆管倒灌的应用研究［J］．建设科技，2019（23）：20-22.

［186］温欣，张东东，邓蕊，等．城市地下空间灾害智慧预警系统应用研究［J］．工业技术与职业教育，2018，16（02）：4-6.

［187］杨丰西．综合管廊电缆舱火灾特性影响因素研究［D］．西安：长安大学，2019.

［188］贾伯岩，张鹏，张媛媛，等．防火分隔及排烟措施对综合管廊电缆火灾烟气蔓延的影响［J］．消防科学与技术，2021，40（01）：47-50.

［189］陈武生．地下城市综合管廊抗火构造与消防设计研究［J］．江西建材，2016（08）：44-45.

［190］孙瑞雪．城市地下综合管廊灭火系统的实验与数值模拟研究［D］．合肥：中国科学技术大学，2018.

［191］向晓路．城市地下建筑火灾危险性及消防安全监管的有效措施［J］．消防界（电子版），2021，7（07）：113-114.

［192］朱奥妮．2000—2019年国内外地铁火灾事故统计分析［J］．城市轨道交通研究，2020，23（08）：148-150.

［193］谢桥军，罗伟，欧阳院平，等．武汉地铁黄浦路站防洪涝水位及预警研究［J］．现代城市轨道交通，2020（04）：71-75.

［194］陈坚．浅析地铁车站洪涝灾害的成因及对策［J］．中国建设信息化，2021（06）：58-59.

［195］万杰．广州市地下空间防洪灾规划和管理策略［J］．中国给水排水，2020，36（02）：39-42.

［196］张贺，林峰．地下工程常见的防洪措施与比较［J］．科学之友，2013（04）：62-63.

［197］邓钟尉，古晓雯，周平，等．城市洪涝潜力评估及地下工程排水系统研发［J］．武汉大学学报（工学版），2017，50（06）：887-894.

［198］吕海敏．城市地铁系统沉涝灾害风险评估方法与防灾对策［D］．上海交通大学，2019.

［199］王军辉，周宏磊，韩煊，等．北京市地下空间运营期主要水灾水害问题分析［J］．地下空间与工程学报，2010，6（02）：224-229.

［200］顾渭建，冯丽，李麟．高烈度区地下建筑的基本震害与防灾对策［J］．建筑结构，2010，40（S2）：156-159，76.

［201］王凤山，戎全兵，郭杰，等．地震作用下地下工程灾害风险集成化管理研究［J］．地下空间与工程学报，2016，12（05）：1385-1391.

［202］许增会，宋宏伟．地震对地下工程影响的研究现状与展望［J］．山西建筑，2003（7）：35-36.

［203］童林旭．地下空间内部灾害特点与综合防灾系统［J］．地下空间，1997（01）：43-46.

［204］蔡正．地下工程设置隔震层的抗震性能试验研究［D］．昆明：昆明理工大学，2016.

［205］叶世强，肖扬．地下工程地震灾害与防治［J］．中国地质灾害与防治学报，1993（04）：68-73.

［206］许平．大型城市地下空间结构抗震设计方案探究［J］．建材发展导向，2020，18（04）：84-85.

［207］周云，汤统壁，廖红伟．城市地下空间防灾减灾回顾与展望［J］．地下空间与工程学报，2006（03）：467-474.